Hans Wiegard

Die Straßenbahn in Erfurt

100 Jahre elektrische Straßenbahn
1894 - 1994

SCHWEERS + WALL

Titelbild: Doppelzug aus Tatra-KT4D-Triebwagen auf der Linie 6 am Anger, 1990. Foto: EVAG

Umschlagrückseite: Standardtriebwagen 108 im Jahre 1964 am Dalbergsweg.

Alle Aufnahmen ohne nähere Angabe stammen aus der Sammlung des Autors.
Die Typenskizzen stammen von H. bzw. G. Wiegard oder aus deren Sammlung.

ISBN 3-921679-84-2

Printed in Germany 1995

Druck: Offsetdruck Schweers, Aachen

Inhalt

Pferdebahngleis am Anger

Dieses Buch ist dem 1250-jährigen Jubiläum der Gründung Erfurts sowie dem 100. Jahrestag der Elektrifizierung der Erfurter Straßenbahn gewidmet.

Vorwort

Allen Interessenten wird mit diesem Buch erstmals eine zusammenfassende Entwicklungsgeschichte der Straßenbahn in der Blumenstadt Erfurt angeboten.
Das Werk schildert Wege und Irrwege in der Historie des wichtigsten Nahverkehrsmittels der jetzigen thüringischen Landeshauptstadt von den Anfängen bis zur Gegenwart, und es will den Leser auch über zukünftige Entwicklungstendenzen informieren.
Für technikinteressierte Leser wurde am Schluß eine Beschreibung des Wagenparks aufgenommen.
Das vorliegende Buch möchte als ein bescheidener Beitrag zur 1250-Jahr-Feier der Stadt Erfurt im Jahre 1992 und zum 100-jährigen Jubiläum der elektrischen Straßenbahn 1994 in Thüringens Metropole verstanden werden. Es ist im wesentlichen das Ergebnis der über 30 Jahre währenden Beschäftigung des Autors mit der Geschichte des Erfurter Nahverkehrsbetriebs, die untrennbar mit Werden und Gedeihen der Stadt verbunden ist.
Über die Erfurter Straßenbahn wurde in der Vergangenheit bereits manches veröffentlicht - Richtiges und auch Falsches. Entweder wurden jedoch bisher nur Teilgebiete erfaßt, oder dort, wo eine Gesamtdarstellung versucht wurde, wurden wichtige Fakten weggelassen oder tendenziös entstellt wiedergegeben.
Anliegen des Autors war es daher, eine sachliche und faktengetreue Darstellungsform zu finden.
Möglicherweise wird dennoch mancher Leser dieses oder jenes ihn besonders interessierende Detail vermissen; das aber ist beim vorgegebenen Umfang des Buches auch nicht anders möglich.
Ohne das Entgegenkommen des Verlages, der die vorliegende Publikation erst ermöglicht hat, ohne die Beisteuerung von Informationen und Bildmaterial durch Erfurter Straßenbahnfreunde und ohne die weitgehende Bereitschaft der Erfurter Verkehrsbetriebe AG, das Vorhaben des Autors nach Kräften zu fördern, wäre dieses Buch ein Projekt geblieben.
Der Verfasser dankt hiermit allen denen, die zum Gelingen des Werkes beigetragen haben, insbesondere jedoch den Herren Stephan Heinrich und Siegfried Unruh, die Bildmaterial aus ihren privaten Sammlungen zur Verfügung stellten.
Besonderer Dank gilt auch der Unternehmensleitung der EVAG, hier vor allem der Abteilung Unternehmensplanung und den Herren Krebs, Faidt und Schmidt für umfassende Informationen über die Unternehmensentwicklung und die bereitwillige Zurverfügungstellung von neuesten Dokumentationen.
Und nicht zuletzt gebührt der Dank meiner Schwester Gudrun Wiegard, die mir beim Anfertigen der Wagenskizzen und Netzpläne half, mich bei der Bildauswahl beriet und auch ansonsten manche Stunde ihrer Freizeit opferte.

Hans Wiegard

Die Erfurter Pferdebahn mit einem Sommerwagen in der Johannesstraße *(Foto: EVAG)*

Die Pferdebahnzeit

Die Anfänge: Lohnkutscher und Portechaisen

Die ersten Anfänge eines öffentlichen Nahverkehrs in Erfurt reichen bis in das Jahr 1718 zurück. Hatten bis dahin Lohnkutschen privater Fuhrunternehmer die Beförderung von Personen mehr schlecht als recht bewältigt, so führte die Kurfürstlich Mainzische Regierung per Erlaß am 4. Januar 1718 einen Verkehr mit Portechaisen ein. Das waren von je zwei Bediensteten an den Längsholmen getragene, überdachte Sänften. Das Beförderungsentgelt betrug 2 Groschen und mußte von den Benutzern in eine am Tragsessel angebrachte verschlossene Büchse eingeworfen werden. Für die Portechaisen existierten drei Stell- und Warteplätze im Stadtzentrum: an der Statthalterei (in der heutigen Regierungsstraße gelegen), am Rathaus und an den Graden (Domstufen).
Das auf Initiative des kurmainzischen Statthalters, Reichsgraf Philipp Wilhelm von Boyneburg, eingeführte Beförderungsmittel mag sich zur damaligen Zeit, angesichts der schlechten Straßenverhältnisse und der fehlenden Stadtbeleuchtung, durchaus bewährt haben; doch bis zur Schaffung eines öffentlichen Massenverkehrsmittels sollten noch genau 165 Jahre vergehen.

Seit 1802 gehörten Erfurt und einige umliegende Ortschaften zu Preußen, die kurmainzische Herrschaft und die damit verbundenen Restriktionen waren überwunden, und die industrielle Produktionsweise konnte sich ungestört entfalten. 1847 wurde Erfurt an das Eisenbahnnetz angebunden, und 1873, zwei Jahre nach der Reichseinigung, wurden die Stadtmauern und Befestigungsanlagen geschleift. Von Mitte bis Ende des 19. Jahrhunderts und zu Beginn des 20. Jahrhunderts entstanden und entwickelten sich solche bedeutenden Betriebe wie die Königliche Gewehrfabrik (später Schreibmaschinenwerk Olympia), die Königliche Saline (Steinsalzwerk), die Lokomotivfabrik Hagans, die Maschinenfabrik Hugo John (später Henry Pels). Aber auch die Leichtindustrie siedelte sich an - genannt seien nur die Schuhfabriken von Lingel und Heß, die Betriebe der Lampenindustrie (Grundstock für das spätere Funkwerk), die Malzwerke und Bierbrauereien.
Der bereits im 18. Jahrhundert durch den Ratsmeister Christian Reichart begründete moderne Gartenbau erlebte eine nie gekannte Blüte - in Erfurt entstanden so weltbekannte Gartenbauunternehmen wie die

Firmen von Niels Lund Chrestensen, Friedrich Adolf Haage, F.C. Heinemann oder Heinrich Benary. Auf den Flächen außerhalb der ehemaligen Festungsmauern entstanden riesige Blumen- und Gemüsefelder - beste Voraussetzung für einen industriemäßig betriebenen Gartenbau. Die neuen Betriebe zogen Scharen von Arbeitskräften an, und so wuchs Erfurts Einwohnerzahl von 40.010 im Jahre 1873 auf über 52.000 im Jahre 1880. Der Boom der Gründerzeit, die Industrialisierung und die Entstehung neuer Stadtteile verlangten gebieterisch nach einem Verkehrsmittel, das die Arbeitskräfte schneller und zuverlässiger als bisher befördern konnte.
Auf Initiative des Magistrats unter Oberbürgermeister Richard Breslau liefen 1880 die ersten Verhandlungen über den Bau einer Straßenbahn in Erfurt. Im Jahr zuvor hatte Werner von Siemens auf der Gewerbeausstellung in Berlin seine erste elektrische Bahn vorgestellt, und 1881 fuhr die erste elektrische Straßenbahn der Welt in Lichterfelde bei Berlin.
Erfurt sollte auf Wunsch von Richard Breslau von Anfang an eine elektrische Straßenbahn bekommen. Doch da die technische Entwicklung noch in den Kinderschuhen steckte - insbesondere waren die Probleme der Stromabnahme noch unbefriedigend - vertröstete man sich auf später.
Nach weiteren Verhandlungen mit dem Provinzialausschuß der preußischen Provinz Sachsen, zu welcher Erfurt gehörte, genehmigte dieser im März 1882 den Bau einer Pferdebahn in der Stadt. Nebenher verhandelte Oberbürgermeister Breslau mit dem Amtsvorsteher der damals noch selbständigen Gemeinde Ilversgehofen, Filß. Beabsichtigt war, die Bahn über die Erfurter Flurgrenzen hinaus nach Ilversgehofen zu führen (Ilversgehoven wurde später in Erfurt-Nord umbenannt). Filß, gleich Breslau allem Neuen gegenüber aufgeschlossen, stimmte zu, zumal ein Großteil der Ilversgehofener Einwohner ohnehin in Erfurter Betrieben arbeitete, während umgekehrt in Ilversgehofen neue Großbetriebe entstanden, wo Erfurter Bürger ihrem Tagewerk nachgingen.

Die Pferdebahnkonzession

Um die Jahresmitte 1882 tätigte der Magistrat eine öffentliche Ausschreibung für die neue Pferdebahn. Daraufhin meldeten sich acht Unternehmer. Die Wahl des Magistrats fiel schließlich auf das in Berlin ansässige Eisenbahn- und Chausseebauunternehmen Marcks & Balke.
Die damalige Zeitungsmeldung im *Allgemeinen Anzeiger* ist leider fehlerhaft: *Erfurter Pferdebahn. Sicherem Vernehmen nach hat die Firma Marcks & Co. in Magdeburg nunmehr die Konzession zur Errichtung einer Pferdebahn durch die verkehrsreichsten Straßen der Stadt und der näheren Umgebung erhalten. Die Fahrpreise sind dieselben anderer Städte: 10, 15 und 20 Pf.*
In journalistischer Freiheit hatte die Zeitung den Sitz der Erbauerfirma nach Magdeburg verlegt! Der Hintergrund dieses Lapsus: Ingenieur Philipp Balke, Mitinhaber der Firma, hatte verschiedentlich technische Projektierungs- und Vermessungsarbeiten für andere Bahnbauten, darunter auch in der Magdeburger Gegend, geleistet; dies war offensichtlich den Zeitungsschreibern bekannt, so daß sie in Unkenntnis des Firmensitzes eine von Balkes Wirkungsstätten zu selbigem deklarierte.
Nun, mit der Firma Marcks & Balke hatte der Erfurter Magistrat wohl den bestmöglichen Griff getan. Balke war nicht nur Theoretiker, sondern auch ein hervorragender und energischer Praktiker, der stets die Bauarbeiten vor Ort überwachte und mit Umsicht und Organisationstalent Schwierigkeiten meisterte. Seine letzte technische Glanzleistung waren übrigens - 10 Jahre nach dem Bau der Erfurter Pferdebahn - Projektierung und Bau der Mecklenburgischen Friedrich-Wilhelm-Eisenbahn.

Am 29. November 1882 unterzeichneten der Erfurter Magistrat und die Berliner Firma den Vertrag über den Bau einer „Straßen-Eisenbahn" mit einer Gültigkeitsdauer von 35 Jahren. Der Betrieb sollte zunächst mit Pferden durchgeführt werden; gleichwohl enthielt die Urkunde die Klausel, daß der Betrieb bei Genehmigung der städtischen Behörden später auf mechanische oder elektrische Antriebskraft umgestellt werden solle. Die Konzessionsbedingungen verpflichteten das Bauunternehmen, welches gleichzeitig mit der Betriebsführung unter dem Namen *Erfurter Straßen-Eisenbahn* beauftragt wurde, zur Zahlung einer Kaution von 30.000 Mark an die Stadt sowie von 3.000 Mark an die Königliche Eisenbahndirektion Erfurt als zuständige Bahnaufsichtsbehörde für den Fall, daß der Bahnbau nicht wie vorgesehen ausgeführt oder vor Vollendung eingestellt werde.
Gleichzeitig verpflichtete die Konzessionsurkunde die Firma Marcks & Balke, jährlich ein Entgelt für die Benutzung der städtischen Straßen (wir würden heute sagen: „Maut") in Höhe von 1,5 % der Bruttoeinnahmen während der ersten 10 Betriebsjahre, 3 % während der folgenden 10 Betriebsjahre und 4,5 % während der letzten 15 Betriebsjahre an die Stadtkasse zu entrichten. Der Fahrbetrieb sollte von morgens 6 Uhr bis abends 11 Uhr erfolgen und dabei alle 20 Minuten von den Endstellen ein Wagen abfahren. Bei Verstößen gegen den zu genehmigenden Fahrplan sollte der Betreiber für jeden Fall 20 Mark Bußgeld bezahlen. Der Fahrpreis war mit 10 Pf. auf Strecken bis 2 km, 20 Pf. auf Strecken bis 4 km und 25 Pf. darüber hinaus veranschlagt. Das war ein Fünftel der gängigen Preise für die Benutzung einer Mietkutsche. Geplant waren zunächst drei Linien.

Rote Linie	Ilversgehofen (Flurgrenze am Johannesplatz) - Ausflugslokal *Flora* (am Steigerwald)
Gelbe Linie	Andreastor - Thüringer Bahnhof
Grüne Linie	Hirschgarten (gegenüber der ehemaligen Statthalterei) - Schützenhaus.

Benannt wurden die Linien nach den an den Wagen zu verwendenden farbigen Signalscheiben (bzw. des Nachts entsprechende Signallaternen).

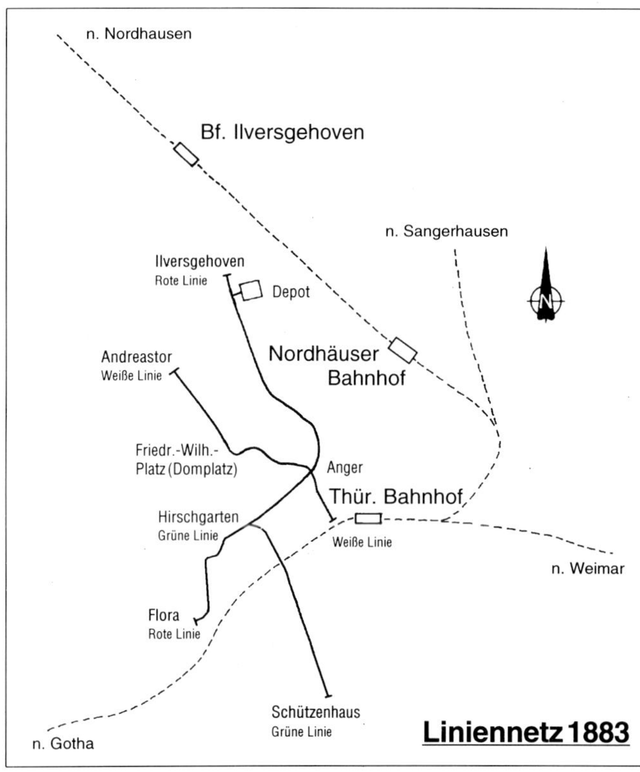

Die Firma Marcks & Balke verpflichtete sich, sechs Monate nach Konzessionserteilung den Fahrbetrieb zu eröffnen. Pro Tag Terminüberschreitung wären laut Vertrag mit dem Magistrat 50 Mark Konventionalstrafe fällig geworden. Mit dem Vertrag vom 29.02.1882 zwischen Magistrat und Erbauerfirma sowie der am gleichen Tag erteilten Konzession waren die Grundlagen zur Schaffung des künftigen Erfurter Nahverkehrsbetriebs gelegt.
Weitere Verträge wurden im Verlaufe des Baugeschehens notwendig: Am 12. April 1883 schloß der Magistrat einen Vertrag mit dem Gemeindeamt Ilversgehofen, der Details der Linienführung auf dem Gemeindegebiet sowie der Kostenbeteiligung regelte. Schließlich datiert vom 14. April 1883 eine Genehmigung der KED Erfurt zur schienengleichen Kreuzung der Eisenbahnlinie Bebra - Gotha - Leipzig in der Löberstraße und auf der Steigerchaussee. Erst rund zehn Jahre später durch den Bau des neuen Erfurter Hauptbahnhofs von 1893 bis 1897 und die damit verbundene Verlegung der Eisenbahnstrecke nach Gotha auf einen erhöhten Damm mit mehreren Unterführungen für den Straßenverkehr wurde diese Vereinbarung hinfällig.
Bereits im Dezember 1882 hatten die Vermessungsarbeiten in Erfurts Straßen begonnen, die von Philipp Balke persönlich geleitet und in aller Eile durchgeführt wurden. Der Beginn des Bahnbaus war für Februar 1883 vorgesehen. Zunächst kaufte die Firma Marcks & Balke ein Grundstück an der damaligen Johannes-Chaussee (heute Magdeburger Allee), nahe dem Gast- und Logierhaus *Zum Kardinal*, um hier Wagenremisen und Stallungen für vorerst 50 Pferde zu errichten. Unmittelbar an der Ostseite der Chaussee fand das Betriebsgebäude seinen Platz. Noch heute wird es von den Initialen der Gründerfirma geschmückt.
Angesichts der zum Teil recht engen Straßen Erfurts und aus Kostengründen wurde die Pferdebahn in einer Spurweite von 1000 mm projektiert, die später auch für den elektrischen Betrieb beibehalten wurde. Schienenmaterial bezog man aus Berlin. Im Gegensatz zu anderen Städten ließ man sich auf keine Experimente ein und verwendete sofort Rillenschienen nach dem System Phönix. Ein exaktes Spurmaß wurde durch flußeiserne Spurhalter gewährleistet, die im Abstand von etwa 3 Metern mit den Schienen verschraubt wurden.
Unmittelbar nach der Konzessionserteilung, zu Beginn des Jahres 1883, gab das Erbauerunternehmen auch die Fahrzeuge in Auftrag. Zum Lieferanten wurde die Waggonfabrik Scandia in Randers auf Jütland auserkoren. Dieses renommierte Unternehmen war Hauslieferant der preußischen Provinz Sachsen und hatte u.a. bereits Pferdebahnwagen für Halle und Magdeburg geliefert, ebenso aber für die Mecklenburgische Straßen-Eisenbahn AG in Schwerin und Rostock, bzw. von dort Aufträge laufen. Insgesamt bestellte die Erfurter Straßen-Eisenbahn AG zunächst 19 Pferdebahnwagen für den Personenverkehr.
Unterdessen schritt der Bau der Gleise zügig voran. Am 16. Februar 1883 schrieb der Allgemeine Anzeiger: *Einige 40 Mann, unter denen sich viele Erfurter befinden, sind an der Johannes-Chaussee mit der allerdings schwierigen Arbeit des Aufhackens... beschäfigt. Die Schienen werden jedenfalls morgen eintreffen, so daß die Anfangsstrecke der Bahn in den nächsten Tagen fertiggestellt sein wird.* Und am 10. März 1883 hieß es: *Nachdem erst vor kurzem mit der Schienenlegung längs des Angers begonnen wurde, liegen die Doppelschienen nicht nur im basaltsteinernen Pflaster, sondern der Anger ist auch schon wieder vollständig klar und passagefrei.* Der Bahnbau geschah in enormem Tempo; täglich wurden zwischen 75 und 100 m Gleis fertiggestellt. Diese hohe Arbeitsleistung ist darin begründet, daß die Firma Marcks & Balte für die Pflasterarbeiten ihre eigenen, qualifizierten Arbeiter aus Berlin einsetzte; nur für die Herstellung des Unterbaus wurden einheimische Tagelöhner herangezogen.
Der Gleisbau selbst gestaltete sich wie folgt: mittels Spitzhacke und Schaufel wurden ca. 30 cm Erdreich ausgehoben, eine Schicht Kies aufgebracht, die vorbereiteten Schienen verlegt und schließlich das Pflaster eingesetzt. Die Bauarbeiten wurden an mehreren Stellen der Stadt gleichzeitig durchgeführt, so auf dem Abschnitt Anger - Pförtchen und der Strecke Bahnhof - Andreastor. In aller Eile erfolgte auch die Anbindung des Teilstücks Hirschgarten - Schützenhaus über eine Weiche an die Strecke nach dem Steiger. Zwar wurde bereits zur Bauzeit der Pferdebahn moniert, die Qualität der Pflasterarbeiten sei zum Teil mangelhaft gewesen, und diese Feststellung wurde in spätere Veröffentlichungen unwidersprochen übernommen, doch ist an dieser Stelle eine Richtigstellung angebracht: Der Baugrund in Erfurt und Umgebung neigt infolge seiner geologischen Besonderheiten - zum Teil Muschelkalk, stellenweise Lehm mit darunterliegender Kiesschicht - zum Nachgeben und Verwerfen. So wurden auch später ständige Pflasterreparaturen zum notwendigen Übel, und selbst moderne Bautechnologien und Oberbauformen der Gegenwart bieten keine Gewähr, daß nicht immer wieder Instandsetzungsarbeiten an den kritischsten Stellen notwendig werden. Schwerwiegendere Mängel

Fünffenstriger Pferdebahnwagen Nr. 9 der Erfurter Straßen-Eisenbahn, 1883 beim Hersteller Scandia

waren indessen die stellenweise zu gering gewählten Gleisradien sowie eine Verlegung von Gleisabschnitten zu nahe am Bürgersteig. Diese Fehler mußten auf Verlangen der Aufsichtsbehörden (Polizei und Bahnaufsicht) beseitigt werden.
Unter großem Jubel der Erfurter Bevölkerung wurden am 5. Mai 1883 die angelieferten Pferdebahnwagen auf dem Güterbahnhof entladen und zum Depot gebracht. Nur noch wenige Tage dauerte es, bis die eingleisigen, mit mehreren Ausweichen versehenen Strecken ihrer Bestimmung zugeführt wurden.

Eröffnung der Pferdebahn

Das Pfingstfest des Jahres 1883 wurde auch zum Fest des Erfurter Nahverkehrs, denn am Pfingstsonntag, dem 13. Mai, wurde die Erfurter Straßen-Eisenbahn offiziell eingeweiht. Vorerst wurden nur die Rote Linie (Ilversgehofen - Flora) und die Grüne Linie (Hirschgarten - Schützenhaus) befahren. Die Polizeiverwaltung hatte die Betriebsaufnahme auf der Gelben Linie (Bahnhof - Andreastor) untersagt, bis die Gleise in der Schlösserstraße und der Bahnhofstraße weiter zur Fahrbahnmitte verlegt seien. Der vorläufige Fahrplan sah eine Wagenfolge von 20 Minuten vor, bei stärkerem Bedarf auch von 10 und 5 Minuten, und war von Oberbürgermeister Breslau, Amtsvorsteher Filß und der Polizeiverwaltung bestätigt. Bereits seit dem 6. Mai hatten auf Teilstrecken erste Probefahrten stattgefunden; die polizeiliche Abnahmefahrt war für Pfingstsonnabend, den 12.5.1883, 6 Uhr abends (=18.00 Uhr) angesetzt. In der Zeitung vom 15.5.1883 hieß es dazu: *In der Nähe des Kaufmann Rose'schen Hauses in der Johannesstraße hielt der von Ilversgehofen aus fahrende, elegante Wagen, auf dessen vorderer Plattform der Unternehmer des Ganzen, Herr Philipp Balke, stand, und nahm die Vertreter der Polizeibehörde, Herrn Stadtrat Lange, Herrn Polizeiinspektor Lauenstein und Herrn Kommissar Seiler auf... Dem Wunsche des Herrn Stadtrat Lange gemäß befuhr man zunächst die Strecke Post (= Anger; Anm. des Autors) - Pförtchen... An der Kreuzung der Wilhelmstraße und des Dalbergsweges wurde umgespannt; dann begann die Fahrt von neuem, und zwar durch den Hirschgarten nach dem Schießhause. Recht deutlich zeigte sich hier, daß ein Pferd unmöglich genügt, um die Steilheit der Schießhaus-Chaussee im Trab zu überwinden. Nach kurzer Rast ging die Rückfahrt, diesmal bei vollbesetztem Wagen, nach der Stadt vonstatten. Sämtliche Fahrgäste waren voll des Lobes über die schnelle, angenehme Fahrt.* Soweit der Bericht über die Abnahmefahrt. In das Reich journalistischer Phantasie muß jedoch die in der gleichen Zeitungsnotiz erwähnte Story verwiesen werden, der Wagen habe sich an der Ecke Louisenstraße (heute: Thomas-Müntzer-Straße) und Dalbergsweg im Geäst einer Platane verfangen. Ein derart ernster Zwischenfall hätte unweigerlich den Entzug der Betriebserlaubnis zur Folge gehabt, zumal, wie wir wissen, nur wenige Tage zuvor die Polizeibehörde der Inbetriebnahme der Gelben Linie die Genehmigung versagt hatte, weil deren Gleise nicht weit genug in Straßenmitte lagen. Über die offizielle Einweihung der Pferdebahn wurde so berichtet: *Die Eröffnung der Bahn fand am 1. Pfingstfeiertage in früher Morgenstunde statt. Außerhalb der Löbertorpassage hielten die zum Teil überfüllten Wagen, um eine weitere Pferdekraft bis zum Schießhaus in Anspruch zu nehmen. Der Wirt des Schützenhauses hatte in bereitwilliger Weise an der Pappelallee ein Bufét aufschlagen lassen, das auch vom Publikum fleißig benutzt wurde. Obleich die Wagen in Zwischenräumen von 10 Minuten abgelassen wurden, vermochten sie doch nicht alle Fahrlustigen aufzunehmen.*

Fahrpreise im Eröffnungsjahr der Pferdebahn, 1883

	werktags Pf	sonn- u. feiertags Pf
Ilversgehofen (Papiermühlenweg) - Anger	10	15
Anger (Post) - Flora	10	15
Anger - Hirschgarten - Schützenhaus	10	15

Außerdem gab es *Abonnementskarten* für Kinder unter 10 Jahren; diese galten für 15 Fahrten und kosteten 1 Mark.
Nachdem die Gelbe Linie (Bahnhof - Andreastor) in ihrer Trassierung entsprechend den Auflagen der Aufsichtsbehörden verändert und in Betrieb genommen war (im Herbst 1883), galten auch hier die gleichen Fahrpreise. Das Fahrgeld wurde zunächst nicht von Schaffnern kassiert, sondern in Zahlkästen eingeworfen. Noch im Jahre 1883 wurden jedoch Schaffner eingestellt. Bei einer Gesamtgleislänge von fast 9 km betrugen die Linienlängen und Fahrzeiten:

Liniennetz und Fahrzeiten der Pferdebahn 1883

Schild	Linienführung	Länge	Fahrzeit
rot	Ilversgehoven - Flora	5,0 km	23 min
grün	Anger - Schützenhaus	2,4 km	13 min
gelb	Bahnhof - Andreastor	2,6 km	12 min

Zeitgenössische Zeichnung eines Kutschpferdes der Pferdebahn

Gedenkblatt zur Eröffnung der Erfurter Pferdebahn

Die Grüne Linie wurde wenig später erst ab Hirschgarten betrieben, die Linienlänge betrug dann 1,8 km. Die mittlere Beförderungsgeschwindigkeit mit der Erfurter Pferdebahn lag bei 8,7 km/h. In einigen Veröffentlichungen aus der Anfangszeit der Pferdebahn wird die Gelbe Linie als Weiße Linie bezeichnet. Wahrscheinlich wurde die ursprünglich beabsichtigte Bezeichnung *Gelbe Linie* in *Weiße Linie* verändert, zumal beim späteren elektrischen Betrieb die Linienbezeichnungen der Pferdebahn übernommen wurden, dann aber keine *Gelbe*, wohl aber eine *Weiße* Linie existierte. In den ersten Betriebsmonaten der Pferdebahn gab es noch keine Haltestellen. Wer mitfahren wollte, gab diese Absicht dem Kutscher durch ein Handzeichen zu verstehen; wer aussteigen wollte, tat das durch eine im Wageninneren angebrachte Glocke kund. Da jedoch der Fahrplan oft nicht eingehalten wurde und die bisherige Regelung Unfallgefahren sowie Anlässe zu Betriebsstörungen in sich barg, erging im Oktober 1883 folgende Bekanntmachung: *Da in letzter Zeit durch das überhandnehmende Anhalten an allen beliebigen Punkten unser Betrieb wesentliche Störungen erlitt und ganz besonders das Pferdematerial durch das fortwährende Anziehen zu arg mitgenommen wurde, werden unsere Wagen von morgen an nur auf den Haltestellen gemäß Publikation vom 12. Oktober 1883 - also sämtlichen Weichen, sowie den durch Schilder bezeichneten Zwischenstationen - auf Wunsch des Publikums halten, andernfalls langsam an jenen Stellen durchfahren. Zuwiderhandlungen unseres Personals werden bestraft.* (Dem damaligen Sprachgebrauch folgend, sind Ausweichgleise als „Weichen" bezeichnet, Anmerkung des Autors).

Obwohl in Erfurt ausdrücklich dem Kutscher oder Schaffner verboten war, Passanten durch Handbewegung zum Mitfahren einzuladen - im Gegensatz etwa zu Dresden oder Leipzig -, häuften sich die Unfälle, denn die Fahrgäste sprangen von rechts und links auf die Wagen auf, wie es ihnen beliebte, und ebenso wieder ab. Ab 8. Juli 1884 war daher nur noch rechtsseitiges Ein- und Aussteigen gestattet. Erst später, schon zur Zeit des elektrischen Betriebes, erhielten die Perrons der Fahrzeuge Warnanschriften mit dem Text: *Das Auf- und Abspringen während der Fahrt ist verboten.* Doch gänzlich ausgestorben ist diese Unsitte in Erfurt erst in den 70er Jahren unseres Jahrhunderts, als alle Straßenbahnwagen zuverlässig wirkende Türschließeinrichtungen besaßen.

Die Pferdebahn erfreute sich eines solchen Zuspruchs, daß die Wagen oft überfüllt waren. Andererseits nahmen die Kutscher, besonders in den Abendstunden, den Fahrplan nicht so ernst wie nötig. In solchen Fällen mußte der Betrieb ein Strafgeld von 20 Mark an die Behörden zahlen. Am 25. Juli 1883 hieß es in einer Zeitungsnotiz: *Erfurter Pferdebahn. Daß seitens der betreffenden Behörden der Straßenbahn-Verwaltung gegenüber die Konzessionsbedingungen und insbesondere die pünktliche Einhaltung des vorgeschriebenen Fahrplans in einer für das Publikum wünschenswerten Weise gehandhabt werden, beweist, daß neuerdings von der Polizei-Verwaltung zu Ilversgehofen gegen die Straßenbahngesellschaft eine Ordnungsstrafe von 20 Mark festgesetzt worden ist, weil zu verschiedenen Malen des Abends Wagen, die fahrplanmäßig von der „Flora" zum „Alten Fritz" fahren mußten, nicht bis dorthin geführt worden sind.*

Zahlmarke der Pferdebahn für Beamte Foto: EVAG/Zille

Neben der Tatsache, daß die Polizeibehörde ihre Aufsicht mit Strenge und Konsequenz ausübte, ist der zitierte Artikel noch in anderer Hinsicht aufschlußreich: Das Gasthaus *Alter Fritz* in Ilversgehofen (nach 1945 Gaststätte *Einheit*) befand sich nur ca. 800 m südlich des Bf. Ilversgehoven (heute Erfurt-Nord), also wesentlich weiter im Norden als die ursprüngliche Endstelle am Papiermühlenweg. Das bedeutet nichts anderes, als daß die Rote Linie bereits im Eröffnungsjahr eine Verlängerung erfahren hat!

Wenn auch die Zeitungen berichteten, daß die Straßen-Eisenbahn bereits kurz nach der Eröffnung *vortreffliche Gewinne gemacht* habe und die Wagen *im Durchschnitt mit 10 bis 12 Personen besetzt* gewesen seien, so überstieg doch der Betrieb der Erfurter Pferdebahn auf die Dauer die finanziellen Möglichkeiten der Gründer, war sie doch nur eine von vielen Unternehmungen in Deutschland, in welche Marcks & Balke investiert hatten. Zudem lag der berufliche Ehrgeiz, insbesondere der von Philipp Balke, weniger in der unternehmerischen Tätigkeit, als vielmehr im Projektieren und Errichten von Straßen und Schienenverkehrsmitteln. So verkauften die Gründer bereits im November 1884 die Erfurter Pferdebahn zu einem Preis von 750.000 Mark an ein Konsortium privater Aktionäre. Die Pferdebahn firmierte nunmehr als *Erfurter Straßenbahn AG.* Die Rechte aus der Konzession von 1883 gingen an die neue Gesellschaft über.

Bereits 1885 wurden neue Wagen angeschafft. In den nächsten acht Jahren bis zur Umstellung auf elektrischen Betrieb folgten weitere, darunter auch 2 offene Sommerwagen. Möglicherweise wurde ein Teil dieser Fahrzeuge gebraucht erworben, doch liegen hierüber keine gesicherten Angaben vor. Der Wagenbestand wuchs von ursprünglich 19 auf 31 Fahrzeuge, als Zugtiere standen 1883 50 Pferde, im Jahre 1892 101 Pferde zur Verfügung.

Aus Rentabilitätsgründen wurden zum 1. Oktober 1885 die Schaffner entlassen und wieder Zahlkästen eingeführt. Hierüber schrieben die Zeitungen wie folgt: *Zahlkasten. Für den 1. nächsten Monats steht die Einführung der früher einmal üblich gewesenen Zahlkästen in den Straßenbahnwagen definitiv bevor. Diese Neuerung ist... von großem praktischen Nutzen. Besonders dürfte zu erwähnen sein, daß die Kasten diesmal von Erfurter Lieferanten bezogen wurden...* In anderen Städten hatte sich diese Einrichtung bewährt. Und so erhoffte man sich auch in Erfurt Vorteile von diesem frühen Vorläufer der modernen Fahrgastselbstbedienung. Noch einmal mußte die Pferdebahn anläßlich des Bundesschießens 1891 Schaffner einstellen. Die Schaffner hatten Fahrgeld zu kassieren, und darauf zu achten, daß die Wagen nicht über die vorgeschriebene Platzzahl hinaus besetzt waren. Ab 1885 wurden die Fahrpreise mehrfach geändert.

Tarif 1885/86

Strecke	Fahrpreis werktags	Fahrpreis sonn- und feiertags
Ilversgehofen - Post	10 Pf	
Post - Flora	10 Pf	
Anger - Rotes Schloß	5 Pf	10 Pf
Anger - Andreastor	5 Pf	10 Pf

Im Sommerhalbjahr 1886 betrugen die Fahrpreise auf allen Linien 10 Pf, Kinder unter 10 Jahren zahlten zwei Drittel des Tarifs gegen Wertmarken, Kinder unter 4 Jahren wurden unentgeltlich befördert. An Radrenntagen und zum Vogelschießen wurde auf allen Linien der doppelte Fahrpreis, also 20 Pf, erhoben. Besondere tarifliche Regelungen und Ermäßigungen gab es für Beamte und Postbedienstete. Das Jahresabonnement konnte von ihnen zum Preis von 100 Mark erworben werden; ab 1888 wurden Beamtenmarken zum Preis von 6 Pf pro Fahrt für Beamte auf Dienstwegen ausgegeben. Die Wertmarken waren aus Pappe oder Holzscheiben gefertigt, später, bei der elektrischen Bahn, aus einer Messinglegierung. Die erhöhten Sondertarife zu Feiertagen und anläßlich

Pferdewagen 13 fährt auf der Grünen Linie zum Schützenhaus. Wegen der starken Steigung in der Arnstädter Straße mußte zweispännig gefahren werden. Das Bild soll die letzte Fahrt dieser Pferdebahnlinie zeigen. *Foto: EVAG*

von Veranstaltungen wurden in späteren Jahren auf Druck der öffentlichen Meinung gesenkt.
Kummer bereitete der Verwaltung der Erfurter Straßenbahn AG die Linie Hirschgarten - Schützenhaus. Bedingt durch die Steigung der Arnstädter Straße mußte hier stets zweispännig gefahren werden. Dabei benutzte in den Wintermonaten oft nur nur ein einziger Fahrgast den Wagen. Jedes Jahr wurde die Verwaltung beim Magistrat vorstellig, um die Genehmigung zur Einstellung der Grünen Linie zu erhalten. Doch die Stadtverwaltung bestand auf der vertraglich festgelegten Betriebsabwicklung, so daß das Straßenbahnunternehmen in den Wintermonaten täglich 14 Mark zuschießen mußte. Auch einer vorgeschlagenen Verkürzung der Grünen Linie bis zur Gaststätte *Rotes Schloß* wurde nicht stattgegeben. Mehrfach änderte die Erfurter Straßenbahn AG die Fahrpläne. Für Sommer und Winter galten besondere Fahrpläne, und es wurden Wagenfolgen von 7, 7 ½, 12 und 14 Minuten erprobt.
Das Unternehmen strebte auch nach Erhöhung der Verkehrssicherheit. Hatten bisher die Kutsche den Straßenverkehr durch ein Signal mit der auf dem Vorderperron des Wagens hängenden Glocke gewarnt, so probierte man ab November 1884 Pfeifensignale aus. Die Erfurter Zeitung schrieb am 11. November 1884 darüber: *Was die Einrichtung der Pfeifensignale statt derjenigen der Glocken anbetrifft, so bewähren sie sich ganz vorzüglich. Der schrille Pfeifenton dringt ebenso durch wie die lauten Glockenschläge und belästigt das große Publikum bei weitem nicht so sehr wie letztere.* Die Erfurter Straßenbahn bemühte sich von Anfang an darum, den Fahrgästen die Fahrt so angenehm wie möglich zu machaen. Im Winter wurden die hölzernen Sitze in den Wagen mit Kissen aus Roßhaar, die einen Plüschbezug trugen, ausgestattet. Aus den späteren Betriebsjahren der Pferdebahn ist bekannt, daß zumindest ein Teil der Wagen in den Wintermonaten mit einem Kanonenofen beheizt wurde.
Aus den Geldeinnahmen der Pferdebahn erhielt die Stadt Erfurt jährlich 2.000 Mark. Die Kapitalanlage der Aktionäre verzinste sich mit etwa 5 % pro Jahr; das Gesamtvolumen der alljährlichen Divdende betrug durchschnittlich ca. 50.000 Mark. Wesentlich beeinflußt wurde die Höhe der Betriebskosten durch den Pferdebestand. Um die Kosten für Futter und Pflege der Pferde zu senken, verkaufte man regelmäßig im Winter die überzähligen Pferde und ersetzte sie im Frühjahr, zu Beginn des Sommerfahrplans, durch neue. Jedes Pferd legte täglich im Betriebseinsatz ca. 27 km zurück.
Einige statistische Angaben mögen die Entwicklung der Pferdebahn von 1883 bis 1892 veranschaulichen:

Betriebsstatistik 1883 - 1892

Jahr	Wagen	Beschäftigte	Pferde	Einnahmen
1883/84	19	51	50	112.435
1884/85	19	31	keine Angabe	103.908
1885/86	25	39	64	117.903
1886/87	25	40	76	143.430
1887/88	25	keine Angabe	87	151.821
1888/89	28	keine Angabe	87	157.014
1889/90	28	keine Angabe	88	165.872
1890/91	28	44	93	169.590
1891/92	31	keine Angabe	101	keine Angabe
1892/93	31	keine Angabe	101	156.947

In den ersten beiden Geschäftsjahren stellten Erfurter Fuhrunternehmen die Kutscher und Pferde; ab Geschäftsjahr 1885/86 nahm die Erfurter Straßenbahn AG die Anstellung der Kutscher in eigene Regie. Die Kutscher wurden damit Bedienstete der Gesellschaft. Zwecks Regelung ihres Dienstverhältnisses wurde eine aus 30 Paragraphen bestehende Kutscherordnung am 15. Februar 1887 in Kraft gesetzt.

Hier einige Auszüge aus der Kutscherordnung:

§ 2 Das Grüßen der Vorgesetzten soll in militärischer Weise geschehen.
§ 3 Der Kutscher hat seine Peitsche auf eigene Kosten zu kaufen... Ebenso muß er im Besitze einer guten Uhr sein und dieselbe nach der Postuhr stellen.
§ 4 Der Kutscher hat den Wagen stets rein zu halten.

Pferdebahngleis am Pförtchenturm (Rote Linie)

§ 5 Ein auffälliges Trinken aus der Flasche ist im öffentlichen Verkehr durchaus zu vermeiden...
§ 6 Das bei der Anstellung festgesetzte Gehalt des Kutschers wird am 15. und am Schlusse eines jeden Monats gegen Quittung ausgezahlt...
§ 7 Der Kutscher ist verpflichtet, die fahrplanmäßige Zeit pünktlich innezuhalten...
Galoppfahren wird... mit sofortiger Entlassung bestraft.
§ 24 Der Kutscher hat bei seiner definitiven Anstellung eine Caution von 50 Mark in bar zu bezahlen. Bei grobem Verschulden verfällt die Summe ganz oder teilweise zu Regelung des der Gesellschaft zugefügten Schadens.

Mag man über die Kutscherordnung denken, wie man will - ihren Sinn hatte sie durchaus, denn die Kutscher waren rauhe Kerle, von denen manch einer mehr als nötig dem Alkohol huldigte oder aber seinen häuslichen Frust an den Zugtieren ausließ.
Erfurts flächenmäßige Ausdehnung und Bevölkerungsentwicklung waren seit 1883 schnell vorangeschritten; 1891 lebten bereits 71.501 Bürger in der Stadt, und 1893 waren die 75.000 überschritten. Auch die Einwohnerzahl Ilversgehofens stieg von 932 im Jahre 1871 über 2.448 im Jahre 1875 auf über 3.500 im Jahre 1893. Der Verkehrsbedarf erhöhte sich durch die Industrialisierung sprunghaft, und die Öffentlichkeit forderte nachdrücklich ein moderneres und schnelleres Verkehrsmittel als die Pferdebahn. Mit einer jährlichen Beförderung von ca. 1,5 Millionen Fahrgästen war die Grenze ihrer Leistungsfähigkeit erreicht.
Die Erfurter Straßenbahn AG holte die alten Elektrifizierungspläne hervor und begann im Sommer 1893 mit den Vorarbeiten zur Umstellung auf elektrischen Betrieb. Das war möglich, weil die elektrische Straßenbahn insbesondere durch die bahnbrechenden Arbeiten der Thomson-Houston Electric Company und der Edison Electric in den USA Betriebsreife erreicht hatte. Somit standen nun zuverlässige Antriebe für die elektrischen Triebwagen zur Verfügung. Der Schleifringfahrschalter war mittlerweile entwickelt worden, und der Strom konnte über den von Sprague erfundenen Stangenstromabnehmer bequem aus der einpoligen Oberleitung zugeführt werden.

Pferdebahn auf der Schlösserbrücke

Pferdebahngleis am Löbertor (Grüne Linie), 1883

Nach erfolgreichem Abschluß der Vorverhandlungen verkaufte die *Erfurter Straßenbahn AG* am 6. September 1893 alle in ihrem Besitz befindlichen Immobilien, die Gleise und Fahrzeuge an die *Union Elektricität-Gesellschaft (UEG)* in Berlin. Die UEG war nur reichlich ein Jahr zuvor als Tochter der Thomson-Houston International Electric Comp., Boston, gegründet worden. Als Teilhaber und weitere Kapitalgeber der Union Elektricitäts-Gesellschaft traten auf: die Firma August Thyssen in Mülheim/Ruhr, die Firma Isidor Loewe in Berlin, der Hamburger Zivilingenieur Louis John Magee und der Bremer Advokat Dr. Wiegand. Das Aktienkapital betrug insgesamt 1,5 Millionen Mark. Zum Vorstand der UEG gehörten der Ingenieur Magee und der Kaufmann Max Kosegarten. Beide Männer hatten später auch im Vorstand der Erfurter Elektrischen Straßenbahn Sitz und Stimme. Der Beschluß über die Einführung des elektrischen Betriebes in Erfurt besiegelte das Ende der Pferdebahn.

Endhaltestelle "Flora" der Roten Linie

Die Erfurter Elektrische Straßenbahn präsentiert ihren Triebwagen 34 an der Flora (Steigerstraße), 1899. *Foto: Unruh*

Die Erfurter Elektrische Straßenbahn

Die UEG elektrifiziert und erweitert die Erfurter Straßenbahn

Nach dem Erwerb der Pferdebahn durch die UEG nahm diese sogleich die Umstellung auf elektrischen Betrieb in Angriff. Die UEG, welche später (1904) mit der AEG unter Emil Rathenaus Vorsitz fusionierte, hatte von der Thomson-Houston-Electric Comp. alle Patente und Rechte übernommen, um nach deren System in Europa und Asien Maschinen und Geräte herstellen zu können, darunter auch die Ausrüstungen für elektrische Straßenbahnen. Als Zulieferer für Kraftmaschinen, Apparaturen und Schienenmaterial fungierten bei den Elektrifzierungsunternehmungen der UEG selbstverständlich die Firmen Loewe und Thyssen.

Erfurt zählte zu den ersten Städten Deutschlands, in denen der elektrische Straßenbahnbetrieb eingeführt wurde. Vorausgegangen waren, abgesehen von den Versuchsanlagen in Lichterfelde, Bremen und Offenbach, lediglich Halle (1891, durch AEG elektrifiziert), Gera (1892), Dresden und Chemnitz (1893). Bereits im Juli und September 1893 hatte die UEG Verträge mit dem Erfurter Magistrat geschlossen, welche ihr die Erlaubnis zum Betrieb der elektrischen Straßenbahn sicherten. Die Zeitung schrieb darüber: *Elektrische Straßenbahn. Mit der Umwandlung unserer Straßenbahn in eine solche mit elektrischem Betriebe wird, nachdem die Stadtverordneten den bereits früher genehmigten... Vertrag endgültig angenommen haben, demnächst begonnen werden. Der „Union" in Berlin ist... telegraphisch die Mitteilung von der Genehmigung zugegangen. Wir können diese im Interesse der Allgemeinheit begrüßen.*

Am 9. September 1893 trat die UEG alle Rechte an den Verträgen mit der Stadt Erfurt an die von ihr neu gegründete Erfurter Elektrische Straßenbahn ab. Diese Tochtergesellschaft der „Union" wurde mit der Umstellung auf elektrischen Betrieb und der Betriebsführung betraut. Das Aktienkapital der Erfurter Elektrischen Straßenbahn AG betrug 1,1 Millionen Mark. Es war in 1.100 Inhaberaktien zu einem Nennwert von je 1.000 Mark aufgeteilt. Gründungsmitglieder waren Friedrich Vortmann, Max Kosegarten, Louis John Magee und Otto Bohlmann. Zum Betriebsdirektor wurde später der erfahrene Ingenieur Hühn bestimmt. Die Erfurter Elektrische Straßenbahn AG verpflichtete sich, die Pferdebahn zu elektrifizieren sowie neue Linien einzurichten, ebenso vorhandene zu verlängern.

Der Umbau sollte innerhalb von neun Monaten beendet sein. Der Magistrat hatte diesen Termin mit Blick auf die Eröffnung der bevorstehenden Thüringer Gewerbe- und Industrieausstellung ausgehandelt, die auf einem Gelände an der Daberstedter Schanze (später Stadtpark) stattfinden sollte. Die Besucher dieser Leistungsschau sollten Erfurts neue Attraktion aus eigenem Augenschein kennenlernen. Selbstredend wurden alle Umstellungsarbeiten durch die UEG im Auftrag der Erfurter Elektrischen Straßenbahn ausgeführt. Noch im Herbst 1893 begannen die Arbeiten, die von der Bevölkerung mit regem Interesse verfolgt wurden. Im Lokalteil der Zeitungen war zu lesen: *Der Bau der elektrischen Straßenbahn beginnt, wie gemeldet wird, alsbald. Mittwoch ließ die... „Union“... bereits Schienen anfahren, welche in unmittelbarer Nähe des Bahnhofsneubaues an der Daberstedter Straße niedergelegt wurden.*

Die Union nahm einige Streckenverlängerungen vor. Die Rote Linie Ilversgehofen - Flora wurde von der Endweiche in Ilversgehofen (in Höhe der Gaststätte *Alter Fritz* bzw. der Straße *Am Salpeterberge*) bis unmittelbar vor die Schranken am Bahnübergang des Bf. Ilversgehofen (später Bf. Erfurt-Nord) verlängert. Die Linie Bahnhof - Andreastor wurde in nördlicher Richtung bis zum Auenkeller (Albrechtstraße) ausgebaut, im Süden führte man die Gleise durch die Unterführung des neuen Hauptbahnhofs bis zur Arnstädter Straße/Ecke Löberstraße (in Höhe des späteren Lokals *Kaffeetrichter*) und schuf über eine Weiche somit eine neue Gleisverbindung mit der *Grünen Linie* Hirschgarten - Schützenhaus.

Während der Umstellungsarbeiten lief der Pferdebahnbetrieb weiter, nur an einzelnen Baustellen mußten die Fahrgäste zeitweise den Wagen wechseln. Die für die Pferdebahn gerade noch ausreichenden Kurvenradien waren für die elektrischen Wagen zu eng und wurden vergrößert. Durch den Neubau des Hauptbahnhofs mit seinen hochgelegten Gleisanlagen und dem anschließenden Bahndamm für die Eisenbahn entfielen die bisherigen schienengleichen Kreuzungen in der Löberstraße und an der Steigerchaussee.

Zur Erzeugung des Fahrstromes errichtete man auf dem Gelände der Erfurter Elektrischen Straßenbahn in der Blücherstraße (heute Breitscheidstraße) eine Kraftstation. Sie war mit drei Verbund-Dampfmaschinen von je 175 PS (=129 kW) und drei Gleichstrom-Generatoren von je 100 kW Leistung bestückt. Die erzeugte Fahrdrahtspannung betrug 550 V (später 600 V). Die Fahrleitung wurde als festverspannte Einfachfahrleitung ausgeführt. Teils wurden die Halteseile mittels Rosetten direkt an den Häuserwänden befestigt, teils wurden 5,50 m hohe, mit Auslegern versehene Stahlmaste aufgestellt, um an ihnen die Fahrleitung anzubringen. Der Kupferfahrdraht selbst war mittels der üblichen Isolatoren mit den Querdrähten bzw. Mastauslegern verbunden. Durch den Einbau von Streckentrennern wurde das Fahrleitungsnetz in unabhängige Abschnitte unterteilt. Die Schienenstöße verband man mit Kupferlitze zur Gewährleistung der Stromrückführung (die Thermitschweißung der Stöße kam erst später auf). Die Schienen selbst, Rillenschienen des Profils Ri 1, wurden nebst Spurhaltern auf einem offenen Lagerplatz an der Daberstedter Straße (heute Schillerstraße) vorgehalten und bei Bedarf zu den Baustellen transportiert. Schienen stärkerer Bauart, vor allem die Normalprofile NP 3 und NP 4, wurden erst Ende der 20er und besonders ab den 30er Jahren verwendet.

Als erste Fahrzeuge für die neue elektrische Straßenbahn wurden bei der Waggonfabrik Falkenried in Hamburg 15 Triebwagen in Auftrag gegeben. Sie waren einmotorig und hatten eine Leistung von 18 PS (=13,2 kW). Das Fahrgestell war nach der Bauart McGuire gefertigt. Die Beschaffung dieser Fahrzeuge erfolgte unter dem Einfluß von Ingenieur Magee, der natürlich, aus Hamburg stammend, über die Möglichkeiten des dortigen Werkes genauestens informiert war. Außerdem wurden 14 Fahrgestelle bestellt, um auf ihnen Wagenkästen von Pferdebahnwagen aufzubauen und so billiger zu Triebwagen zu kommen. Letztlich wurden mindestens 30 Paar neue Radsätze geordert, um mit ihnen die übrigen Pferdebahnwagen auszurüsten und so Beiwagen für den elektrischen Betrieb zu erhalten. Farbenfroh war die Lackierung der Fahrzeuge: Die Seitenwände unterhalb der Scheuerleisten und Spritzwände der Perrons waren braun lackiert, die oberen Partien der Seitenwände erstrahlten in leuchtendem Rot, die Fenstereinfassungen hatten einen hellgrünen Farbton, die Wagenanschriften wiederum waren in Goldgelb gehalten, und das Fahrgestell war grau gespritzt. Die Seitenwände schmückte, wie schon bei der Pferdebahn, das Erfurter Wappen, umrahmt von einer hellbraunen Schlinge. Ab 1899 war die Farbgebung etwas einfacher gehalten: unterhalb der Fenster durchgängig rot, Fensterpartien hellgrün oder elfenbein, doch liefen noch bis nach dem ersten Weltkrieg einige Trieb- und Beiwagen in der ursprünglichen Farbgebung.

Die Aufsichtsbehörde hatte für die Triebwagen eine Höchstgeschwindigkeit von 15 km/h zugelassen; konstruktiv möglich waren etwa 30 km/h. Am 28. Mai 1894 fand die erste Probefahrt mit den elektrischen Wagen statt. Sie verlief zur vollen Zufriedenheit. Die Erfurter Zeitung schrieb damals: *Elektrische Straßenbahn. Heute (Montag) früh 3/4 5 Uhr, also vor Eintritt des eigentlichen Straßenbahnverkehrs, wurde die Strecke vom Straßenbahndepot nach der Flora durch zwei Motorwagen probeweise befahren. Wie man uns mitteilte, ist die erste Probe recht befriedigend ausgefallen.*

Zwei Tage später wurden die Bahnanlagen durch die Aufsichtsbehörden abgenommen (entsprechend den Richtlinien des Preußischen Kleinbahngesetzes von 1892), und am gleichen Tag, zwischen 3 und 4 Uhr nachmittags (= zwischen 15 und 16 Uhr) erfolgte die Abnahmeprobefahrt unter Beteiligung von Bahnaufsicht und Polizei. Befahren wurde dabei zunächst die Teilstrecke der Roten Linie vom Depot in der Magdeburger Straße bis zum Ausflugslokal *Flora*, von dort fuhr der Wagen zurück zum Anger, um dann den Weg durch die Bahnhofstraße und die Bahnunterführung zum Ausstellungsgelände an der Deberstedter Schanze zu nehmen. Man befuhr also zuletzt den neuerbauten Streckenteil der Weißen Linie, der dem Stadtteil südlich des Hauptbahnhofs den Anschluß an die Straßenbahn brachte. Die Abnahmefahrt wurde übrigens mit dem Triebwagen Nr. 6 ausgeführt.

Ursprünglich war die offizielle Aufnahme des Verkehrs für den 31. Mai 1894 vorgesehen, wurde dann aber auf den 1. Juni festgesetzt. Die elektrischen Triebwagen rollten zunächst auf der Roten Linie Ilversgehofen - Flora, am 17. Juni folgten Probefahrten auf der Grünen Linie Hirschgarten - Schützenhaus, und mit dem 20. August 1894 war das gesamte Netz umgestellt. Bis zu diesem Tag wurde ein gemischter Betrieb mit elektrischen Triebwagen und Pferdebahn durchgeführt. Der Einsatz der Pferdebahnwagen verringerte sich von Tag zu Tag. Waren am 1. Juni nur 3 Triebwagen, aber noch 9 Pferdebahnwagen eingesetzt, so hatten genau eine Woche später von 12 eingesetzten Wagen bereits 8 elektrischen Antrieb.

Die elektrischen Wagen führten als Linienkennung nach wie vor runde Kopfscheiben am Vorderperron. Auch das Abfertigungssystem mittels Zahlkästen wurde übernommen und bis 1914 beibehalten. Nach der vollständigen Einführung des elektrischen Betriebes wurden drei Linien eingleisig befahren.

Liniennetz 1894

Rote Linie	Bf. Ilversgehofen - Flora	5,6 km
Weiße Linie	Auenkeller - Arnstädter Straße	3,1 km
Grüne Linie	Hirschgarten - Schützenhaus	1,8 km

Die Gesamtstreckenlänge betrug damit 10,5 km. Dazu kamen Ausweichgleise und Zufahrgleise zur Wagenhalle in einer Länge von insgesamt 2,0 km. Ab 1. September 1894 wurden die Pferde allmählich verkauft; der „Hafermotor“ hatte ausgedient.

Nachdem die Elektrische in Erfurt Wirklichkeit geworden war, bildeten die Einwohner der südwestlich der Stadt gelegenen Gemeinde Hochheim ein Komitee zur Weiterführung der Straßenbahn. Bereits zur Pferdebahnzeit hofften die Hochheimer auf die Ver-

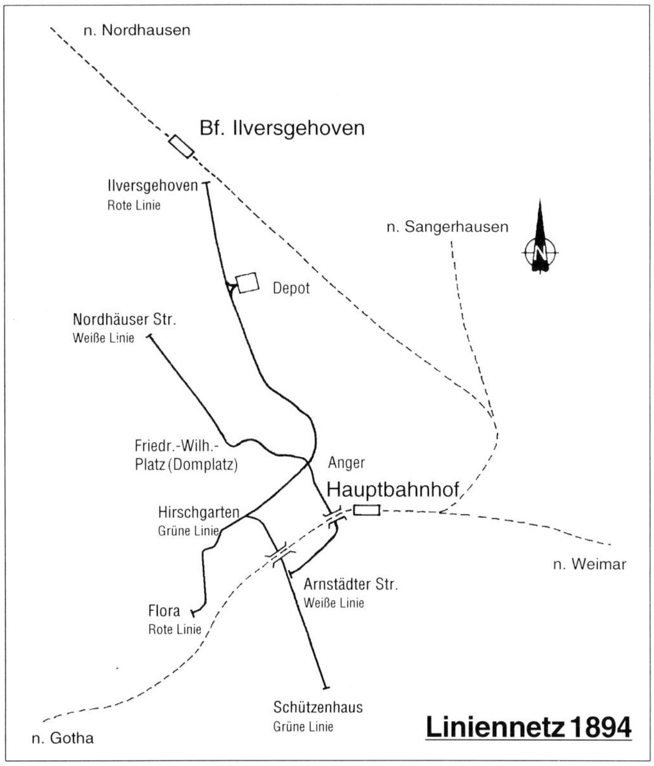

längerung der Roten Linie in ihren Ort; denn die Endstelle *Flora* lag direkt an der Grenze der Hochheimer Gemeindeflur. Die Petition des Hochheimer Bürgerkomitees an das Landratsamt Erfurt enthielt nunmehr den dringenden Wunsch, Hochheim an die elektrische Straßenbahn anzubinden. Doch aus Erfurt kam folgender Bescheid: *Das Direktorium der UEG hält den Weiterausbau der Straßenbahnstrecke Ilversgehofen - Post - Flora nach Hochheim für gut durchführbar, kann sich jedoch nicht entschließen, augenblicklich näher auf die Ausführung des Projektes einzugehen, da die Gesellschaft gegenwärtig durch die Umwandlung der Pferdebahn in eine elektrische stark engagiert ist. Dessenungeachtet will die Direktion die Sache im Auge behalten. Es ist nicht ausgeschlossen, daß die Verbindung Erfurts mit Hochheim durch eine elektrische Straßenbahn in absehbarer Zeit zur Ausführung gelangen wird.*

Hochheim war, im Gegensatz zu Ilversgehofen, kein Industriestandort. Aus wirtschaftlicher Sicht lohnte sich daher die Verlängerung der Straßenbahn nicht. Daher brachte auch ein erneuter Vorstoß der Hochheimer Bürger fünf Jahre später, 1899, in Form eines Konsortiums keinen Erfolg, obgleich zu diesem Zeitpunkt noch bessere Bedingungen für den Anschluß an das Straßenbahnnetz bestanden; denn durch den Bau neuer Straßenbahngleise, die die Friedrichstraße und Gothaer Straße berührten, hätte sich als Alternative angeboten, Hochheim vom anderen Ortseingang her, nämlich über die Cyriakstraße, zu erschließen. Erst 57 Jahre nach der ersten Initiative des Bürgerkomitees ging der Wunsch der Hochheimer in Erfüllung: 1951 erfolgte der Anschluß der inzwischen als Ortsteil zu Erfurt gehörenden Gemeinde an das Nahverkehrsnetz, allerdings durch den Obus.

Die Erfurter, begeistert von ihrer Elektrischen, mußten sich erst an die höhere Fahrgeschwindigkeit gewöhnen. Nur allmählich sah man ein, daß das Aufspringen auf den fahrenden Wagen oder das Abspringen von ihm lebensgefährlich war. Bereits im ersten Betriebsmonat ereigneten sich drei tödliche Unfälle, und der Oberbürgermeister mußte persönlich die Einwohner zur Besonnenheit aufrufen.

Aber es gab auch Ereignisse, die zum Schmunzeln verlocken: Wenige Tage nach Eröffnung des elektrischen Straßenbahnbetriebes verlangte ein Bürger von der Verwaltung Schmerzensgeld, weil er beim Überqueren des Gleises einen elektrischen Schlag erlitten habe. Ein weiterer Bürger forderte Schadenersatz, weil sein neuer Hut durch einen von der Fahrleitung herabgefallenen Funken versengt worden sei. 1894 tat man jedoch die Narreteien einzelner noch mit einem Achselzucken ab.

Seit Beginn des elektrischen Betriebes 1894 tat die Verwaltung der Straßenbahn viel, um die Sicherheit zu verbessern. Da Unfälle, hervorgerufen durch das Überqueren der Straße durch Passanten vor der fahrenden Bahn, nie ganz auszuschließen waren, sann man auf eine Schutzvorrichtung für die Wagen. Ein Erfurter Schmied bot eine Vorrichtung an, die aus einer rotierenden Walze vor der Vorderachse des Wagens bestand. Probeweise wurde dem wackeren Meister ein Beiwagen zur Verfügung gestellt, an dem er seine Schutzvorrichtung anbringen konnte. Es blieb bei dem einmaligen Versuch, denn die Erfindung des Schmiedemeisters fand keine weitere Verbreitung.

Triebwagen 24 der Erfurter Elektrischen Straßenbahn im Eröffnungsjahr 1894 am Hauptbahnhof. Der Triebwagen entstand aus dem Aufbau eines fünffenstrigen Pferdebahnwagens und einem von der UEG gelieferten Fahrgestell.

Indessen wurden Trieb- und Beiwagen bald mit vorderen und seitlichen Bahnräumern versehen, und etwa 1908 folgten Taster und Fangnetz für die Motorwagen.
Sorgen bereiteten die relativ häufigen Entgleisungen der Triebwagen. Um für alle Fälle gerüstet zu sein, wurden in den Anfangsjahren auf den Wagendächern je zwei etwa 3 bis 4 Meter lange Holzstämme mitgeführt, die bei Entgleisungen als Hebebäume dienten. Zu unerquicklichen Störungen führte auch der Stangenstromabnehmer mit starr gelagerter Rolle. Zwar hatten die Triebwagen einen Trolleyfänger, mit dem der Stromabnehmer angelegt und abgezogen werden konnte, aber in Gleisbögen und besonders an den Luftweichen der Fahrleitung sprang die Rolle oft genug vom Fahrdraht ab. Abhilfe brachte erst die pendelnd aufgehängte Dickinsonrolle, die 1926 eingeführt wurde. Einen Fortschritt bei der Beheizung der Wagen stellte die elektrische Heizung dar, mit der die UEG-Triebwagen von vornherein versehen waren. Sie bestand aus vier unter den Wagensitzen montierten Elektroöfen.
Die Einwohner nahmen an der Entwicklung ihrer Straßenbahn regen Anteil. Dies zeigen die an die Direktion herangetragenen Wünsche. So wurde die Verglasung der Plattformen vorgeschlagen, weil die Fahrgäste auf den Perronstehplätzen den Witterungsunbilden ausgesetzt seien. Wohl noch mehr betraf das aber die Triebwagenführer. Doch diese zweckmäßige Lösung wurde jahrzehntelang hinausgeschoben. Andere Wünsche von Bürgern waren allerdings wenig sinnvoll, besonders angesichts der kurzen Fahrstrecken. Das betraf etwa den Einbau von Toiletten in den Wagen, das Auslegen von Lektüre oder die Einrichtung eines Speisen- und Getränkeverkaufes in den Beiwagen. Gestattet wurde allerdings das Rauchen in den Anhängern. Diese Regelung wurde erst 1952 abgeschafft.
Aus der Zeit um die Jahrhundertwende stammt auch eine Aufschrift in den Wagen, die heute seltsam anmutet. Auf Emailleschildern im Fahrgastraum war zu lesen: *Nicht in den Wagen spucken!* Das hatte folgenden Grund: Mancher Fahrgast kaute Kautabak (priemte) und ließ seine Kautabakreste auf dem Wagenboden zurück. Erst die ab 1936 gelieferten Wagen trugen die Emailleschilder mit dieser Aufschrift nicht mehr.
Im Jahre 1899 wurde es notwendig, neue Triebwagen zu beschaffen, da die bisherigen den Verkehr nicht mehr bewältigen konnten. Erstmals kamen 12 Fahrzeuge aus der Waggonfabrik Lindner, Halle, zum Einsatz. Sie trugen die Nummern 31 bis 42, waren zweimotorig und hatten ein größeres Fassungsvermögen als die bisherigen Wagen. Außerdem wurde ein Teil der vorhandenen Triebwagen, insbesondere diejenigen, die noch Pferdebahnwagenkästen besaßen, mit neuen Wagenkästen versehen. Dazu lag eine Genehmigung der Bahnaufsicht bei der KED Erfurt vor.
Das stürmische Wachstum der Stadt und die damit verbundene Zunahme des Verkehrs machten eine Ausdehnung des Liniennetzes erforderlich. Innerhalb von vier Jahren gab es folgende Veränderungen: 1895 wurde die Weiße Linie (Nordhäuser Straße bzw. Auenkeller - Hauptbahnhof - Arnstädter Straße) über die neuerbaute Steigerstraße bis zur Pförtchenstraße um 0,8 km verlängert. 1899 wurde die Strecke Hirschgarten - Schützenhaus (Grüne Linie) durch eine Gleisverbindung von der Löberstraße/Neuwerkstraße über die Eichengasse (später Eichenstraße) und Lange Brücke zum Friedrich-Wilhelm-Platz (heute Domplatz) mit dem Abschnitt Auenkeller - Friedrich-Wilhelm-Platz der Weißen Linie verbunden. Damit entstand die Nord-Süd-Linie durch die Stadt, die nunmehr die Bezeichnung *Grüne Linie* trug. Ein weiterer 1899 erfolgter Gleisneubau von der Steigerstraße über die Reichartstraße - Friedrichstraße (heute Straße des Friedens) - Gothaer Straße - Brühler Straße zum Domplatz führte zur Einrichtung einer Ringlinie mit der Streckenführung Steigerstraße - Brühler Wallstraße - Domplatz - Anger - Hauptbahnhof - Steigerstraße. Die Ringlinie wurde am 22.12.1899 eröffnet. Die auf ihr verkehrenden Wagen trugen auf den seitlichen Richtungsschildern die Anschrift *Ringlinie*; die Vorderperrons waren mit den weißen Kopfscheiben, die durch die Verknüpfung von ehemaliger Weißer Linie und Grüner Linie frei geworden waren, gekennzeichnet. Ende 1899 wurde die Grüne Linie in nördlicher Richtung von der Albrechtstraße (Auenkeller) bis zum Garnisonslazarett (später Poliklinik Nord) in der Nordhäuser Straße verlängert. Zum Jahreswechsel 1899/1900 gab es folgende Linien:

Liniennetz 1900

Rote Linie	Bf. Ilversgehofen - Flora	5,6 km
Ringlinie	Steigerstr. - Brühler Wallstr. - Friedrich Wilhelm-Platz - Anger - Hauptbahnhof - Steigerstr.	5,3 km
Grüne Linie	Nordhäuser Str. - Schützenhaus	3,8 km

Triebwagen 1 (Falkenried/UEG/ 1894) am Hauptbahnhof 1898.

Probefahrt mit UEG-Triebwagen Nr. 6 an der Unterführung des Hauptbahnhofs 1894. Foto: UEG

Das öffentliche Streckennetz umfaßte damit 14,7 km. Die Jahre 1903 und 1904 brachten weitere Streckenneubauten, denn aufgrund des Vertrages zwischen Stadt und Straßenbahngesellschaft war diese zur Einrichtung neuer Linien verpflichtet. Im Jahre 1903 wurde die *Grüne Linie* in der Nordhäuser Straße vom Garnisonslazarett bis zum Städtischen Krankenhaus verlängert. Die Endstellenbezeichnung lautete aber noch bis 1930 *Nordhäuser Straße*.

1904 erfolgten die Streckenneubauten in Richtung Osten bzw. Südosten: Anger - Krämpferstraße - Leipziger Straße (1,45 km) und Anger - Trommsdorffstraße - Schmidtstedter Brücke - Weimarische Straße (1,39 km). Dafür wurde am 10. Dezember 1904 die Ringlinie eingestellt, weil sie sich nicht bewährt hatte. Ihre Streckenabschnitte wurden mit den im gleichen Jahr neuerrichteten Strecken wie folgt verknüpft: Der Abschnitt Gothaer Straße - Domplatz - Anger wurde mit der Neubaustrecke Anger - Trommsdorffstraße - Weimarische Straße verbunden. Der Abschnitt Brühler Wallstraße - Pförtchenstraße - Steigerstraße - Arnstädter Straße - Hauptbahnhof - Anger wurde mit der Neubautrasse Anger - Leipziger Straße vereinigt. Dadurch entstanden zwei neue Linien mit der Streckenführung Gothaer Straße - Weimarische Straße und Brühler Wallstraße - Leipziger Straße. Erstere wurde als *Blaue Linie* in Betrieb genommen, letztere wiederum als *Weiße Linie* bezeichnet. Die Endstelle Weimarische Straße befand sich an der Rudolstädter Straße, genau gegenüber dem späteren Eisenbahn-Betriebswerk Erfurt P. Die Endstelle Leipziger Straße an der Viehhofstraße (heute Greifswalder Straße), ihre dazugehörige Ausweiche lag unmittelbar am alten Nordhäuser Bahnhof. 1908 wurde die Endstelle *Flora* der Roten Linie in *Steigerstraße* umbenannt.

Triebwagen 25 (Eigenbau/ UEG/1894) auf der Grünen Linie in der Nordhäuser Straße/ Kreuzung Moritzwallstraße etwa 1895.

Liniennetz 1908		
Rote Linie	Ilversgehoven - Steigerstr.	5,6 km
Grüne Linie	Nordhäuser Str. - Schützenhaus	4,1 km
Blaue Linie	Gothaer Str. - Weimarische Str.	3,2 km
Weiße Linie	Brühler Wall - Leipziger Str.	4,5 km

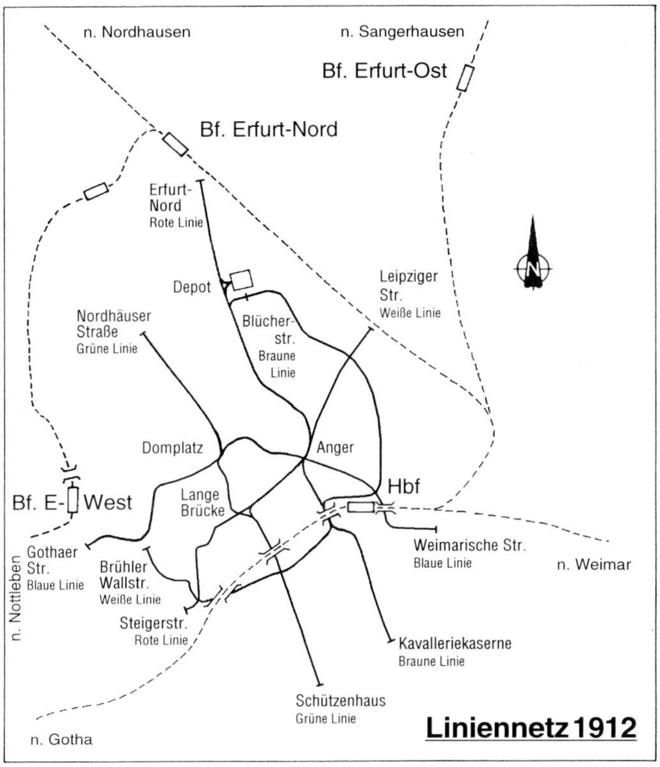

Nach offiziellen Angaben hatte sich die Ringlinie nicht bewährt, doch dürfte der tatsächliche Grund für ihre Einstellung in einem akuten Fahrzeugmangel gelegen haben. Die Verwaltung gab daher eiligst bei der Waggonfabrik Düsseldorfer Eisenbahnbedarf AG (vormals Carl Weyer) neue Triebwagen in Auftrag, die 1904 (Nr. 43 bis 49) und 1908 (Nr. 53 bis 56) geliefert wurden. 1905 erwarb die Erfurter Elektrische Straßenbahn sogar drei alte Triebwagen aus den Anfangsjahren der Remscheider Straßenbahn. Mit der Neubeschaffung von Beiwagen zögerte man. Lediglich zwei Anhänger kamen 1900 und 1904 hinzu. Deren Wagenkästen stammten von Triebwagen, die ab 1899 neukarossiert worden waren.

Der Personalbestand der Straßenbahngesellschaft hatte sich bis zur Jahrhundertwende in etwa verdoppelt. Um die Bediensteten bei der Stange halten zu können, mußten diese bei ihrer Einstellung auch weiterhin eine Kaution hinterlegen. Bis 1924 wurde die kautionssumme allmählich auf 100 Mark gesteigert. Erfurts Einwohnerzahl nahm stetig zu. 1906 wohnten hier schon 100.000 Bürger, 1911 wurde Ilversgehofen eingemeindet, und 1912 lebten bereits 110.000 Menschen in der Stadt. Die Endstellenbezeichnung der Roten Linie im Norden lautete nunmehr *Erfurt-Nord* statt Ilversgehofen. In jenem Jahr wurde auch der Ostteil der Stadt mit seinen Industriebetrieben und Versorgungseinrichtungen (Malzwerk, Städtischer Schlachthof, Gaswerk) an die Straßenbahn angeschlossen. Es entstand eine neue Linie mit der Streckenführung Blücherstraße - Moltkestraße - Hauptbahnhof - Kavalleriekaserne. Da die bisherigen eingleisigen Strecken für die Bewältigung des Verkehrs nicht mehr ausreichten, wurde die neue Strecke sogleich zweigleisig verlegt. Sie war 4,65 km lang und wurde als *Braune Linie* am 26. Mai 1912 in Betrieb genommen. 1912 wurde auch der Teilabschnitt der Weißen Linie zwischen Hauptbahnhof und Sedanstraße (heute: Am Stadtpark) zweigleisig ausgebaut. Speziell für die Braune Linie wurden 9 neue Triebwagen von der Waggonfabrik Weimar bezogen und mit den Nummern 57 bis 65 in Dienst gestellt. Dazu wurden drei Beiwagen geliefert, die die Nummern 88 bis 90 erhielten. Es waren Erfurts erste Neubaubeiwagen überhaupt.

Die neuen Fahrzeuge wurden in einem Erweiterungsbau in der Blücherstraße, direkt gegenüber von Verwaltungsgebäude und Kraftstation, untergebracht. Die Wagenhalle besaß 5 getrennte Einfahrten. Zu jeder von ihnen führte ein Zufahrgleis. Mittlerweile

Triebwagen 41 mit einem ehemaligen Pferdebahnwagen als Beiwagen an der Endstelle Steigerstraße 1908. Foto: Unruh

Luftaufnahmen vom Anger (oben) und vom Hauptbahnhof mit Bahnhofsvorplatz (unten), 1912.

hatte im Gleisbau die Schweißung der Schienenstöße Einzug gehalten. Die zweigleisigen Neubaustrecken wiesen daher stoßlose Gleise auf, die einen wesentlich ruhigeren Fahrzeuglauf bewirkten. Die bisherigen Strecken wurden nach und nach umgebaut. Konnten in den Anfangsjahren des elektrischen Betriebes noch Anlagenerweiterungen und Fahrzeugbeschaffung aus Rücklagen bestritten werden, so waren für den Ausbau nach der Jahrhundertwende zusätzliche Gelder nötig. Im Jahre 1900 hatt man das Aktienkapital auf 1,5 Millionen Mark erhöht. Die Dividende stieg von 5% im jahre 1893 auf 6% im Jahre 1894, 7% im Jahre 1904 und 8% im Jahre 1912. Noch war die Stadt am Aktienkapital nicht beteiligt. Verwaltet wurde das Gros des Aktienpaketes durch die Dresdner Bank.

Auch im ersten Jahrzehnt unseres Jahrhunderts gab es Eingaben und Beschwerden wie z.B. über den ständigen Wagenmangel, den sogar Oberbürgermeister Schmidt 1907 vor den Stadtverordneten kritisierte. Weniger ernstzunehmend war wohl eher die folgende Episode: Hofjuwelier Apell schrieb am 8. Mai 1908 an die Direktion, daß die Wagen ein falsches Wappen trügen, nämlich das Osnabrücker statt des Erfurters. Tatsächlich trugen die ab 1899 ausgelieferten Wagen ein schwarzes Rad im silbernen Feld statt des vorher (und auch später) verwendeten silbernen Rades im roten Feld. Direktor Hühn sah denn auch keinen Grund zur Veränderung, denn der leuchtend rote Farbton der Wagenseitenflächen hätte ein rotes Wappenschild sich nicht abheben lassen. Direktor Hühn erteilte dem Herrn Wichtig dann auch die gebührende Abfuhr und ließ es dabei bewenden.

Straßenszene an der Kaufmannskirche, etwa 1895. Foto: EVAG

Straßenbahn in der Schlösserstraße, etwa um 1900.

Auf der Pförtchensbrücke haben sich 1908 zwei Triebwagen für den Fotografen aufgestellt: links Tw. 48 nach Ilversgehoven (Rote Linie), rechts Tw 22 nach Brühlerwall (Weiße Linie). Foto: Unruh

Tw 22 vor der Hauptpost, um 1912. Foto: EVAG

An der Unterführung am Hauptbahnhof.

Die Straßenbahn in den Kriegs- und Notjahren 1914-1923

Der Ausbruch des 1. Weltkriegs 1914-18 ließ alle Pläne zur Weiterentwicklung des Straßenbahnbetriebs zunächst scheitern. Die Einberufung eines großen Teils der Männer zum Wehrdienst führte zu Personalmangel. Der Verkehr ließ sich kaum noch ordnungsgemäß durchführen. Hinzu kam die Anordnung der Aufsichtsbehörde, vom 1. Dezember 1914 an die Fahrgeldkassierung durch Schaffner durchführen zu lassen. Das Zahlkastensystem fiel somit weg, und 82 Schaffner mußten neu eingestellt werden. Deren Aufgabe bestand neben dem Kassieren und der Fahrscheinausgabe auch in der Überwachung des Fahrgastwechsels. Erstmals stellte die Verwaltung Frauen ein und bildete sie ab 1916 auch zu Fahrerinnen aus. Von 121 Frauen bei insgesamt 262 Beschäftigten berichtet die Statistik. 1917 waren bereits mehr als die Hälfte der Beschäftigten weiblichen Geschlechts, nämlich 113 von 200.

Mehrmahls erwog die Direktion der Erfurter Straßenbahn in den letzten beiden Kriegsjahren, den Verkehr einzustellen. Mangel an Kohlen, insbesondere für die Kraftstation in der Blücherstraße, war die Ursache derartiger Bestrebungen. Nachdem das Kommando der Erfurter Garnison den Betrieb der elektrischen Straßenbahn als im militärischen Interesse liegend eingestuft hatte, konnte der Verkehr aufrechterhalten werden. Die Straßenbahn wurde bis an ihre Leistungsgrenze beansprucht, da neben dem allgemeinen Verkehr die Beförderung des Militärs innerhalb der Stadt sowie der Verwundetentransport vom Bahnhof ins Lazarett übernommen werden mußten. An der Endstelle Weimarische Str. wurden die Verwundeten aus den Lazarettzügen in die Straßenbahnwagen verbracht. Über die Strecke Weimarische Str. - Anger - Domplatz - Nordhäuser Straße wurden sie ins Krankenhaus gefahren. Am Dachoberlicht trugen die als Zugfahrzeuge verwendeten Triebwagen die Rotkreuzflagge. Insgesamt 4 Beiwagen wurden für den Verwundetentransport umgerüstet; die Sitze wurden ausgebaut und machten Halterungen für die Krankentragen Platz. Diese Beiwagen wurden nach Kriegsende nach Marburg verkauft.

1917/18 richtete die Straßenbahn einen Notgüterverkehr ein. Dazu setzte sie hartgummibereifte Anhänger für Straßenfahrzeuge ein, z.T. auch gedeckte Pferdewagen, die von bereitgestellten Straßenbahntriebwagen gezogen wurde. Befördert wurde neben Lebensmitteln und anderen Gütern auch Verbandsmaterial für die Verwundeten. Dieser Güterverkehr bestand jedoch nur kurzzeitig. In der Notzeit nach 1918 wurden weniger frequentierte Strecken stillgelegt und abgebaut, zuerst die Teilstrecke der Braunen Linie von der Melchendorfer Straße zur Kavalleriekaserne (ca. 800 m Doppelgleis); 1922 demontierte man auch die Teilstrecken der Weißen Linie zwischen Brühler Wallstraße und Pförtchenstraße sowie zwischen Anger und Leipziger Straße; desgleichen wurden 1922 die Gleise der Blauen Linie zwischen Anger und Weimarischer Straße abgebaut. Die Reststücke der ehemaligen Weißen und Blauen Linie wurden zu einer neuen Blauen Linie vereinigt. Sie erhielt die Streckenführung Gothaer Straße - Domplatz - Anger - Hauptbahnhof - Steigerstraße, war 4,5 km lang und wurde im Spätsommer 1922 in Betrieb genommen.

Im Jahre 1921 wurde eine neue Farbgebung für die Fahrzeuge eingeführt: Die Wagenkästen wurden weiß lackiert und mit schwarzen Absetzstreifen versehen. So demonstrierte man in Erfurt die Zugehörigkeit zu Preußen, denn im weiteren Umfeld der Stadt war mit der Weimarer Republik das Land Thüringen entstanden. Geringfügig modifiziert, hielt sich die weiß - schwarze Farbgebung bis 1957/58. Die Nachkriegszeit mit ihren bekannten Folgen, wirtschaftlichen Restriktionen und Geldwertverlust, brachten auch die Straßenbahn in eine äußerst schwierige finanzielle Situation. Die Straßenbahngesellschaft versuchte, durch erhöhte Fahrpreise ihre Finanzlage zu verbessern. Von 1918 bis 1923 entwickelten sich die Fahrpreise wie in der nachstehenden Tabelle:

Fahrpreise 1918 - 1923

1.	Juli	1918	-	15 Pf
15.	Februar	1919	-	20 Pf
1.	April	1920	-	30 Pf
23.	Mai	1920	-	40 Pf
1.	Oktober	1920	-	50 Pf
24.	März	1921	-	60 Pf
11.	Juni	1921	-	70 Pf
12.	Oktober	1921	-	80 Pf
24.	November	1921	-	1,00 Mark
24.	Februar	1922	-	1,50 Mark
16.	April	1922	-	2,00 Mark
1.	Juni	1922	-	5,00 Mark
26.	September	1922	-	10,00 Mark
	Anfang	1923	-	200,00 Mark
	Juli	1923	-	1.000,00 Mark
	Anfang September	1923	-	10.000,00 Mark
	Ende September	1923	-	100.000,00 Mark
	Ende Oktober	1923	-	1.000.000,00 Mark
	Ende November	1923	-	100 Milliarden Mark
1.	Dezember	1923	-	150 Milliarden Mark

Letztgenannter Preis in Papiermark entsprach 15 Goldpfennigen. Der Grundtarif von 15 Pf wurde dann nach der Stabilisierung bis zum Jahre 1990 beibehalten. Die krisenhafte Entwicklung führte dazu, daß einige Linien vorübergehend eingestellt wurden; ebenso wurde ein Teil des Personals entlassen. Ab dem 22. November 1922 gab es außer der Roten Linie nur noch die Straßenbahnverbindung zwischen Hauptbahnhof und Krankenhaus, alle anderen Linien lagen still. Am 10. Dezember 1922 wurde auch die Rote Linie gekürzt, und es wurden nur noch die Strecken Erfurt-Nord - Anger und Anger-Hauptbahnhof befahren. Waren vor dem Krieg täglich 49 Triebwagen im Einsatz, verkehrten jetzt nur noch 6. Wenigstens die Bahnstromversorgung blieb gesichert, denn seit 1920, nach Errichtung des Städtischen Kraftwerks in der Iderhoffstraße, wurde der Strom aus dem Unterwerk Mühlgasse (Nähe Hauptbahnhof) bezogen. Dampfmaschinen und Generatoren der bahneigenen Kraftstation in der Blücherstraße wurden verschrottet. Auch andere Maschinen und Geräte wanderten zum Alteisenhändler, um wenigstens teilweise die Löhne zahlen zu können. Den Fahrzeugen blieb dieses Schicksal erspart - sie blieben im Depot stehen, allerdings wurden sie kaum noch gewartet und unterhalten. Welchen Einfluß der Erste Weltkrieg und die Nachkriegszeit auf die Entwicklung der Straßenbahn ausübten, zeigen die folgenden statistischen Angaben:

Jahr	Beförderte Personen (Millionen)	Geleistete Kilometer	Anzahl der Beschäftigten
1912/13	7,333	2.598	173
1913/14	7,558	2.630	172
1914/15	6,249	2.428	254
1915/16	7,750	2.228	254
1916/17	10,196	1.812	262
1918	12,461	887	202
1919	8,339	1.059	185
1920	9,347	1.316	218
1921	9,288	1.364	233
1922	7,811	536	keine Angaben
1923	2,268	keine Angaben	51

Von Interesse ist in diesem Zusammenhang noch die Entwicklung der Aktienmehrheit. 1920 erwarb die Stadt 2/3 des gesamten Aktienpakets von der Dresdener Bank, das Aktienkapital betrug in dieser Zeit insgesamt 1,5 Millionen Mark. Hatte die jährliche Dividende 1913 und 1914 noch je 8 % betragen, stieg sie 1915 auf 9 % und sank in den letzten Kriegsjahren wieder auf 8 %. In den ersten Nachkriegsjahren konnte wegen der hohen finanziellen Verbindlichkeiten keine Dividende ausgeschüttet werden. Der Erwerb der Aktienmehrheit durch die Stadt sicherte die weitere Existenz der Erfurter Elektrischen Straßenbahn AG als Unternehmen. Der Aufsichtsrat gelangte unter Kontrolle der Stadtverwaltung. Auch nach 1920 kaufte die Stadt alle auf dem Kapitalmarkt angebotenen Straßenbahnaktien auf. Der Magistrat stellte die Inhaberaktien auf Namensaktien um. Nach Beginn der Stabilisierung in Deutschland besserte sich auch die finanzielle Lage der Straßenbahn.

Zweigleisiger Ausbau und neue Wagen für stärkeren Verkehr

Ab dem 23. April 1924 wurde die Blaue Linie wieder befahren, ab 27.5.1924 die Grüne Linie, am 10. August folgte die Braune Linie und schließlich am 15. August 1924 die Rote Linie. Der zweigleisige Streckenausbau wurde mit neuer Kraft fortgeführt. Noch 1924 wurde der Teilabschnitt der Blauen Linie vom Mainzerhofplatz bis zum Benaryplatz zweigleisig gestaltet, ebenso die südwestliche Hälfte der Roten Linie. Diese endete nun nicht mehr an der Steigerstraße, sondern wurde von der Kreuzung Dalbergsweg/Friedrichstraße über die Pförtchenbrücke zur Hochheimer Straße geführt.

Liniennetz 1924

Schild	Linienführung	ein-/zweigeisig	Länge
Rot	Erfurt-Nord - Hochheimer Str.	zweigl.	5, 2 km
Braun	Blücherstr.- Melchendorfer Str.	zweigl.	3,6 km
Blau	Steigerstr. - Gothaer Str.	z.T.zweigl.	4,5 km
Grün	Krankenhaus - Schützenhaus	eingl.	4,2 km

Die Gesamtlänge betrug damit 17,5 Kilometer. Seit 1924 galt für die einfache Fahrt wieder der Einheitstarif von 15 Pf., der bereits vor dem Ersten Weltkrieg gültig war. Die finazielle Lage es Betriebes verbesserte sich so, daß bereits 1927 5% und 1928 8% Dividende ausgeschüttet werden konnten. Bereits 1925 lebten in Erfurt etwa 135.000 Einwohner. Zur Bewältigung des immer stärker werdenden Verkehrs mußten unbedingt neue Wagen beschafft werden. Zunächst bestellte man daher bei der Waggonfabrik Weimar 10 neue Triebwagen (Nr. 16^{II} bis 25^{II}). Nach wie vor besaßen diese Triebwagen offene Plattformen, obwohl in anderen Städten geschlossene Perrons bereits zum Standard gehörten. Erst nachdem eine Kommission, bestehend aus Straßenbahnfahrern und Verwaltungspersonal, andere Städte bereist und dort die Vorteile der geschlossenen Wagen kennengelernt hatte, entschloß sich die Direktion, die Plattformen verglasen zu lassen. Einer der zuletzt gelieferten Triebwagen (Nr. 25^{II}) wurde zunächst probeweise einseitig verglast. Nach der betrieblichen Bewährung wurden alle bisher gelieferten Triebwagen ebenfalls mit geschlossenen Plattformen ausgestattet und außerdem Schiebetüren für die Einstiege vorgesehen; der Triebwagen 25^{II} erhielt nachträglich die gleichen Veränderungen. Die Umbauarbeiten führte die Erfurter Wagenfabrik Krüger in der Meyfartstraße aus. Die Perronverglasung wurde so gekonnt ausgeführt, daß nach dem Umbau nicht mehr zu erkennen war, daß es sich einst um offene Wagen gehandelt hatte. Gleichzeitig mit dem Plattformverschluß erhielten die Triebwagen beleuchtete Dachlaternen für die Linienkennzeichnung. Nach 1930 kamen elektrisch Fahrtrichtungsanzeiger hinzu. Im Gegensatz zu den Triebwagen behielten die Beiwagen die offenen Plattformen, lediglich die drei Anhänger des Lieferjahres 1912 wurden bis 1930 ebenfalls mit geschlossenen Perrons versehen.

Der zweigleisige Ausbau wurde weiter fortgesetzt und bis 1930 im wesentlichen abgeschlossen. Auf den Strecken befindliche Ausweichen wurden überwiegend belassen, was sich später beim Einsatz von Fahrzeugen im Berufsverkehr mit verkürzter Linienführung (E-Wagen) vorteilhaft bemerkbar machen sollte. Lediglich das Teilstück Domplatz - Kettenstraße - Lange Brücke - Eichenstraße - Neuwerkstraße blieb eingleisig, denn die Lange Brücke war für einen zweigleisigen Ausbau zu schmal.
Die Erfurter Elektrische Straßenbahn war Ende der 20er Jahre ein wirtschaftlich recht gesundes Unternehmen. So konnte auch die Fahrzeugbeschaffung ständig weitergeführt werden. Im Jahre 1926 kaufte das Unternehmen wiederum 10 Triebwagen von der Waggonfabrik Weimar, die ersten mit von vornherein geschlossenen Perrons, mit Tonnendach und elektrodynamischer Bremse. Die Fahrzeuge waren für die Rote Linie bestimmt; sie erhielten die Nummern 66 bis 75. Im Jahre 1929 wurde das Aktienkapital des Betriebes auf 2 Millionen Mark erhöht. Im gleichen Jahr begann der Bau eines zweiten Depots in der Nordhäuser Straße, das zukünftig die Wagen der Linien 2 und 3 beheimatete (umgezeichnete blaue und grüne Linie). Am gleichen Standort wurde ein Wohnhaus für Verwaltungsangestellte der Gesellschaft errichtet. Einen Überblick über die Leistungen der Erfurter Elektrischen Straßenbahn bieten die folgenden Daten aus den Jahren 1924 - 29:

Betriebsleistungen und Einnahmen 1924 - 1929

Jahr	Geleistete Kilometer	Einnahmen Reichsmark
1924	1.038.585	851.831
1925	1.900.442	1.525.593
1926	2.215.345	1.569.741
1927	2.280.170	1.789.734
1928	2.423.034	2.145.262
1929	2.507.433	2.202.573

Diese Zahlen werden allerdings insofern relativiert, als im Jahre 1925 das Unternehmen neben dem Straßenbahn- auch den Omnibusverkehr aufgenommen hatte. Mit Beginn des Winterfahrplanes 1929/30 wurden die Linienbezeichnungen von Farben auf Ziffern umgestellt.

Linienbezeichnungen ab 1929/1930

Linienbezeichnung früher Schild	neu Nr.	Linienführung
Rot	1	Erfurt-Nord - Hochheimer Str.
Blau	2	Blücherstr. - Melchendorfer Str.
Grün	3	Steigerstr. - Gothaer Str.
Braun	4	Krankenhaus - Schützenhaus

Allerdings behielt man die zusätzliche Kennzeichnung durch Farben bei - die seitlichen Richtungsschilder der Wagen erhielten Liniennummern in den traditionellen Farben, also Linie 1 in Rot, Linie 2 in Blau, Linie 3 in Grün und Linie 4 in Braun. Die später eingeführte Linie 5 erhielt ebenfalls blaue Ziffern. Farbglasscheiben mit weißen Ziffern erhielten indes die Dachlaternen; Linienschilder mit schwarzen Ziffern auf weißem Grund die mit Nummernkästen ausgerüsteten Triebwagen der Lieferung von 1930. Die Beiwagen bekamen rechteckige farbige Scheiben mit weißer Liniennummer an den Stirnseiten des Daches. Diese Kennzeichnung war als Hilfe bei der Umgewöhnung für die Bürger gedacht. Erst 1952 erhielten alle Wagen einheitlich schwarze Ziffern auf weißem Grund. Einige Triebwagen führten in den ersten

Jahren nach der Umstellung auch noch farbige Glasscheiben mit weißen Ziffern an den Dachlaternen.
1930 bezog das Unternehmen 6 neue Triebwagen und die dazu passenden Beiwagen, wieder einmal von Lindner aus Halle. Die Triebwagen Nr. 76 bis 81 und die Beiwagen 122 bis 127 entsprachen bis auf geringe Abweichungen einem Standardtyp, der sich bereits in größeren Stückzahlen bei der Hallenser Straßenbahn bewährt hatte und seit 1925 produziert wurde. 1933 wurden nochmals 4 gleichartige Beiwagen (Nr. 128 bis 131) geliefert. Im Gegensatz zu den Fahrzeugen der Straßenbahn Halle besaßen die nach Erfurt gelieferten Wagen elektrische Ausrüstung von AEG. Diese Wagen wurden auf der Linie 1 eingesetzt, die Triebwagen auch auf Linie 4. Die zulässige Höchstgeschwindigkeit betrug 40 km/h gegenüber 30 km/h bei älteren Fahrzeugen. Ein Teil der Beiwagen erhielt später Veränderungen an den Fahrgestellen, um die Laufruhe zu vergrößern. So gut wie nicht bekannt ist bisher die Tatsache, daß die Erfurter Elektrische Straßenbahn bereits Ende der 20er Jahre den Stangenstromabnehmer mit Kontaktrolle durch eine bessere Bauart ersetzen wollte. Als Alternativen boten sich der Lyrastromabnehmer oder Scherenstromabnehmer an. Tatsächlich wurde zumindest ein Lyrabügel versuchsweise beschafft. Der Vorteil der Ausrüstung der Triebwagen mit dem Lyrabügel hätte darin bestanden, auf größere Umbauten der Fahrleitungen verzichten zu können. Technisch war die Lyra jedoch ebenso veraltet, wie die Kontaktstange, und da ohnehin die Erneuerung der Fahrleitung beabsichtigt war, nahm man von der Einführung des Lyrastromabnehmers Abstand. Die technischen Verbesserungen Anfang der 30er Jahre dürfen nicht darüber hinwegtäuschen, daß sich die Weltwirtschaftskrise 1929-1932 auch auf den Erfurter Straßenbahnbetrieb auswirkte. Wurden 1930 13,6 Millionen Fahrgäste befördert, so waren es 1932 nur noch 10,408 Millionen. die Einnahmen verminderten sich von 2,085 Millionen Mark im Jahre 1930 auf 1,433 Millionen Mark im Jahre 1932. Ab 1931 betrug die Dividende nur noch 5 %. Die Jahreswende 1932/33 brachte zwar das Ende der Weltwirtschaftskrise, gleichzeitig aber auch die Machtergreifung des Nationalsozialismus in Deutschland. Das Ende der Weimarer Republik wirkte sich jedoch auf Entwicklung und Profil der Erfurter Straßenbahn nur wenig aus. Zwar wurden 17 Angestellte entlassen, die als politisch unzuverlässig galten, jedoch vermied die Verwaltung des Unternehmens es tunlichst, Bahnanlagen und Fahrzeuge als Werbeobjekte für NS-Propaganda mißbrauchen zu lassen. Nach wie vor trugen die Straßenbahnwagen an den Seitenwänden oder auf dem Dach ihre traditionelle Reklame und warben für Industrieerzeugnisse, Produkte des Gartenbaus oder Geldanlagen bei der Sparkasse. Ein den Belangen der Bürger zugewandter Aufsichtsrat, der mehrheitlich aus den Vertretern der kommunalen Behörden bestand, und ein Team hervorragender Fachleute an der Spitze des Unternehmens bestimmten die Geschicke des Betriebes und ermöglichten der Straßenbahn eine relativ ungestörte Weiterentwicklung. Selbst zur Reichsnährstands-Ausstellung 1934 trugen die eingesetzten Sonderzüge der Straßenbahn nicht, wie anderswo bereits üblich, Hakenkreuzfähnchen. Lediglich Richtungsschilder mit der Aufschrift *Zur Ausstellung* und Werbeplakate an den Seitenflächen der Triebwagen mit dem Bild eines Sämannes machten auf das Ereignis aufmerksam. Wegen des Besucherandrangs wurden übrigens in jenem Jahr erstmals in Erfurt Dreiwagenzüge eingesetzt. Die dafür benötigten Beiwagen lieh man von der Straßenbahn Halle aus. Bekannt sind die Anhänger Nr. 235 bis 239 des Hallenser Betriebes. die 1934 in Erfurt in Sonderzügen verkehrten. Daneben wurden noch weitere Beiwagen ausgeliehen, deren Nummern jedoch nicht mehr zu ermitteln sind.
Das Jahr 1934 brachte auch den weiteren Ausbau des Streckennetzes. Die Linie 2 wurde von der Endstelle Gothaer Straße um 1,8 km zum Hauptfriedhof verlängert. Von der Gothaer Straße/Eimündung Rudolfstraße verlief die neue Strecke zweigleisig entlang der Heinrichstraße/Bindersleben er Landstraße bis zum Westbahnhof, ab dort eingleisig bis zum Hauptfriedhof. Am Westbahnhof befand sich eine Ausweiche, die Begegnungen stadteinwärts und stadtauswärts fahrender Wagen ermöglichte. Offensichtlich rechnete man zunächst damit, daß die Strecke zum Hauptfriedhof gering frequentiert sei. Das Planum für ein zweites Streckengleis zwischen Westbahnhof und Hauptfriedhof wurde jedoch fertiggestellt, ebenso wurden Fahrleitungsmasten mit Doppelausleger aufgestellt, so daß bei Bedarf die Schienen für das zweite Gleis verlegt werden konnten und der Fahrdraht montiert werden konnte. Das unterblieb jedoch bis 1952. Am 20. Juni 1934 wurde die Verlängerung der Linie 2 eingeweiht. 1935 wurde die Linie 5 eingeführt, und seitdem resultierte eine Eigentümlichkeit, die bis nach dem Zweiten Weltkrieg Bestand hatte: Wagen, die nur die Strecke Steigerstr. -

Gleisbauarbeiten an der Einmündung Anger/Bahnhofstr. um 1936. Ein Tw der Serie 66-75 und der Bw 124 passieren gerade die Baustelle. Bw 124 wurde 1930 von Lindner in Ammendorf zusammen mit 5 weiteren Beiwagen und sechs Triebwagen beschafft.

Der Anger um 1930, Tw. 76 und 46. *Foto: Unruh*

Gothaer Str. befuhren, verkehrten weiter als Linie 2, Wagen, die von der Steigerstraße bis zum Hauptfriedhof durchfuhren, waren als Linie 5 ausgeschildert. Zunächst fuhr nur jeder zweite Zug als Linie 5 zum Hauptfriedhof, später die Mehrheit der auf dieser Strecke eingesetzten Wagen. In den Fahrplänen wurde die Strecke nunmehr als Linie 2/5 ausgewiesen. Das hatte nicht nur betriebliche, sondern auch tarifrechtliche Gründe: An der Rudolfstraße befand sich eine Zahlgrenze, und wer zum Hauptfriedhof fahren wollte, mußte einen Umsteigefahrschein lösen. Erst 1945 wurde die Zahlgrenze aufgehoben.
Im Jahre 1935 wurde die Linie 4 von der Melchendorfer Straße bis zur neuen Endstelle Jägerstraße (ehemals *Kavalleriekaserne*) verlängert. 800 m Doppelgleis wurden auf einer Strecke verlegt, die bereits bis zum 1. Weltkrieg eingleisig bestanden hatte, aber nach 1918 demontiert worden war. Diese Verlängerung wurde am 11. August 1935 in Betrieb genommen. Die Endstellenbezeichnung lautete zunächst *Tannenwald*, ab Januar 1936 dann *Jägerstraße*. Zur gleichen Zeit wurde die Endstelle Erfurt - Nord der Linie 1 wieder in *Ilversgehofen* umbenannt und behielt diese Bezeichnung bis 1952. Ebenso wurde noch 1934 das Streckenstück der Linie 3 in der Löberstraße zweigleisig ausgebaut.

Liniennetz 1935

Linie	Linienführung	Länge
1	Ilversgehofen - Hochheimer Str.	5,2 km
5 (2)	Steigerstr. - Hauptfriedhof (Gothaer Str.)	6,3 km
3	Krankenhaus - Schützenhaus	4,2 km
4	Blücherstr. - Jägerstr.	4,4 km

Die Gesamtlinienlänge des Erfurter Straßenbahnnetzes wuchs damit auf 20,1 km an.
Zur Verbesserung der Stromversorgung führte 1935 der Bau einer neuen Gleichrichterstation in der Gothaer Straße. Ab 1934 wurde die technische Verbesserung der vorhandenen Fahrzeuge fortgesetzt. Soweit noch vorhanden, wurden die letzten offenen Triebwagen aus den Anfangsjahren mit der elektrischen Bremse versehen, scheinbar ein Widersinn, denn diese Triebwagen wurden 1935 aus dem Betrieb gezogen und zu Beiwagen umgebaut. Bei den Triebwagen ab Baujahr 1899 war die Nachrüstung der E-Bremse nicht mehr erforderlich, denn die Umrüstung der Fahrzeuge war bereits zwischen 1926 und 1928 erfolgt, zeitgleich mit dem Verschluß der Plattformen. Äußerlich war sie an den vor und hinter dem Stromabnehmer angeordneten Dachwiderständen erkennbar. Vorher hatten diese Triebwagen nur einen Dachaufbau mit Widerständen über einem der Perrons. Die Beiwagen erhielten Solenoidbremsen; diejenigen der Baujahre 1930/33 hatten solche bereits ab Lieferwerk.
Im Juni 1936 beschaffte die Erfurter Elektrische Straßenbahn 6 neue Triebwagen, diesmal von der Gothaer Waggonfabrik, die hinfort zum Stammlieferanten des Erfurter Nahverkehrsbetriebs wurde. Die Wagen boten 66 Personen Platz. Sie hatten vielstufige Fahrschalter; ihre Höchstgeschwindigkeit lag bei 50 km/h. Die Triebwagen wurden zum konstruktiven Vorbild aller bis zum Ende des Zweiten Weltkriegs noch folgenden Fahrzeuglieferungen. Sie erhielten die Wagennummern 82 bis 87 und waren für eine zwar projektierte, aber nicht gebaute Linie 7 gedacht. Eingesetzt wurden sie auf der Linie 5. Die sechs Triebwagen hatten erstmals Scherenstromabnehmer, Albertkupplung und die Magnetschienenbremse Bauart Jores Müller als dritte Bremse neben Kurzschlußbremse und Handbremse. Die Radsätze waren mit Rollenlagern Bauart Fischer ausgerüstet.
Der Einsatz der neuen Wagen wurde bereits Ende 1935/Anfang 1936 vorbereitet. Im gesamten Stadtgebiet wurde die Fahrleitung umgebaut; insbesondere wurden die Befestigungspunkte des Fahrdrahtes an den Haltedrähten verändert, neue Isolatoren eingebaut und die Fahrdrahtführungen an Ausweichen und an Kreuzungen auf eine für Scherenstromabnehmer geeignete Bauart umgestellt. Auch die älteren Triebwagen erhielten Scherenstromabnehmer der AEG - Bauform 1936. Ebenso erfolgte die Ausrüstung aller Triebwagen und Beiwagen des Personenwagenparks mit Rollenachslagern der Bauarten Fischer und SKF. Eine Ausnahme machten auch hierbei die von Lindner 1930/33 gelieferten Fahrzeuge, die bereits ab Werk Rollenachslager besaßen. 1937 erhielten alle Wagen Albertkupplung und Kletterpuffer; damit entfiel die bisher verwendete Schlitzpufferkupplung. Im gleichen Jahr erhielten auch die Lindner-Triebwagen des Baujahres 1930 die Magnetschienenbremse. Obwohl beabsichtigt war, allmählich alle Fahrzuge des Betriebsparks mit dieser Zusatzbremse auszurüsten, unterblieb dies jedoch bei den vor 1930 gebauten Wagen bis nach dem Zweiten Weltkrieg., größtenteils sogar bis zur Ausmusterung.
Mitte der 30er Jahre tauchten bei der Erfurter Straßenbahn die ersten Arbeitstriebwagen auf. 1934 kam von der Firma Schörling, Hannover, ein Schienenreinigungswagen, und 1935 folgte ein Schleifwagen, der in eigener Werkstatt entstand. Mit der Beschaffung der ersten beiden Arbeitswagen wurde die Gleisinstandhaltung wesentlich rationeller als vorher. In späteren Jahre folgten weitere Arbeitswagen, doch darf der Schienenreinigungswagen Nr. 2 von 1934 den Ruhm für sich in Anspruch nehmen, das erste und einzige Neubaufahrzeug dieser Art gewesen zu sein, das jemals in Erfurt in Dienst gestellt wurde. Ab 1937 wurden in Erfurt auch neue Haltestellenkennzeichnungen eingeführt. Hingen oder standen an den Haltestellen bisher nur rechteckige Tafeln mit der Aufschrift *Haltestelle der Straßenbahn*, so tauchten nunmehr erstmalig die gelben, grün umrandeten runden Schilder mit dem *H* in der Mitte auf. An den wichtigsten Haltestellen wurden sogar beleuchtete Säulen aufgestellt, die an der Spitze das H-Schild trugen.
Daß der Betrieb trotz hoher Ausgaben für Neuerungen auch weiterhin Gewinn erwirtschaftete, liegt zum einen in den ständig steigenden Personenbeförderungszahlen und den damit verbundenen höheren Fahrgeldeinnahmen Mitte der 30er Jahre begründet. Zum anderen verstand es die Direktion, notwendige Investitionen und wirtschaftliche Betriebsführung klug abzuwägen und miteinander in Einklang zu bringen.
Anfang 1938 änderte der Erfurter Nahverkehrsbetrieb seinen Namen von Erfurter Elektrische Straßenbahn AG in *Erfurter Verkehrs-AG*, abgekürzt EVAG. Damit wurde der Tatsache Rechnung getragen, daß der seit 1. Oktober 1925 als zweiter Betriebszweig aufgenommene Omnibusverkehr ständig an Bedeutung zunahm. Der Vollständigkeit halber sei hier erwähnt, daß ab dem Jahr 1948 für immerhin 27 Jahre ein weiteres Verkehrsmittel das Profil des Erfurter Betriebes mitbestimmte - der Obus.

Anger um 1930. *Foto: Unruh*

Die Erfurter Verkehrs-AG

Neue reichseinheitliche rechtliche Grundlagen und Verordnungen für Straßenbahnen

Wir haben nunmehr den Zeitraum von 1938 bis 1950 zu betrachten, eine Zeitspanne, die von schwerwiegenden Ereignissen gekennzeichnet war - Zweiter Weltkrieg, Zusammenbruch und Beginn des Wiederaufbaus. Die Anfang 1938 erfolgte Bildung der EVAG hatte nicht nur rein pragmatische Gründe, sondern trug neuen rechtlichen Regelungen und gesetzlichen Bestimmungen, die zur gleichen Zeit für die Nahverkehrsbetriebe im gesamten Deutschen Reich wirksam wurden, Rechnung.
Die Nahverkehrsbetriebe waren bereits 1935 aus ihrer überwiegend privatrechtlichen Stellung herausgelöst und zentralen Aufsichts- und Kontrollbehörden unterstellt worden. Die rechtliche Grundlage hierfür bildeten die Verordnung über den organischen Aufbau des Verkehrs (RGbl I, 1935, Nr. 103 vom 25.09.1935) und die danach verfügte Schaffung von Reichsverkehrsgruppen. Die Straßenbahnbetriebe wurden in der Reichsfachgruppe Klein- und Straßenbahnen mit erfaßt, die ihrerseits ein Organ der Reichsverkehrsgruppe Schienenbahnen mit Sitz in Berlin darstellte. Soweit die Nahverkehrsunternehmen, wie das Erfurter, auch einen Kraftomnibusbetrieb unterhielten, wurde dieser dem Verband deutscher Kraftverkehrsgesellschaften (VDK) unterstellt. Am 31. Januar 1938 gab es durch Weisung des Reichsverkehrsministeriums nochmals eine Strukturveränderung - für die Straßenbahnbetriebe wurde eine eigene Reichsfachgruppe Straßenbahnen geschaffen, die aber nach wie vor der Reichsverkehrsgruppe Schienenbahnen zugeordnet war.
Erklärtes Ziel der Reichsverkehrsgruppe war es, einheitlich gesetzliche Vorschriften für den schienengebunden Nahverkehr in ganz Deutschland zu schaffen sowie technische und wirtschaftliche Entwicklung der Verkehrsbetriebe in absehbarer Zeit auf ein einheitliches Niveau zu bringen. Vom wirtschaftlichen Standpunkt und von der Betriebsführung her bestanden beim Erfurter Nahverkehrsunternehmen bereits gute Voraussetzungen, denn es handelte sich um einen in kommunaler Hand befindlichen Betrieb mit stabilen ökonomischen Ergebnissen. Auch vom erreichten technischen Niveau her gehörte der Erfurter Betrieb nicht gerade zu den rückständigen. Erinnert sei nochmals daran, daß bereits fast alle Straßenbahnstrecken zweigleisig ausgebaut waren, daß ständig befahrene Weichen auf elektrische Steuerung umgestellt waren und es gelungen war, den Wagenpark wesentlich zu modernisieren. Als am 1. April 1938 einheitlich für ganz Deutschland

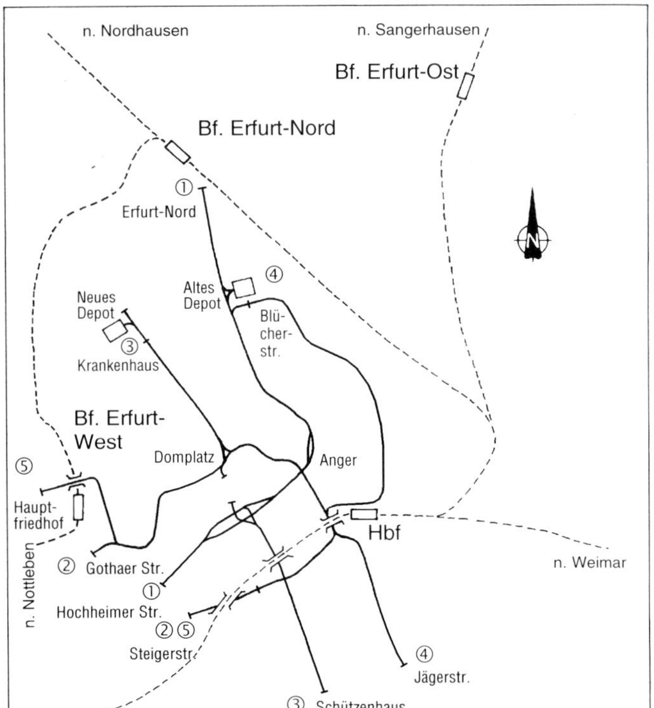

Liniennetz 1938

die Bau- und Betriebsordnung für Straßenbahnen - BOStrab - (RGBl I, Nr. 123 vom 16.11.1937) in Kraft trat, bestanden in Erfurt alle Voraussetzungen, unmittelbar an das Erreichte anzuknüpfen und die Betriebsentwicklung stetig weiterzuführen. Viel mehr noch: die Erfurter Verkehrs-AG stieß in den Kreis jener Nahverkehrsbetriebe vor, die bis zum Ende des Zweiten Weltkrieges die technische Entwicklung der Straßenbahn in Deutschland bestimmten und wesentlich beeinflußten. An der Spitze der EVAG standen mit Diplomingenieur Hermann Hempel als Betriebsdirektor, Diplomingenieur Dietrich als technischem Vorstand und Ingenieur Prauße als Chef des Betriebsteils Straßenbahn drei erstklassige Fachleute. Sie behielten nicht nur die Weiterentwicklung des eigenen Betriebs im Auge, sondern pflegten darüber hinaus enge Beziehungen zu anderen Nahverkehrsunternehmen, zu Waggonbaufirmen und zu den Betrieben der Elektrobranche, insbesondere zur AEG. Erwähnt werden soll an dieser Stelle die fruchtbare Zusammenarbeit der EVAG mit der Süddeutschen Eisenbahngesellschaft (SEG) in Essen, deren Straßenbahndirektor Wilhelm Prasse mit Hermann Hempel persönlich befreundet war.

Neue Liniennetzstruktur

Zunächst wollen wir jedoch betrachten, wie es in Erfurt mit der Entwicklung des Streckennetzes weiterging. Zwar wurden am 7. April 1938 Melchendorf und Hochheim nach Erfurt eingemeindet, doch spielte dieser Verwaltungsakt für die Entwicklung des Straßenbahnnetzes keine Rolle, denn beide ehemaligen Gemeinden wurden mit dem Omnibus, nach dem Krieg dann mit dem Obus erschlossen. Streckenkorrekturen und Linienveränderungen konzentrierten sich auf die Innenstadt. Am 26. April 1938 widmete die Thüringer Allgemeine Zeitung diesem Vorhaben folgende Schlagzeile: *Linie 3 fährt auch zum Bahnhof!* Verwirklicht wurde diese Absicht Anfang 1939: Die Gleisführung am Domplatz wurde verändert. Aus Richtung Andreasstraße verlegte man ein zweigleisiges Kurvenstück mit elektrisch betätigter Weiche in die Marktstraße. Dadurch war es möglich, die Innenstadt besser zu bedienen. Die Linie 3 (Krankenhaus - Schützenhaus) fuhr nun, wie die Linien 2 und 5, über Fischmarkt und Anger zum Hauptbahnhof und von dort weiter über Stadtpark und Kaffeetrichter zu ihrer angestammten Endstelle. Die Linienführung über Domplatz - Lange Brücke - Eichenstraße - Löberstraße konnte damit aufgegeben werden, und das eingleisige Nadelöhr auf dem Abschnitt Kettenstraße - Lange Brücke war beseitigt. Der Streckenabschnitt in der Löberstraße wurde jedoch nicht funktionslos, er diente als Abstellanlage für Reservezüge. Gelegentlich wurden noch bis 1946 Sonderwagen zum Schützenfest über die alte Strecke befördert. Nach Kriegsende wurde der Abschnitt Löberstraße - Neuwerkstraße abgebaut; die dort befindlichen Kreuzungsgleise verwendete man für die Errichtung der Angerkreuzung. Der Streckenteil Eichenstraße - Lange Brücke wurde gleichfalls weiter genutzt, und zwar für Verstärkungszüge der Linie 1, die die verkürzte Strecke Ilversgehofen - Eichenstraße befuhren. Der genannte Streckenabschnitt diente diesen Zügen als Kuppelendstelle und Wendeanlage. So verfuhr man von 1946 bis 1952. Auch das Gleisstück in der Kettenstraße blieb bis 1954 erhalten und diente bis dahin für Betriebsfahrten von Arbeitswagen und gelegentliches Abstellen von Einsatzwagen, bis es einer Freiabstellanlage für E-Wagen in der Nähe der berühmten Gebäude *Hohe Lilie* und *Grüne Apotheke* wich. Im Jahre 1942 wurden die südlichen Streckenäste der Linien 3 und 4 getauscht, so daß sich folgendes Liniennetz ergab:

Liniennetz 1942

Nr.	Linienführung	Länge
1	Ilversgehofen - Anger - Hochheimer Str.	5,2 km
2/5	Gothaer Str. bzw. Hauptfriedhof - Hbf - Steigerstr.	6,3 km
3	Krankenhaus - Hauptbahnhof - Jägerstr.	5,1 km
4	Blücherstr. - Hbf - Schützenhaus	4,7 km

Auch die Fahrzeiten sind bekannt; sie betrugen für die Linien 1 und 3 je 22 Minuten, für die Linie 4 19 Minuten und für die Linie 5 26 Minuten. Damit war eine Liniennetzstruktur entstanden, die bis 1960 unverändert fortbestand.
Seit Mitte der 30er Jahre existierten mehrere Projekte für Streckenverlängerungen, die aus Mangel an Oberbaustoffen und wegen des Kriegsausbruchs nicht verwirklicht wurden. Die EVAG beabsichtigte, die Linie 5 über die Endstelle Hauptfriedhof hinaus bis zum Fliegerhorst in Bindersleben sowie die Linie 1 über den Bahnhof Erfurt-Nord hinaus zum Zivilflughafen am Roten Berg zu verlängern. Die verlängerten Strecken sollten die Liniennummern 6 und 7 erhalten, und die ab 1936 gelieferten Triebwagen hatten tatsächlich bereits die entsprechenden Endstellenangaben und Liniennummern auf den Filmbändern gedruckt. Das Projekt der Verlängerung nach dem Roten Berg ist nach Kriegsende wieder aufgegriffen worden, erstmalig Anfang der 60er Jahre, wurde aber erst seit 1988 etappenweise verwirklicht. Auch das Bindersleben-Projekt geriet nie ganz aus dem Blickfeld, kam aber über vage Vorstellungen nicht hinaus. Seit 1991 wird die Verlängerung nach Bindersleben ernsthaft projektmäßig bearbeitet. Eine dritte Verlängerung wurde ebenfalls seit Anfang der 30er Jahre erwogen: die Verlängerung der Linie 3 in nördlicher Richtung, zunächst bis zur Hungerbachsiedlung. Bereits 1930 hatte man von der Einfahrt ins Neue Depot (Nordhäuser Straße) ein Stichgleis bis in Höhe Donaustraße verlegt, welches jedoch jahrzehntelang nur Abstell- und Rangierzwecken diente, bis Anfang der 70er Jahre die Nordverlängerung nicht mehr zu umgehen war - im Erfurter Norden hatte der Aufbau eines großen Neubauwohngebietes begonnen.
Noch ein Vorhaben wurde 1943 begonnen: der Bau von Gleisschleifen mit dem Ziel, die Kuppelendstellen zu beseitigen und moderne Einrichtungswagen einzusetzen. Die Endschleife der Linie 3 an der Jägerstraße wurde noch 1943 errichtet, die am

Triebwagen 98 und Beiwagen 248 am Domplatz, 1942

Krankenhaus folgte allerdings erst 1946. Auch für die Erneuerung des Fahrzeugparks tat die Direktion der EVAG viel: Im Frühjahr 1938 wurden von der Gothaer Waggonfabrik sechs neue Triebwagen geliefert (Nr. 88 - 93), die gegenüber den 1936 beschafften viele Verbesserungen aufwiesen, sowohl in der Innenausstattung (lederbezogene Polstersitze), als auch in der elektrischen Ausrüstung (verbesserte Vielstufenfahrschalter und größere Stromabnehmer). Im Herbst 1938 folgten wiederum sechs Triebwagen (Nr. 94 - 99) mit stärkeren Fahrmotoren. Das nächste Baulos (Tw 100 bis 105) folgte 1939, und 1943/44 kamen schließlich die Triebwagen 106 bis 117 aus dem Gothaer Werk. 1942 wurden 12 zu diesen Standardfahrzeugen passende Beiwagen geliefert, die die Nummern 245 bis 256 erhielten. Mit der Beschaffung der 36 Standardtriebwagen (82 bis 117) und der 12 Standardbeiwagen war es in kurzer Zeit gelungen, den Anteil moderner Fahrzeuge am Wagenpark erheblich zu erhöhen. Der Einsatzbestand wuchs auf insgesamt 71 Triebwagen und 35 Beiwagen an. Von diesen 106 Fahrzeugen stammten 49 aus den Beschaffungsjahren ab 1936, denn 1938 hatte die EVAG nach Gothaer Konstruktionsunterlagen noch einen verkleinerten Standardtriebwagen fertigen lassen, der als Einzelgänger die Nr. 50 in zweiter Besetzung erhielt.

Da man Mitte der 30er Jahre viel über die Vor- und Nachteile des Lenkdreiachsers diskutierte, entschloß sich die EVAG zu einem praktischen Versuch und bestellte bei der Firma Westwaggon in Köln ein Dreiachsfahrgestell. Mit diesem Gestell wurde der Triebwagen Nr. 64, Baujahr 1912, ausgerüstet. Obgleich sich der umgebaute Wagen bewährte, sah man von der weiteren Einführung ab. Der Triebwagen 64 behielt jedoch sein Dreiachsfahrgestell bis zur Ausmusterung. 1941 bestellte die EVAG weitere 6 Triebwagen mit noch modernerer elektrischer Ausrüstung. Sie sollten die Wagennummern 118 bis 123 erhalten. Der wagenbauliche Teil wurde infolge des fortschreitenden Kriegsgeschehens und der damit verbundenen Restriktionen im zivilen Fahrzeugbau nicht mehr fertiggestellt. Der EVAG gelang es jedoch - dank ihrer Beziehungen zum AEG-Büro in Erfurt und der Zubilligung einer Wehrmachts-Sonderstufe durch die Reichsfachgruppe - die elektrischen Ausrüstungen fertigstellen zu lassen. Die Fahrschalter vom Typ VNFB 3.85, die Überstromausschalter, Motoren , Schienenbremsen und Stromabnehmer vom Typ ESS 43 wurden eingelagert. 1944 verkaufte man die Stromabnehmer, alle anderen Ausrüstungsteile wurden nach dem Krieg zur Modernisierung der 1930 beschafften Lindner-Triebwagen verwendet. Ironie der Geschichte: um die Bürokratie zu veranlassen, die Erlaubnis für den Bau zu erteilen, hatte die Direktion der EVAG bereits 1944 schriftlich erklärt, die elektrischen Anlagen seien für den Umbau der „Hallenser" Wagen bestimmt. Aus dem ursprünglichen Trick gegenüber den Behörden wurde schließlich Wirklichkeit. Im Dezember 1941 bestellte die EVAG schließlich noch 6 Einheitstriebwagen ET 2m, die im wagenbaulichen Teil vollständig dem vom ESW-Büro in Nürnberg entwickelten Zweiachstyp entsprachen. Da die Konstruktion des Einheitsfahrschalters noch nicht fertig vorlag, sollten die Wagen für Erfurt den AEG - Fahrschalter VNFB 3.84 erhalten. Diese Bestellung wurde jedoch nicht mehr ausgeführt, und mit den Beschaffungsplänen für Einheitswagen war die Wagenparkerneuerung vorerst abgeschlossen. Zwar wurde auch der EVAG im Mai 1942 durch die Reichsfachgruppe Straßenbahnen eine Informationsschrift über den geplanten Bau von Kriegsstraßenbahnwagen (KSW) zugeleitet, doch Direktor Hempel vermerkte am Rand des Schreibens: *Wir wollen in diesem Jahr von einer Bestellung absehen*. Die primitive Konstruktion des KSW entsprach nämlich nicht den Anforderungen, die man in Erfurt inzwischen an Straßenbahnwagen stellte.

Entwicklungen im Fahrzeugbau: Einheitsstraßenbahnwagen

Über die Erneuerung des eigenen Wagenparks hinaus leistete die EVAG auch einen gewichtigen Beitrag für die Entwicklung und Vervollkommnung der Straßenbahnfahrzeugtechnik in ganz Deutschland. Unmittelbar nach Herausgabe und Inkrafttreten der BOStrab und ihrem 1938 konstituierte sich unter Regie der Reichsfachgruppe Straßenbahnen beim RVM ein Vereinheitlichungsbüro mit Sitz in Nürnberg, Allersbergerstraße 291. Dieses Büro hatte die Aufgabe, binnen kurzer Zeit Einheitsstraßenbahnwagen (ESW) zu entwickeln. Die neuen ESW sollten modernstem technischem Standard entsprechen und gleichzeitig die bestehende Typenvielfalt von Fahrzeugen ablösen. Geplant waren zunächst je ein Trieb- und Beiwagen in zwei- und vierachsiger Ausführung, denen sich im Juli 1941 noch das Projekt von Trieb- und Beiwagen als Lenkdreiachser hinzugesellte. Im Vorfeld der Projektierungsarbeiten am ESW fand vom 14. bis 19. November 1938 in Düsseldorf eine Reichstagung der Nahverkehrsbetriebe, verbunden mit einer Wagenschau, statt. Ausgestellt waren auf dieser Schau 16 Straßenbahnwagen in Regelspur und 8 in Meterspur. Während andere Verkehrsbetriebe jedoch zum Teil veraltete, unmoderne Konstruktionen ausstellten, boten die Verkehrsbe- triebe Düsseldorf, Erfurt und Essen ihre neuesten Wagen auf. Die EVAG stellte ihren Triebwagen 93 aus dem ersten Baulos von 1938 aus, der gegenüber den fünf anderen Wagen dieser Lieferserie einige Änderungen an der elektrischen Ausrüstung, so Fahrschalter mit verlängertem Kurbelweg und anders gewickelte Fahrmotoren für eine Höchstgeschwindigkeit von 60 km/h, aufwies. Ob ihrer modernen Konzeption gingen von diesen Fahrzeugen nachhaltige Wirkungen für die konstruktive Gestaltung der zukünftigen Einheitswagen aus. Das ESW-Büro in Nürnberg bildete für die konstruktive Durcharbeitung der Einheitswagen mehrere Ausschüsse, so für wagenbauliche und für elektrotechnische Fragen. Dem VB und seinen Ausschüssen gehörten sowohl Fachleute der Waggonbaufirmen und der Elektroindustrie, als auch Betriebs- und Bereichsdirektoren der führenden Nachverkehrsunternehmen an.

Über die wagenbauliche Gestaltung der ESW war man sich bald einig: man entschied sich für einen Ganzstahlwagen nach dem Vorbild der von der DÜWAG im Jahre 1937 für die Straßenbahn in Düsseldorf gefertigten Fahrzeuge. Doch es ergaben sich auf dem Gebiet der Elektrotechnik einige Probleme, die nur in Zusammenarbeit von Ingenieuren der Elektrofirmen und erfahrenen Praktikern der Verkehrsbetriebe gelöst werden konnten. Der Elektro-Ausschuß des VB bildete zu diesem Zweck einen Unterausschuß unter Leitung von Wilhelm Prasse, Direktor der Abteilung Essener Straßenbahn der Süddeutschen Eisenbahngesellschaft. Von seiten der EVAG gehörten diesem Gremium Direktor Hempel und Diplomingenieur Dietrich an. Ein weiterer Unterausschuß wurde im Dezember 1941 gebildet und beschäftigte sich mit Bremsfragen. Diesen Unterausschuß leitete EVAG-Direktor Hermann Hempel. Die erhalten gebliebenen Unterlagen über die Tätigkeit beider Unterausschüsse zeigen, welch hohen Beitrag die Erfurter Verkehrs-AG zur Entwicklung des Einheitsstraßenbahnwagens geleistet hat. Am 28. November 1941 fand im Verwaltungsgebäude der EVAG eine Sitzung des Unterausschusses Prasse/Dobler statt. Auf ihr wurden Details der elektrischen Ausrüstung der ESW erörtert. Das Protokoll nennt Lautsprecheranlage und elektrische Kupplung. Es berichtet auch über Schwierigkeiten mit den für die Wagen vorgesehenen elektromotorischen Dachlüftern, über zu geringen Anpreßdruck beim Probeexemplar des Einheitsscherenstromabnehmers und nennt Vorschläge zur Verbesserung der für die vierachsigen ESW vorgesehenen Öldruckbremsen. Als wichtiges Ergebnis war die Verwendung einheitlicher Zahnräder für alle ESW-Triebwagen zu registrieren. Die EVAG ließ es jedoch nicht bei theoretischen Erörterungen bewenden. Vorsorglich hatte sie in Eigeninitiative einen Triebwagen des Baujahrs 1939 (Nr. 104) und einen Beiwagen des Baujahres 1933 (Nr. 228) mit einer Kleinspannungsanlage und den dazugehörigen Verbrauchern ausgerüstet. Die Anlage des Triebwagens bestand aus einer Nickel-Cadmium-Batterie mit 45 Ah Kapazität, 12 V Betriebsspannung, die von einer spannungsregelnden Lichtmaschine mit einer Leistung von 75 Watt bei 12 Volt und 900 U/min aufgeladen wurde. Als Verbraucher waren angeschlossen: Scheinwerfer, Schlußleuchte, Fahrgastraum-Notbeleuchtung, Scheibenentfroster, Signalhupe und elektrisch betätigter Scheibenwischer. Der Straßenbahnzug wurde den Herren des Ausschusses am Nachmittag des 28. November 1941 vorgeführt. Ebenfalls im Vorfeld der erwähnten Sitzung wurde ein weiterer Triebwagen (Nr. 105) umgebaut, der einen Öldruckfahrschalter sowie Fahrersitz erhielt. Die Erfurter Kleinspannungsanlage fand großen Anklang. Diplomingenieur Dietrich machte indes den Vorschlag, für die ESW eine Anlage mit stärkerer Lichtmaschine zu verwenden. Die Essener Straßenbahn hatte übrigens eine prinzipiell gleiche Kleinspannungsanlage entwickelt, und da im nachhinein schaltungstechnische Einzelheiten von der AEG als „nicht ganz VDE-mäßig“ bezeichnet wurden, entspann sich hierüber zwischen Hermann Hempel und Wilhelm Prasse ein reger Schriftwechsel. Beiden Verkehrsbetrieben, insbesondere der EVAG, gebührt aber das unbestrittene Verdienst, die Kleinspannungsanlage für Straßenbahnwagen zuerst entwickelt und ihre Betriebstauglichkeit bewiesen zu haben. Dem Unterausschuß Bremsfragen gehörten außer Hermann Hempel noch die Ingenieure Knappe, Nölkensmeyer und Scheer (Stuttgart) an. Die Zusammenkunft in Berlin am 21. Januar 1942 behandelte wichtige Probleme, die in der Sitzung des Elektroausschusses des VB am 5. Februar 1942 in Erfurt definitiv entschieden werden sollten. Streitpunkt war die Frage, ob bei den Einheitsbeiwagen Solenoidbremsen mit belastungsabhängiger Erregung oder solche mit konstanter Erregung eingebaut werden sollten. Damit im Zusammenhang stand die Erwägung, bei Verwendung ersterer Bauform die Schienenbremsen zur Verstärkung der Bremswirkung mit heranzuziehen. Hermann Hempel rügte zwar die von der Stuttgarter Straßenbahn vorgelegte Schaltanordnung für Solenoidbremsen mit veränderlicher Erregung, legte sich aber nicht endgültig fest. Dennoch trug Hermann Hempels Wirken im Unterausschuß Bremsfragen schließlich dazu bei, daß für die ESW-Beiwagen die Solenoidbremse als Betriebsbremse, die Schienenbremse aber als unabhängig wirkende Zusatzbremse vorgesehen wurde. Den Leser dürfte noch interessieren, daß EVAG-Direktor Hempel nicht nur ein hervorragender Ingenieur war, sondern auch über große kaufmännische und diplomatische Fähigkeiten verfügte: Hempel war es gelungen, für die ab 1939 gelieferten Triebwagen einen Kaufpreis von 37.000 Reichsmark pro Stück und für die 1942 gebauten Beiwagen einen von 21.000 RM pro Stück auszuhandeln. In einem Schreiben an die Reichsverkehrsgruppe Schienenbahnen vom 8. Juli 1941 monierte er daher den für die zweiachsigen ESW vorgesehenen Preis von 60.000 RM (Triebwagen) bzw. 36.500 RM (Beiwagen), Bezug nehmend auf die günstigen Preise der für Erfurt eingekauften Fahrzeuge. Direktor Willenberg sandte zwei Tage später im Namen der Reichsverkehrsgruppe Schienenbahnen ein Antwortschreiben, das von Unsachlichkeiten und falschen Behauptungen strotzte. Unter anderem enthielt es folgende Passagen: *Schon im Jahre 1939 haben übrigens die zweiachsigen Triebwagen mit 2 x 46 kW-Motoren im Durchschnitt etwa 43.500 RM gekostet, und ein Wagen mit stärkerer elektrischer Ausrüstung hat im Jahre 1940 bereits 50.000 RM gefordert... Wenn man darüber hinaus noch Fahrzeuge mit wesentlich stärkeren Ausrüstungen usw. beschafft, so ist es wohl selbstverständlich, daß hierbei ein entsprechender Mehrpreis gezahlt werden muß ... Immerhin würde es uns interessieren, zu erfahren, welche Firmen Ihnen heute noch Triebwagen für 37.000 RM zu liefern bereit wären...* Nun, Direktor Hempel vermerkte auf Willenbergs Schreiben kurz und bündig: *Wir wollen vorläufig nichts hierauf antworten, damit die AEG und die Waggonfabrik keine Schwierigkeiten haben.* Mit der „Waggonfabrik“ war die Gothaer Waggonfabrik AG, Gotha, gemeint, mit der die EVAG 1936 einen langfristigen Liefervertrag zu beiderseitigem Vorteil geschlossen hatte. So ist es auch zu erklären, daß die Waggonfabrik Lindner in Halle-Ammendorf, bis 1933 Lieferant für Erfurts Straßenbahn, trotz zweier dringender Anfragen vom 9. und 23. März 1942 an die EVAG, ob Interesse am Bau von Einheitswagen vorläge, keinen diesbezüglichen Auftrag erhielt. Wenn auch die Projekte zum deutschen Einheitsstraßenbahnwagen ein Torso blieben - am 14. Mai 1942 wurde auf Weisung von Reichsverkehrsminister Dorpmüller und dem Minister für Bewaffnung und Munition, Speer, der Bau von ESW während des Krieges verboten - so haben doch die hervorragenden ingenieurtechnischen Leistungen des Nürnberger Vereinheitlichungsbüros letztlich die Voraussetzungen dafür geschaffen, daß in ganz Deutschland die angebahnte Entwicklung moderner Straßenbahnwagen bald nach Kriegsende weitergehen konnte. Und die Ingenieure der Erfurter Verkehrs-AG hatten am erreichten Entwicklungsstand einen beachtlichen Anteil. Wenn auch die EVAG die geplante Beschaffung von Einheitswagen nicht mehr verwirklichen konnte, die Arbeiten zur Modernisierung des Wagenparks wurden fortgeführt. Noch am 29. Februar 1944 erhielt die EVAG von der Gothaer Waggonfabrik Zeichnungssatz und Materialaufstellung für den Umbau ihrer Standardwagen zu Einrichtungswagen mit der Typenbezeichnung E20. Verwirklicht wurde dieser Umbau jedoch bis zum Kriegsende nicht mehr. Die traditionelle Zusammenarbeit mit der Gothaer Waggonfabrik konnte jedoch über den Krieg hinweg gerettet werden.

Kriegsschäden und Betriebserschwernis

Die Beförderungsleistungen der Erfurter Straßenbahn stiegen auch während des 2. Weltkrieges weiter und erreichten 1941 einen Höhepunkt. In einem Brief Hermann Hempels vom 17.12.1941 an den Direktor der Straßenbahn Hannover, Dr.-Ing. Kramer, heißt es: *Sie werden auch in diesem nassen Dezember bei der Straßenbahn sicher eine große Beförderungsleistung aufweisen, bei uns geht es wenigstens so. Leider wird nur unser Schaffnerpersonal derart beansprucht, daß wir nur wünschen können, daß diese schweren Tage bald vorbei sind. Wir haben Beförderungen von über 12 Personen pro Wagen-Kilometer. Die Einnahmen der Schaffner liegen im Durchschnitt bei Mark 200. Die höchste Einnahme, die an einem Tag erzielt wurde, betrug bis jetzt M 263,50. Um eine solche Einnahme zu erzielen, müssen die Schaffner schon aufpassen und stark hinterher sein.* Der Fahrpreis für die Einzelfahrt betrug damals, wie später auch, 15 Pfennige, für die Umsteigefahrt 20 Pfennige. Ermäßigte Tarife galten für Kinder und Schwerbeschädigte; es gab bereits damals für beide Personenkreise 5 - Fahrten Sammelkarten für 40 Rpf., und besondere Fahrpreise galten auch für Soldaten. In Verkehrsspitzen wurden die Wagen mit je zwei Schaffnern besetzt; trotzdem gelang es manchem Fahrgast, sich um den fälligen Obulus zu drücken.
Konnte bis dato jedermann die Straßenbahn benutzen, so wurden 1941 die jüdischen Bürger von der Beförderung ausgeschlossen. Das war allerdings weder eine Erfurter Besonderheit noch ein besonders boshafter Einfall des EVAG-Direktors, sondern erfolgte auf unmittelbare Anordnung der Reichsbehörden fast gleichzeitig in ganz Deutschland - als nur eine von vielen Maßnahmen zur systematischen Vorbereitung des Holocausts. Anfang 1943 wandte sich die Essener Straßenbahn an die Erfurter Verkehrs-AG um Hilfe, da ihr Wagenpark durch Fliegerangriffe dezimiert war. Die EVAG lieh daraufhin 7 Triebwagen und 3 Beiwagen aus. Einer der Triebwagen wurde nach Oberhausen weitergegeben. Drei Jahre nach Kriegsende erhielt Erfurt alle Fahrzeuge zurück, aber aufgrund der folgenden politischen Entwicklung in Deutschland sollten noch weitere 42 Jahre vergehen, ehe sich das Essener Unternehmen beim Erfurter Schwesterbetrieb für die damalige Hilfeleistung erkenntlich zeigen konnte. Die Stadt Erfurt blieb in den ersten Jahren des Zweiten Weltkriegs von Kampfhandlungen und deren Auswirkungen weitgehend verschont. Nur die angeordneten Verdunklungsmaßnahmen kündeten davon, daß das Leben nicht mehr seinen alten Gang ging. Ab 1941 wurden die Straßenbahnwagen mit Scheinwerferblenden ausgestattet, und herablaßbare Rouleaus an den Seitenfenstern ließen nachts kaum einen Lichtschein nach außen dringen. Um den Mangel an Transportraum für zivile Zwecke etwas zu beheben, richtete die Straßenbahn auf ihren Strecken einen Notgüterverkehr ein. Zu diesem Zweck wurden einachsige gummibereifte Kfz.-Anhänger an die Straßenbahnwagen angekuppelt. Eingesetzt für solche Transporte wurden vorwiegend Triebwagen 57, 59, 62.
Ab 1944 wurde auch Erfurt von Luftangriffen der Alliierten heimgesucht. In diesem Jahr blieb die Straßenbahn 187 mal wegen Fliegeralarms stehen. Der größte Teil der Wagen wurde wegen der Luftangriffe nicht mehr in den Depots, sondern im Freien abgestellt: entweder an den Endstellen, oder auch auf dem stillgelegten Streckenabschnitt in der Löberstraße. Auf diese Weise wurden größere Schäden an den Fahrzeugen vermieden. Kein einziges Fahrzeug erlitt einen Bombentreffer. Während jedoch an den Wagen lediglich Scheiben barsten, wurden Gleise und Fahrleitungen zum Teil erheblich beschädigt. Solche Schadenstellen gab es in der Magdeburger Straße (Linie 1), in der Heinrichstraße und Binderslebener Landstraße (Linie 5), in der Epinaystraße (heute Windhorststraße und Friedrich-Ebert-Straße) im Zuge der Linie 3, am Stadtpark (Linien 4 und 5), in der Arnstädter Straße (Linie 4) in Höhe des Behördenhauses und am Domplatz (Linie 5). In den letzten Kriegswochen kam der Straßenbahnbetrieb infolge der Zerstörungen teilweise zum Erliegen. Heftiger Artilleriebeschuß durch amerikanische Truppen führte am 11. April 1945 zur völligen Einstellung des Verkehrs.

Neuanfang nach dem Krieg

Nach der deutschen Kapitulation am 8.5.1945 und dem Einrücken amerikanischer Besetzungstruppen in Erfurt ging die EVAG sofort daran, die zahlreichen Schäden an Gleisanlagen und Fahrleitungen zu beheben. Am 1. Juni 1945 wurde der Betrieb auf der gesamten Linie 1 wieder aufgenommen; die Linie 3 fuhr zwischen Krankenhaus und Hauptbahnhof. Die Linie 4 folgte ab 2. Juni 1945 auf der Teilstrecke Blücherstraße - Hauptbahnhof, und die Linie 5 befuhr ab dem 6. Juni jenes Jahres die Teilstrecke Gothaer Straße - Hauptbahnhof. Erst im Spätsommer 1945 wurden alle Linien wieder durchgängig befahren. Die Amerikaner hatten Erfurt inzwischen verlassen und der sowjetischen Besatzungsmacht das Feld geräumt. Die Beseitigung der Glasschäden an den Fahrzeugen zog sich noch bis 1949 hin, und erst 1950 hatten alle Wagen wieder volle Verglasung statt der bis dahin verwendeten „Sparverglasung".
Ab Februar 1946 befuhren die Linien 1, 3, 4 ihre vollständigen Strecken, die Linie 5 fuhr zwischen Hauptbahnhof und Hauptfriedhof, zusätzlich pendelte ein Wagen zwischen Anger und Thomaskirche. Die Stammlinien fuhren nur werktags zwischen 6 Uhr und 20.30 Uhr; sonntags ruhte der Straßenbahnverkehr. Ab Mitte 1946 kreuzten die letzten Wagen auf dem Anger um 21.30 Uhr. Die Beförderungsleistungen nahmen gegenüber den Kriegsjahren trotz des eingeschränkten Betriebes weiter zu.

Beförderungsleistungen 1933 - 1948

Jahr	Beförderte Personen
1933	9.595.000
1937	14.250.000
1944	48.877.000
1946	ca. 60.000.000
1948	56.400.000

Die Gesamtlänge aller Straßenbahnlinien betrug 1946 20,09 km. Laut Thüringer Volkszeitung vom 21. Januar 1946 bewältigten 32

Trieb- und 10 Beiwagen sowie in den Hauptverkehrszeiten 10 Einsatztriebwagen den Verkehr. Die Wagen legten täglich etwa 7.300 km zurück. Aus diesen Angaben folgt, daß ein großer Teil des Wagenparks damals nicht genutzt wurde. Bedingt war das durch verfügte Energiesparmaßnahmen sowie die ständigen Stromabschaltungen. Die Fahrpläne konnten trotz ständiger Änderungen kaum eingehalten werden. Allein 1947 gab es 21 Fahrplankorrekturen. Im Berufsverkehr wurden vorrangig Arbeitnehmer befördert. Für alle anderen bestanden Benutzungsbeschränkungen. Erst Ende 1948 wurden diese Einschränkungen aufgehoben, weil sich die Energiesituation etwas gebessert hatte und zusätzliche Wagen eingesetzt werden konnten. Dennoch wurden in jenen Jahren die Fahrgäste nicht mehr befördert, sondern transportiert. Erschwerend auf die Wiederherstellung normaler Bedingungen bei der Straßenbahn wirkte sich die Tatsache aus, daß die Sowjetische Militäradministration die Erfurter-Verkehrs AG am 30. November 1945 unter Sequester gestellt hatte. Das war gegen jedes geltende Recht geschehen, denn dem Sequester unterlagen gemäß den Beschlüssen des Alliierten Kontrollrats nur Monopolbetriebe, Rüstungsfabriken und Unternehmen, deren Eigentümer durch NS-Vergangenheit belastet waren. Weder die eine noch die andere Bedingung traf aber auf die EVAG zu, denn dieses Unternehmen war ein kommunal verwalteter Betrieb, dessen einzige Aufgabe darin bestand, den städtischen Nahverkehr zu betreiben und zu fördern. Durch das Sequester waren das gesamte Betriebskapital der EVAG und alle Finanzquellen gesperrt. Erst am 30. April 1948 wurde die rechtswidrige Maßnahme aufgehoben.

Trotz aller Schwierigkeiten bemühte sich die Verwaltung des Betriebes bereits unmittelbar nach dem Zusammenbruch darum, Ersatzteile für dringend notwendige Reparaturen zu beschaffen, und sie schmiedete sogar Pläne für Fahrzeugneubeschaffungen. Radreifenrohlinge bezog man seit 1946 von der Maxhütte Unterwellenborn, ließ sie bei der Firma Kessel-Dietz in Erfurt fertigbearbeiten und schrumpfte die fertigen Reifen in eigener Werkstatt auf die Radkörper auf. Bereits am 14. Dezember 1945 wandte sich die Direktion der EVAG an die Gothaer Waggonfabrik wegen Überlassung von Konstruktionsunterlagen der ESW und KSW. Einen Tag zuvor hatte die Thüringer Elektrizitäts-Lieferungs-Gesellschaft in Gotha (ThELG), der Betreiber der Gothaer Straßenbahn, einige an die EVAG gesendet. Alle verfügbaren Dokumentationen sandte Diplomingenieur Dietrich am 19.12.1945 an den Reichsbevollmächtigten für Bahnaufsicht in Erfurt (Anmerkung: Tatsächlich existierte damals diese Bezeichnung!). Zweck der Übersendung waren Begutachtung und nachfolgende Einleitung eines Genehmigungsverfahrens für die Beschaffung von Einheitsstraßenbahnwagen nach der Konzeption von 1941. Die gelieferten Zeichnungen, technischen Festlegungen und Schaltbilder trafen zwar bei der Rbd Erfurt ein, wurden jedoch nie zurückgegeben. Ob sie in den Nachkriegswirren verloren gingen oder als Reparationsgut nach Rußland transferiert wurden, bleibt ungeklärt. In den Jahren 1946 und 1947 wandte sich Diplomingenieur Dietrich, inzwischen EVAG-Direktor, mit Anfragen an die Firmen AEG und BBC wegen der Lieferung elektrischer Aggregate. Die AEG war wegen der Kriegszerstörungen nicht lieferfähig, das Leipziger Büro der BBC sandte am 14.01.1947 folgendes Antwortschreiben: *Motoren und Ersatzteile für die Straßenbahn. Unter Bezugnahme auf die Rückfrage Ihres sehr geehrten Herrn Direktor Dietrich teilen wir Ihnen mit, daß unser Stammwerk die Lieferung von elektrischen Ausrüstungen für zweiachsige Einheits-Staßenbahnwagen vorbereitet und in einigen Monaten mit der Produktion beginnen wird. Angefertigt werden: Einheits-Straßenbahnmotoren Bauart EM 60/600, Fahrschalter SF 45 (Anm. des Autors: offensichtlich Schreibfehler, es müßte EF 45 heißen), Höchststromschalter FB 54 H 1, Einheits-Scherenstromabnehmer ESS 45. Da die Anzahl der vorliegenden Aufträge aus den westlichen Besatzungszonen beträchtlich ist..., wurde vorläufig eine Sperre der Annahme von Aufträgen angeordnet...* Abschließend verwies die Firma BBC die EVAG auf spätere mögliche Lieferungen im Rahmen des Interzonen-Warenverkehrs. Zu derartigen Lieferungen kam es jedoch nicht; die politische Entwicklung verhinderte sie. Es blieb also nur die Möglichkeit, Fahrmotoren und sonstige elektrische Ausrüstungsteile in eigener Werkstatt aufzuarbeiten. Blattfedern wurden aus alten Autofedern umgearbeitet. Trotzdem war die Situation einigermaßen günstig: Bei der EVAG lagerten die elektrischen Ausrüstungen der 1941 bestellten, aber nicht fertig gewordenen Triebwagen. Außerdem war eine größere Anzahl von Reservestromabnehmern der AEG-Bauarten 1936 und 1938 vorhanden.

Trümmerzug mit Tw 64 an der Barfüßerkirche, 1948.

Trümmer- und Aschetransporte per Straßenbahn

Einen Beitrag zur Beseitigung der Kriegsschäden in Erfurt leistete die Straßenbahn durch ihren Einsatz als Trümmerbahn. Zwar waren die Zerstörungen im Vergleich zu anderen Städten nur gering, aber das Stadtzentrum hatte doch einiges abbekommen. Bereits Ende 1946 wurden neun alte Beiwagen zu Schuttloren hergerichtet, indem man die Wagenkästen bis auf den Fußboden abbrach und an den Seiten flache Borde anbrachte. In bisherigen Veröffentlichungen wurde das Jahr 1948 als Umbaujahr genannt; das war aber das Jahr der Umnumerierung der Fahrzeuge. Bis dahin trugen sie die Nummern, die sie als Personenwagen geführt hatten. Des weiteren wurden neun Muldenkippwagen für die Enttrümmerungsarbeiten eingesetzt. Sie waren mit je einer Kippmulde und zwei Drehgestell-Muldenkippern in eigener Werkstatt aufgebaut worden. Zwei Triebwagen (Nr. 57 und 64) wurden aus dem Personenfahrzeugpark entnommen und zogen die Trümmerzüge, die meist aus drei, mitunter auch vier Schuttloren bestanden. An der Mittelhäuser Straße und Vollbrachtstraße in Erfurt-Nord (abzweigend von der Linie 1), am Junkersand (Nähe Fischmarkt), vorbei an der Barfüßerkirche und durch die Waagegasse zum Streckengleis Nähe Angerbrunnen führend (im Zuge der Linien 2, 3, 5 und 1) sowie an der Gothaer Straße (hinter der Endstelle der Linie 2) und schließlich am Domplatz, in der Nähe der *Hohen Lilie*, wurden spezielle „Schuttgleise" verlegt. In die Erde gerammte Holzmasten trugen die Aufhängung für die provisorische Fahrleitung. Allein im Jahre 1948 wurden 12.295 m³ Schutt auf diese Weise abtransportiert. Insgesamt wurden 58.977 Nutzkilometer für die Enttrümmerung geleistet.

Als Besonderheit in jenen Jahren ist zu berichten: 1946 wurde ein alter Beiwagen als Leichenwagen hergerichtet. Das Fahrzeug, mit schwarzem Außenanstrich und weißem Palmenzweig versehen, befuhr, vom Triebwagen 62 gezogen, bei Bedarf die Strecken Krankenhaus - Hauptfriedhof und Krankenhaus - Südfriedhof. Später diente das Fahrzeug als Reklamewagen, zuletzt als Schweißbeiwagen, ehe es 1965 verschrottet wurde.

Und noch eine Spezialität entstand 1948: Dem städtischen Kraftwerk in der Iderhoffstr. mangelte es an Transportraum, um die anfallenden Asche- und Schlackemengen zur Deponie zu befördern. Lastkraftwagen fehlten, Treibstoff war knapp, aber Strom konnte das Kraftwerk selbst erzeugen. Die Stadt entschloß sich daher, abseits des öffentlichen Netzes eine Bahndienststrecke anzulegen. Die etwa knapp 3 km lange Strecke führte vom Kraftwerk Iderhoffstr. zum alten Nordhäuser Bahnhof, kreuzte die Leipziger Straße, verlief ein Stück linksseitig der Eisenbahnstrecke nach Nordhausen, dann, einen Durchlaß des Bahndamms nutzend, rechtsseitig von dieser, querte dann in einer weiteren Unterführung den Damm der Sangerhäuser Strecke, um schließlich rechtsseitig von jener bis zur Entladestelle in der Nähe der Kiesgrube am Galgenberg zu verlaufen. Die Gleise bestanden aus altbrauchbaren Schienen. Die Fahrleitung entlang der Strecke war an Holzmasten aufgehängt. Unmittelbar an der Entladestelle auf der Aschenkippe bestanden die Masten für die Oberleitung aus rechteckigen, eisernen Füßen, an die u-förmig gebogene Rohre angeschweißt waren. Als Transportfahrzeug dienten bis zur Stillegung der „Aschenbahn" im Jahr 1965 die beiden Drehgestellkippbeiwagen, die nach Ende der Enttrümmerungsarbeiten in der Stadt zum E-Werk umgesetzt wurden. Zumindest einer der Schuttbeiwagen, welche die EVAG aus ehemaligen Personenfahrzeugen hergerichtet hatte, war ebenfalls eine Zeitlang auf der „Aschenbahn" im Einsatz, denn noch Anfang der 60er Jahre konnte man seine Reste an der Kiesgrube am Galgenberg bewundern. Als Zugfahrzeuge dienten Arbeitstriebwagen, gelegentlich jedoch auch Personentriebwagen. Mit Wagennummer waren hier die Triebwagen 16^{II}, 19^{II}, 22^{II}, 25^{II}, 60, 61 und 63 im Einsatz, von den Arbeitstriebwagen nur Nr. 4 (ex Tw. 44) und Nr. 4^{II} (ex Tw. 22^{II}, zuletzt ATw 5). Stets reichte jedoch ein Triebwagen für die Aschetransporte aus. Siehe auch Bild auf S. 111.

Wiederaufbau des Fahrzeugparks

Nach Aufhebung des Sequesters am 30.04.1948 wurden der Stadt Erfurt alle Aktien der EVAG übergeben. Die Währungsreform im gleichen Jahr und die Einführung der D-Mark (Für Leser aus den Altbundesländern: diese Währungsbezeichnung galt bis Anfang der 60er Jahre auch in der SBZ und späteren DDR) beschnitten zwar nominell die finanziellen Mittel des Nahverkehrsbetriebs, doch wurde dies durch erhebliche Zuschüsse aus dem Etat der Stadt wieder ausgeglichen. Nunmehr konnte die EVAG daran gehen, den Wagenpark zu überholen, notwendige Änderungen am Gleisnetz vorzunehmen sowie stellenweise die Fahrleitung zu erneuern. Zunächst wurden die aus Essen bzw. Oberhausen zurückgekehrten Straßenbahnwagen in die Waggonfabrik Gotha zum Umbau geschafft; die drei Triebwagen des Baujahrs 1904 kehrten von dort als Beiwagen, mit neuen Fahrgestellen versehen, zurück; die Triebwagen des Baujahrs 1912 kamen modernisiert aus Gotha, unter anderem mit stärkeren Fahrmotoren, erneuerter Beblechung und veränderten Wagendächern. Die drei von Essen zurückgekehrten Beiwagen des Baujahrs 1912 wurden zwar auch nach Gotha zum Umbau geschafft, aber dort verschrottet. Bereits 1948 wandelte die EVAG den Auftrag zum Wiederaufbau nämlich in einen Auftrag über die Lieferung dreier Neubaubeiwagen um. Zusätzlich wurden weitere 5 Triebwagen der Baujahre 1904 und 1908 in Gotha zu Beiwagen umgebaut, ebenfalls mit neuen Fahrgestellen, so daß bis 1949 insgesamt 8 „neue" Beiwagen (Nr. 235^{II}-242^{II}) und 4 wiederaufgebaute Triebwagen (Nr. 58, 60, 61, und 63) dem Wagenpark zugeführt werden konnten. Am 17. September 1949 konnte man im *Thüringer Volk* und in der *Thüringischen Landeszeitung* folgende Meldung lesen: *Die EVAG baut nach Überwindung der schweren Kriegsschäden Trieb und Beiwagen für den Eine-Richtung-Verkehr. Elf umgebaute Wagen wurden bereits auf der Linie 3 eingesetzt. Die neuen Triebwagen, für deren Einsatz auf den wichtigsten Linien Endschleifen eingebaut werden, erhalten besondere Sitzplätze für Fahrer und Schaffner.* Diese Zeitungsnotiz enthält gleich mehrere Fehler. Zwar handelte es sich bei den fraglichen Beiwagen tatsächlich um Einrichtungswagen, aber nicht um 11 Stück, sondern , wie eben dargelegt, um 8. Tatsächlich liefen diese Anhänger auf der Linie 3, denn dies war vorerst die einzige für Einrichtungswagen geeignete Strecke. Nach der 1943 gebauten Wendeschleife Jägerstraße war 1946 eine weitere am Krankenhaus hinzugekommen. Entweder hat jedoch der Zeitungsschreiber die drei verschrotteten Beiwagen des Baujahres 1912 mit hinzugezählt, oder aber er bezog in die Gesamtzahl die neuaufgebauten Triebwagen ein; dann hätte diese aber nicht 11, sondern 12 Wagen heißen müssen. Zudem liefen die vier Triebwagen nicht auf Linie 3, sondern auf der Linie 2 bzw. 5. An neue Triebwagen war bei weitem noch nicht zu denken, geschweige denn an solche mit Fahrer- und Schaffnersitzplatz. Neben den geschilderten größeren Fahrzeugumbauten wurden fast alle Trieb- und Beiwagen mit neuen Fensterscheiben versehen; diese Arbeiten zogen sich bis Ende 1949 hin. In jenem Jahr wurde auch die Streckenführung am Anger verändert. Die dort befindlichen Weichen wichen einer Kreuzung. Etwas makaber mag dabei die Feststellung klingen, daß die notwendige Baufreiheit letztlich durch die Bombardierungen im Krieg entstanden war. Ganze Häuserzeilen am Angereck waren zerbombt worden. Die alte Kreuzung wurde von der Löberstraße nach dem Anger verlegt und nach 1960 erneuert. Insgesamt hatte sich die Linienführung seit 1942 nicht verändert. Einige Endstellen erhielten neue Bezeichnungen.

Linie 1	Ilversgehofen - Anger - Hochheimer Str.
Linie 2	Steigerstr. - Hbf - Gothaer Str.
Linie 3	Krankenhaus - Hbf - Käthe-Kollwitz-Str.
Linie 4	Breitscheidstr. - Hbf - Thüringenhalle
Linie 5	Steigerstr. - Hbf - Hauptfriedhof

Im Berufsverkehr wurden zunehmend Verstärkungswagen eingesetzt, die verkürzte Strecken befuhren und als Einsatzwagen (kurz: E-Wagen) bezeichnet wurden. Die Bezeichnung *E-Wagen* war auch auf den Richtungsschildern der Fahrzeuge angegeben, lediglich ein kleines Schild am rechten vorderen Wagenfenster wies auf die Endhaltestelle hin. Befahren wurden folgende Strecken mit Einsatzwagen:

Einsatzwagen

Streckenabschnitt	im Zuge der Linie
Ilversgehofen - Eichenstraße	1
Hauptbahnhof - Gothaer Straße	2
Krankenhaus - Hauptbahnhof	3
Breitscheidstraße - Hauptbahnhof	4
Gothaer Straße - Thomaskirche	5

Seit 1949 gab es übrigens auch eine *Theaterbahn*. Sie konnte nach Vorstellungsschluß von den Besuchern des Stadttheaters benutzt werden. Ein spezieller Zug der Linie 1 wartete am Seiteneingang des Theaters, bis die letzten Gäste den Musentempel verlassen hatten, und fuhr dann in Richtung Erfurt-Nord. Zu diesem Zweck hatte man an der Walkmühlstraße ein Stumpfgleis errichtet, das über ein Weiche in das Streckengleis am Dalbergsweg einmündete. Bis zur Verkürzung der Linie 1 in den 60er Jahren, verbunden mit dem Bau der Endschleife Dalbergsweg, bestand die *Theaterbahn*. Von der „neuen Zeit" kündeten Linien- und Richtungsschilder der Fahrzeuge: Bis 1936 war Antiquabeschriftung üblich, ab 1937 Frakturschrift, 1949 wurde wieder auf Antiqua umgestellt. Das zog sich allerdings bis 1952 hin, da erst in diesem Jahr neue Linien- und Richtungsfilme für die werksseitig mit Filmbändern ausgerüsteten Triebwagen der Baujahre ab 1936 beschafft werden konnten. Nach dem Umbruch tauchten in Erfurt auch die ersten Propagandawagen auf. Bereits 1948 warb der Arbeitstriebwagen 1, voll verkleidet, für die Politik der SED, 1948/49 folgten Triebwagen 19 und 25 als *Aufklärungswagen der Nationalen Front*, und schließlich entstanden anläßlich der Staatsgründung der DDR im Oktober 1949 vier *Jugendzüge:* Triebwagen 78, 86, 97 und 115 erhielten propagandistische Losungen, FDJ- und WBDJ-Embleme und an den Stirnwänden die Kennzeichnung als Jugendzug. Triebwagen 115 blieb bis 1954 in diesem Zustand im Einsatz; in jenem Jahr verkehrte er als *Zug des 2. Deutschlandtreffens der Jugend*. Auch später noch, in den 60er, 70er und 80er Jahren, hat es zeitweise Jugendzüge gegeben. Entweder waren sie von jungen Fahrern besetzt, oder es handelte sich um „Agitationswagen". So warb beispielsweise Triebwagen 105 im Jahre 1973 für die X. Weltfestspiele der Jugend, und noch 1984 verkehrte Tw. 492 als Agitationswagen mit der Losung: *Frieden ist das erste Menschenrecht.*

Die Fahrpreise hatten sich nach dem Zweiten Weltkrieg nicht verändert; nach wie vor galt der Grundtarif von 15 Pf. für die einfache Fahrt. Es existierten folgende Fahrausweise für die Straßenbahn:

Fahrausweisarten

Einzelfahrschein ohne Umsteigeberechtigung	15 Pf
Einzelfahrschein mit Umsteigeberechtigung	20 Pf
Sammelkarte für 15 einfache Fahrten	1,80 M
Sammelkarte für 5 Fahrten mit Umsteigeber.	80 Pf
5-Fahrkarten-Karte für Kinder mit Umsteigerecht	40 Pf
5-Fahrkarten-Karte für Schwerbeschädigte, desgl.	40 Pf

Nach Einführung des Obusbetriebs 1948 gelangten außerdem Sammelkarten mit Umsteigeberechtigung vom Obus zur Straßenbahn oder umgekehrt im Umlauf. Wenn auch Farben und Formen der Fahrausweise im Laufe der Jahre wechselten - das eben genannte Angebot an Fahrscheinen blieb bis 1964 unverändert bestehen. Am 1. Januar 1950 wurde die Straßenbahnlinie 2 gekürzt; sie fuhr nur noch zwischen Thomaskirche und Gothaer Straße. Weiterfahrt in Richtung Steigerstraße oder Hauptfriedhof konnte durch Umsteigen auf die Linie 5 erfolgen; dazu mußte ein Umsteigefahrschein für 20 Pf. gelöst werden. Anfang 1950 änderte sich der rechtliche Status des Erfurter Nahverkehrsbetriebs. Am 2. Februar 1950 wurde das Unternehmen rückwirkend zum 1. Januar 1950 ein Bestandteil des *Kommunalen Wirtschaftsunternehmens der Stadt Erfurt (KWU),* eines Konglomerats von 52 Dienstleistungs-, Versorgungs- und Produktionsbetrieben. Diesem KWU gehörten Einrichtungen unterschiedlichsten Profils an, vom Kraftwerk über die Stadtreinigung und Stadtwäscherei bis hin zu den Ausflugsgaststätten. Die Erfurter Verkehrs-AG hatte damit aufgehört, als juristische Person zu existieren. Für die Geschichte des städtischen Nahverkehrsbetriebs bedeutete die Zugehörigkeit zum KWU jedoch nur eine Episode. Ein Teil der Straßenbahnwagen erhielt zwar ein neues Signet, das Erfurter Wappen mit den drei darüber gesetzten Buchstaben KWU, doch die meisten Wagen führten weiter das alte, 1883 eingeführte Betriebssymbol. Mitte 1950 erhielt der nunmehrige *Betrieb Verkehr des KWU Erfurt* von der LOWA in Werdau die Zeichnungen des neuentwickelten Einheitsbeiwagens EB 50. Zu einer Bestellung oder gar Lieferung kam es jedoch nicht. In das KWU eingegliedert,

Wagen 25 als "Aufklärungswagen der nationalen Front des demokratischen Deutschland" 1950.
Foto: Unruh

besaß der Nahverkehrsbetrieb keine Möglichkeit, selbständig über die Verwendung der finanziellen Mittel zu entscheiden. Zudem war man in Erfurt mit Recht der Ansicht, daß die Beschaffung von EB 50 keinen Fortschritt bedeutet hätte. Noch in der KWU - Zeit beabsichtigte Erfurts Nahverkehrsbetrieb, das letzte eingleisige Streckenstück der Linie 5 zwischen Westbahnhof und Hauptfriedhof mit dem zweiten Gleis zu versehen. Das sollte noch 1950 geschehen. Tatsächlich wurde der zweigleisige Ausbau mit Errichtung einer Endschleife am Hauptfriedhof erst Mitte November 1952 beendet. Aus der KWU-Zeit ist noch zu registrieren, daß per 15. September 1950 auf Anweisung des Rates der Stadt zwei Triebwagen (Nr. 89 und 109) als „DSF-Züge" hergerichtet wurden. Sie wurden an den Seitenwänden mit den Losungen *Die Gesellschaft für Deutsch-Sowjetische Freundschaft - eine Vereinigung aller Deutschen* und *Werde auch Du Mitglied der DSF* versehen; vor allem aber trugen beide Triebwagen auf der gegenüberliegenden Seitenwand die Aufschrift: *Es lebe Stalin, der größte Freund des deutschen Volkes!* Auch den Triebwagen 67, der bereits einige Jahre vorher als Propagandawagen für die Einheit Deutschlands gedient hatte, rüstete man als Agitationsobjekt für die DSF um. Die Losungen an den Triebwagen 89 und 109 verschwanden recht bald; dafür wurde aber im Fahrgastraum fast aller Trieb- und Beiwagen das auf Jugend getrimmte Porträt des bärtigen Grusiniers angebracht. Zum leichten Schmunzeln veranlaßt die Tatsache, daß genau gegenüber das Schild mit der Warnung: *Wer sich vom Zahlen drückt, muß den zehnfachen Fahrpreis entrichten...* seinen Platz fand. Nach dem Tod Stalins im Jahre 1953 wurde dessen Konterfei durch Fotos der „Partei- und Staatsführer der DDR" ersetzt. Bis Ende der 50er Jahre verschwanden auch deren Bilder wieder, denn die seit 1952 neubeschafften Straßenbahnwagen waren im Fahrgastraum nicht mit Rahmen versehen, in denen man irgendwelche Fotos unterbringen konnte. Da sich das Mammutgebilde *KWU* nicht bewährt hatte, wurde es Anfang 1951 aufgelöst, und der Nahverkehrsbetrieb wurde zum *VEB (K) Erfurter Verkehrsbetriebe*.

Triebwagen 19 als Aufklärungswagen 1950. *Foto: Unruh*

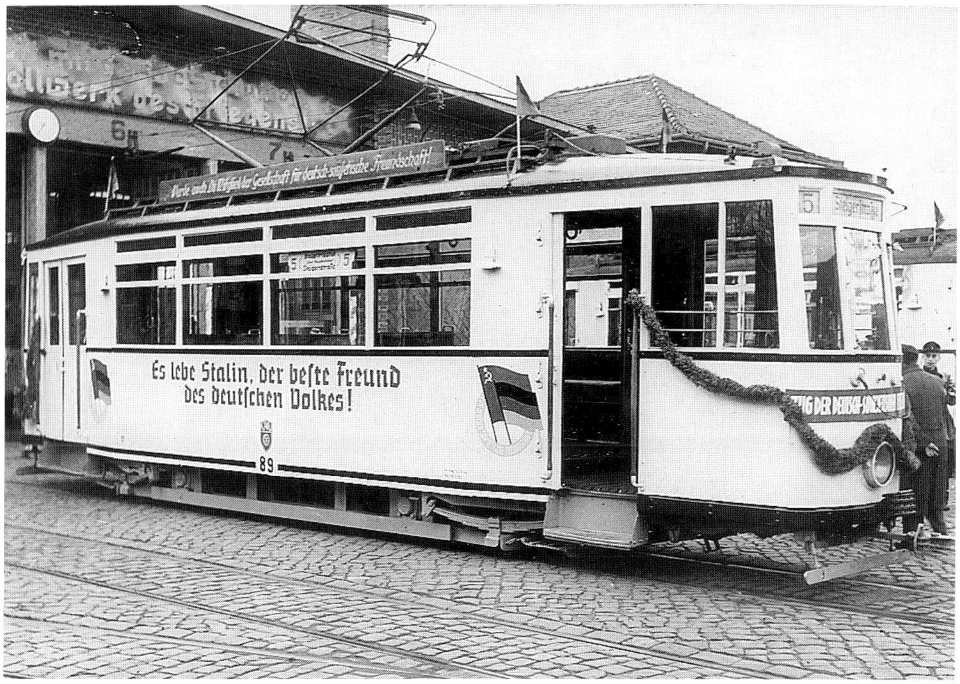

Triebwagen 89 als „Stalinwagen" im September 1950.
Foto: Schreiner

Der Domplatz 1976 mit dem Gelenktriebwagen 168 auf der alten Linie 5. *Foto: EVB*

Die Zeit des VEB (K) Erfurter Verkehrsbetriebe

Der VEB (K) Erfurter Verkehrsbetriebe konstituierte sich als ein dem Rat der Stadt unmittelbar unterstellter Betrieb mit selbständiger Bilanzierung. Das bot den Vorteil, daß der Verkehrsbetrieb im wesentlichen selbständig über notwendige Investitionen, wie z.B. Fahrzeugzuführung und Bauvorhaben, entscheiden konnte. Die Bestätigung der damit verbundenen Pläne erfolgte durch die Stadtverordnetenversammlung der Stadt Erfurt. Die Gründung der VEB(K) Erfurter Verkehrsbetriebe ermöglichte eine Entwicklung, die dem Erfurter Betrieb innerhalb weniger Jahre eine führende Stellung unter den Nahverkehrsbetrieben der DDR einbrachte - sowohl hinsichtlich des Tarifangebots, als auch der Fahrplangestaltung und der Beförderungsleistungen. Die in den 50er Jahren eingeführte Wagenfolge von 5½ bis 6½ Minuten, im Berufsverkehr sogar drei Minuten auf allen Linien, stellt einen bis heute bestehenden Spitzenwert dar. Innerhalb des Stadtzentrums, das von allen Linien berührt wurde, steuerte sogar alle 1½ Minuten ein Straßenbahnzug die Haltestellen an. Geringe Haltestellenabstände (im Durchschnitt 370 m) unterstützten die Fahrfreudigkeit der Erfurter Bevölkerung. Typisch für Erfurt war der hohe Anteil an Kurzstreckenfahrern - für das Jahr 1957 ist beispielsweise eine mittlere Reiseweite von 1,5 km pro Fahrgast belegt. Wenn sich auch später, im Zusammenhang mit der Ausdehnung der Stadt und der Zunahme des Individualverkehrs, die Verkehrsströme und Verkehrsbedürfnisse änderten und die Fahrpläne diesen Tatsachen angepaßt werden mußten, so war und ist doch eine fahrgastfreundliche Fahrplangestaltung das stete Anliegen des Erfurter Nahverkehrsbetriebes geblieben. Gleiche Prinzipien galten auch für die Festsetzung der Fahrpeise. Bei alledem sollte man meinen, daß der VEB(K) Erfurter Verkehrsbetriebe rote Zahlen schrieb. Dem war jedoch nicht so - bis Ende der 50er/Anfang der 60er Jahre arbeitete der Betrieb mit Gewinn und führte der Stadt jährlich erhebliche Mittel zu. Für das Jahr 1957 sind beispielsweise fast 2 Millionen Mark der Deutschen Notenbank nachgewiesen, die an den Etat der Stadt abgeführt wurden.

Erfurt wächst

Zu Beginn der 50er Jahre wurde die Erweiterung der Verkehrsleistungen zum dringenden Erfordernis. Zum einen hatte sich die Bevölkerungszahl im Stadtgebiet weiter erhöht, und der ständig zunehmende Berufsverkehr verlangte erhebliche Anstrengungen. Hinzu kam die Eingemeindung zahlreicher Vororte, wie Gispersleben, Marbach, Schmira und Bindersleben an der nördlichen bzw. westlichen, oder Bischleben und Möbisburg an der südlichen Peripherie der Stadt. Für das Jahr 1958 wird die Einwohnerzahl Erfurts mit 188.000 Bürgern angegeben. Die Lösung für die Verkehrsanbindung der städtischen Randgebiete sah man zunächst in der Einrichtung von Omnibuslinien, bzw. seit 1948 auch dem Obus. Jedoch geriet auch der weitere Ausbau der Straßenbahnstrecken wieder ins Blickfeld. Die Belegschaftsstärke des Erfurter Nahverkehrsbetriebs wuchs bis 1958 auf 1.050 Beschäftigte an, eine Zahl, die trotz späterer Strukturveränderungen bis in die Gegenwart noch steigen sollte.

Triebwagen 174 in der 1951 entstandenen Schleife Erfurt Nord, 1981. Foto: Unruh

Als Betriebsdirektor war seit Gründung des VEB (K) Erfurter Verkehrsbetriebe Dipl.-Ing. Brux tätig, ein erfahrener Fachmann, dem eine eingespielte Mannschaft, angefangen von den Bereichsdirektoren über die Fahrpersonale und Anlagenbauer bis hin zu den Beschäftigten in den Unterhaltungswerkstätten zur Verfügung stand.
Mit Engagement widmete sich der Betrieb zunächst notwendigen Umbauten und Erweiterungen im Gleisnetz. Innerhalb von vier Jahren entstanden fünf weitere Wendeschleifen: 1951 entstand eine Endschleife für die Linie 1 am Bf. Erfurt-Nord (durch die Roststr.), und 1952 wurde der schon im April 1951 begonnene zweigleisige Ausbau vom Westbahnhof zum Hauptfriedhof abgeschlossen und die Schleife für die Linie 5 am Hauptfriedhof fertiggestellt. Erstmalig für Erfurt wurde hierbei eine neue Oberbauform angewendet: Schwellengleis auf Schotterbettung. Verwendet wurden Vignole-Schienen des Profils S 33. Die Schwellen bestanden für die auf besonderem Bahnkörper entstandene Gleisanlage aus Holz. Ebenfalls 1952 entstand die Gleisschleife am Platz der DSF (zuvor und heute wieder *Hirschgarten*) für die Einsatzwagen der Linie 1. Das recht aufwendige Umsetzen der Züge über die Kuppelendstelle Eichenstr. konnte damit entfallen. Die E-Wagen der Linie 1 befuhren hinfort die Strecke Erfurt-Nord - Neuwerkstr. Seit 1952 hieß übrigens die Endstelle Ilversgehofen wieder Erfurt-Nord, wie bis Mitte der 30er Jahre.
Während der Bauarbeiten an der Schleife Platz der DSF/Neuwerkstr. war übrigens die Linie 1 für mehrere Wochen unterbrochen. Die von Erfurt-Nord kommenden Züge fuhren nur bis zur Regierungsstr. und setzten über eine provisorisch eingebaute Weiche für die Rückfahrt nach Erfurt-Nord um. Auf dem abgetrennten Streckenstück zwischen Regierungsstr. und Hochheimer Str. verkehrte während der Bauzeit Triebwagen Nr. 80 des Baujahrs 1930 als Solo-Pendelwagen. 1953 folgte eine doppelte Gleisschleife für die Linie 4 an der Thüringenhalle, und 1954 wurde schließlich die Endschleife für die Linie 4 an der Breitscheidstr. errichtet, wobei das Schleifengleis durch die Mehringstr. zur Rosa-Luxemburg-Str. geführt wurde. Die Linie 4 war damit nach der Linie 3 die zweite Linie mit Wendeschleife an jedem Ende. Als Kuppelendstelle verblieb nur noch die Endstelle der Linie 1 in der Hochheimer Straße, auch die Linie 5 behielt noch ihr Umsetzgleis in der Steigerstraße. Allerdings existierten bereits seit 1948 konkrete Projekte, auch diese beiden Endweichen durch Schleifen zu ersetzen. Diese Projekte wurden jedoch erst ab 1963 verwirklicht.
1952 wurden neue Seitenschilder an allen Trieb- und Beiwagen eingeführt, einheitlich mit schwarzen Ziffern auf weißem Grund.

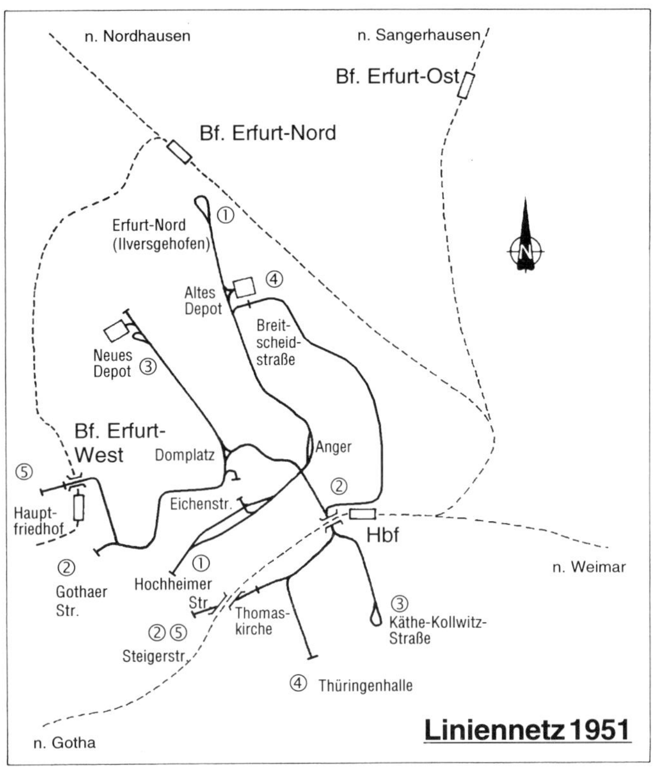

Beschilderung der Linien ab 1952

Linie	
1	Hochheimer Straße über Anger Erfurt-Nord
2	Hauptbahnhof - Gothaer Straße
3	Krankenhaus über Hauptbahnhof Käthe-Kollwitz-Str.
4	Breitscheidstraße über Hauptbahnhof Thüringenhalle
5	Hauptfriedhof über Hauptbahnhof Steigerstraße.

Hinzu kam im Herbst 1952 die Linie 1E (Erfurt-Nord über Anger Neuwerkstr.). Damit begann die Linienbezifferung auch für Einsatzwagen; das neutrale Richtungsschild *E-Wagen* entfiel zugunsten einer besseren Fahrgastinformation.
Die Linie 2 verkehrte, wie der obigen Aufstellung zu entnehmen ist, nur noch zwischen Hauptbahnhof und Gothaer Straße; 1954 entfiel die Linienbezeichnung 2 für einige Jahre; diejenigen Wagen, die noch deren Strecke befuhren, wurden als Linie 5E (Hbf - Kulturpark) ausgeschildert. *Kulturpark* lautete ab 1954 amtlich die Bezeichnung des Naherholungszentrum Cyriaksburg, das schließlich in den Jahren 1958 bis 1961 zur iga ausgebaut wurde. Um die beengten Abstellverhältnisse in den Depots zu verbessern, entstand 1951/52 am Strochmühlenweg eine Freiabstellanlage für die Wagen der Linien 1 und 4. Diese Anlage wurde ab 1963 nochmals in ihrer Größe verdoppelt; ab Mitte der 80er Jahre entstanden hier neue Reparatur- und Wartungshallen sowie eine Waschhalle.
Die Gleisanlage am Hauptbahnhof wurde 1954 zu einem Gleisdreieck umgestaltet - von den Gleisen der Linie 4 gegenüber dem Hotel *Erfurter Hof* wurde eine Verbindung in die Bahnhofstr. hergestellt. Genutzt wurde diese Gleisverbindung jedoch stets nur für die Überführung von Wagen zwischen Altem und Neuem Depot.Ende 1954 entstand die Freiabstellanalge am Domplatz auf einer Freifläche zwischen Grüner Apotheke und Kettenstraße. Sie wurde vorwiegend zum Abstellen von Einsatzwagen der Linie 5 genutzt. 1952 wurde ein neues Betriebs- und Wagensignet eingeführt, das bis 1969 gültig war. Es ähnelte dem ersten, 1883 eingeführten Symbol, statt der das Erfurter Rad umgebenden Schlaufe war jedoch ein Kreis mit der Inschrift *VEB (K) Erfurter Verkehrsbetriebe* und zwei stilisierten Flügeln vorhanden.

Erfurt bestellt Einrichtungswagen

Nunmehr war auch die Zeit für die Modernisierung des Wagenparks gekommen. 1951/52 wurden drei Triebwagen des Baujahrs 1926 grundlegend umgebaut, sie erhielten u.a. neue Stirnfronten und Fahrersitze. Diese Wagen wurden auf der Linie 1E (Erfurt-Nord - Neuwerkstraße) eingesetzt; die beiden Umbautriebwagen 71 und 72 verblieben lange Zeit dort, der dritte Triebwagen mit der Nr. 66, als erster der drei modernisiert, wechselte bald zur Linie 4E und diente außerdem gelegentlich als Zugfahrzeug für den Reklamebeiwagen Nr. 5. 1952 wurde der seit 1941 abgestellte, dann 1946 kurzzeitig in Betrieb genommene Triebwagen 105 neu beblecht, mit Schürzen versehen, mit Fahrer- und Schaffnersitz ausgestattet und zum Einrichtungswagen umgebaut. Der Wagen erhielt neue Einzelsitze in Anordnung 1 + 1. Auch dieser Wagen fuhr zunächst auf der Linie 1E, dann auf der Linie 4. Sein Öldruckfahrschalter versagte jedoch erneut, und schließlich wurde er, nunmehr mit einem Fahrschalter vom Typ VNFB 3.85 versehen, ab 1954 auf der Linie 3 eingesetzt. Ab 1963 wanderte Triebwagen 105 endgültig auf die Linie 4 ab. Im gebührt der Ruhm, der erste Einrichtungstriebwagen der EVB gewesen zu sein. Anfang 1952 erhielten die EVB die ersten neuen Beiwagen aus dem VEB Waggonbau Gotha. Bestellt waren sie als Ersatz für die 3 verschrotteten Fahrzeuge des Baujahrs 1912 bereits 1948, endgültig in Auftrag gegeben 1949. Die drei neuen Beiwagen waren Einrichtungswagen mit zusätzlichem Mitteleinstieg, sie wurden unter den Nummern 232 bis 234 in Dienst gestellt. Die Wagen waren speziell für Erfurt entworfen worden, besaßen gepolsterte Einzelsitze, Schaffnerplatz und Beleuchtung durch Leuchtstoffröhren. 1954 folgten drei weitere Beiwagen dieses Typs, die als Nr. 257 bis 259 eingereiht wurden, 1957 nochmals drei Anhänger als Nr. 260 bis 262. Die letzten drei Beiwagen besaßen elektrische Türschließeinrichtungen mit einem Bedienungspult am Schaffnerplatz; in Betrieb genommen wurde diese Anlage bei den drei Fahrzeugen jedoch nicht. Mit dem Triebwagen 105 und den drei Beiwagen 232 bis 234 erprobte man ab November 1952 den Fahrgastfluß - eine Tür als Einstieg, die anderen als Ausstieg. Noch am Jahresende wurden die Aufschriften *Einstieg* und *Kein Einstieg* wieder entfernt, und es dauerte weitere 11 Jahre, bis 1963, ehe der Fahrgastfluß erneut angewendet wurde - diesmal im großen Maßstab. 1955 erwarben die EVB drei gebrauchte Triebwagen aus Leipzig und gaben ihnen die Betriebsnummern 118 bis 120. Die Wagen bewährten sich trotz Einbau neuer Fahrmotoren nicht. Sie wurden nur auf der Linie 4 eingesetzt. Die EVB trennten sich alsbald von den altersschwachen, häßlichen Triebwagen, deren Fahrschalter nur mit unverhältnismäßig hohem Kraftaufwand betätigt werden konnten.
Ebenfalls 1955 begann die grundlegende Modernisierung aller Lindner-Triebwagen des Baujahres 1930. Diese Triebwagen erhielten neue Stirnfronten, Fahrersitze und eine komplette neue elektrische Ausrüstung. Eingebaut wurden Einheitsmotoren EM60/600, Fahrschalter VNFB 3.85, neue Überstromausschalter, Dachwiderstände und Fahrgastraumleuchten mit Leuchtstoffröhren. Die ersten beiden Triebwagen, Nr. 76 und 77, blieben Zweirichtungswagen, alle übrigen wurden zu Einrichtungswagen umgebaut. 1957 wurden die 1949 gelieferten Umbau-Beiwagen aus der Serie 235^{II} - 242^{II} zum Teil mit Durofol-Einzelsitzen ausgerüstet. Schließlich wurden viele der Triebwagen der Baujahre 1936 bis 1943 seit 1954 im Zuge von Hauptuntersuchungen „aufgemöbelt", sei es durch Einbau neuer Fenster mit abgerundeten Kanten und besserer Abdichtung (u.a. bei Tw. 85, 94 und 101), sei es durch den Austausch verbrauchter Polstersitze gegen neugefertigte oder auch durch den Ersatz von Holzlattenbänken gegen gepolsterte (Tw. 85). Alle seit 1951 durchgeführten Fahrzeugumbauten erfolgten mit zwei Ausnahmen (Tw. 71 und 72) in den eigenen Werkstätten der EVB. Die Handwerker des Betriebes trugen mit ihrem Können entscheidend zur Gesundung des Wagenparks bei.
Trotzdem reichte der vorhandene Wagenpark nicht mehr aus, denn der Verkehrsbedarf hatte sich spürbar erhöht, so daß die Bereitstellung weiterer neuer Fahrzeuge dringend erforderlich wurde. Jetzt bewährte sich die Mitte der 30er Jahre begonnene Zusammenarbeit mit der Gothaer Waggonfabrik erneut. Seit Anfang 1956 entwickelte der VEB Waggonbau Gotha einen neuen zweiachsigenStraßenbahnwagen, der zum zukünftigen DDR-Einheitstyp avancieren sollte. Chefkonstrukteur Herms, Dipl.-Ing. Klockows Schüler (jener hatte ab 1936 die Wagen für Erfurt entworfen) und seit 1945 dessen Nachfolger im Gothaer Werk, setzte bei der Entwicklung der neuen Trieb- und Beiwagen bezüglich der konstruktiven Details voll auf die Erfahrung der Erfurter Fachleute. Am 9.3. und 18.4.1956 wand sich Herms wegen des Radstandes und der Ausführung der Fahrerkabine an die Direktion der EVB. Die Stellungnahme der EVB beinhaltete: Radstand 3.200 mm und geschlossene Fahrerkabine. Die Gothaer Konstrukteure folgten dieser Empfehlung. Auch andere Details des neuen Typs entstanden in ihrer endgültigen Form nach den Ratschlägen der Fachleute aus Erfurt.
Selbstverständlich bestellten die EVB den neuentwickelten Wagentyp, jedoch im Gegensatz zur allgemein vorgesehenen Ausfüh- rung als Einrichtungswagen und mit der Platzanordnung 1 + 1. Diese Sonderausführung des Typs T 57 erhielt die Bezeichnung *Erfurt 57* und entstand nach einem eigenen Zeichnungssatz. Im Herbst 1957 trafen zunächst vier derartige Triebwagen in Erfurt ein. Es waren formschöne Fahrzeuge, gemäß dem damaligen Zeitgeschmack mit reichlich Aluminiumzierleisten versehen. Die geschweißten Ganzstahlwagen besaßen Einheitsmotoren EM 60/600 und Fahrschalter StNFB 1 mit 18 Fahr- und 13 Bremsstufen. Die Triebwagen erhielten die Betriebsnummern 121 bis 124 und wurden auf der Linie 3 (Krankenhaus - Käthe-Kollwitz-Str.) eingesetzt. Mit ihnen hielt eine neue Farbgebung in Erfurt Einzug: Elfenbein mit blauen Absetzstreifen. Alle vorhandenen Wagen wurden ab 1958 auf die neue Farbgestaltung, die bis 1969

Umzug anläßlich des 75-jährigen Jubiläums der Erfurter Straßenbahn 1958 am Hirschgarten. Ein alter Pferdebahnwagenkasten wurde als „Pferdebahnwagen Nr.1“ auf ein Straßenfuhrwerk gesetzt.
Foto: EVAG

Bestand hatte, umlackiert. Die neuen Triebwagen wurden mit den Einrichtungsbeiwagen der Baujahre 1952 bis 1957 (232 bis 234 und 257 bis 262) gekuppelt. Vor ihrer Inbetriebnahme wurden bei ihnen die vorderen Aluminiumstoßstangen entfernt und durch solche aus Stahl ersetzt sowie Kletterpuffer angebracht. Da die Wagen ohne die dazugehörigen Stromabnehmer in Erfurt eintrafen (Ursache: Fehlplanung beim Zulieferer LEW Hennigsdorf), wäre ihr sofortiger Einsatz um ein Haar gescheitert. Doch die EVB wußten Rat: allen 4 Triebwagen wurden AEG-Stromabnehmer der Bauform 1938 aufgebaut. Erst nach 1960 tauschte man diese Stromabnehmer gegen Einheitsstromabnehmer vom Typ ESS 48. Die neuen Triebwagen erfreuten sich eines regen Zuspruchs bei den Fahrgästen, konnten sie doch 90 Fahrgäste aufnehmen. Auch die Schaffner empfanden den eingebauten Sitzplatz als Arbeitserleichterung. Die eingebaute elektrische Türschließeinrichtung verhinderte wirkungsvoll das leidige Auf- und Abspringen, das in der Vergangenheit zu schwersten, auch tödlichen Unfällen geführt hatte. Im Sommer 1958 trafen weitere 6 Triebwagen gleichen Typs in Erfurt ein. Als Nr. 125 bis 130 in Dienst gestellt, wiesen sie nur geringe Änderungen gegenüber der ersten Lieferserie auf. Dazu gehörten die Einheitsstromabnehmer und die Sprechanlage für die Fahrgastinformation. Die zuerst gelieferten Triebwagen 121 bis 124 erhielten diese Anlage nachträglich. Auch diese Triebwagen gelangten auf die Linie 3. So standen für 10 moderne Triebwagen nur 9 Mitteleinstiegsbeiwagen zur Verfügung, das war aber zunächst kein Problem, da auf der Linie 3 in der Regel 8 Züge verkehrten. Eine Woche lang fuhr 1958 der Triebwagen Nr. 121 mit dem Umbauanhänger Nr. 238 von 1949.
Im Interesse eines besseren Verkehrsablaufs wurde 1958 die Haltestelle Webergasse der Linie 3, unmittelbar vor dem Domplatz gelegen, aufgelassen. Bereits Jahre zuvor, 1951, war aus gleichen Gründen die Haltestelle Bahnhofstraße verschwunden. Auch später gab es einige Haltestellenaufhebungen und Haltestellenzusammenlegungen, doch blieben die für Erfurt typischen kurzen Haltestellenabstände im wesentlichen erhalten. 1958 wurde die Endstelle *Krankenhaus* der Linie 3 in *Kliniken der Medizinischen Akademie* umbenannt, gleichlaufend mit der Neubenennung der nahegelegenen medizinischen Einrichtung. Das 75jährige Jubiläum der Erfurter Straßenbahn am 13. Mai 1958 wurde festlich begangen. Alle Fahrzeuge waren mit Girlanden geschmückt und trugen an der vorderen Stirnwand eine silberfarbene Plakette mit der Aufschrift *75 Jahre Erfurter Straßenbahn*. Zum Jubiläum ließ sich der Betrieb etwas Besonderes einfallen: Ein noch vorhandener Pferdebahnwagenkasten wurde auf das Untergestell eines Straßenfuhrwerkes gesetzt. Im neuem Glanz und mit der fiktiven Nr. 1 versehen, zockelte das Gefährt, von zwei kräftigen Pferden gezogen, im Mai 1958 durch Erfurts Straßen. Später diente der Wagen noch öfter zu Sonderfahrten, u.a. bei den traditionellen Faschingsumzügen, bis er Mitte der 60er Jahre abgewrackt wurde.
Rückblickend dürfen die 50er Jahre als Höhepunkt in der Entwicklung der Erfurter Straßenbahn betrachtet werden, vor allem deshalb, weil es gelungen war, die Grundlage für einen modernen Nahverkehr zu schaffen. Auch bezüglich Wartung und Pflege des Wagenparks nahmen die EVB in der DDR eine einsame Spitzenstellung ein. Fast tägliche Wagenwäsche gehörte zum Standard, und die stets sauberen Fahrzeuge waren eines der Aushängeschilder des Betriebes. Auch die Fahrzeuglackierungen erfolgten damals wesentlich öfter, als in den 70er und 80er Jahren, und wurden sorgfältiger als anderswo, geradezu liebevoll, ausgeführt: Jede einzelne Fensterabdichtung wurde vor dem Farbspritzen mit Haftband abgeklebt, so daß am Ende der schwarze Farbton der Gummis klar zu Tage trat. Ebenso verfuhr man mit den Aluminiumzierleisten. Besonders stolz war man in Erfurt auf den hellgrauen Anstrich der Wagendächer, der einen hohen Aufwand bei der Erhaltung und der Neulackierung erforderte.

Gelenkwagen aus Gotha

Mit den 10 Neubautriebwagen der Baujahre 1957 und 1958 hatte die grundlegende Erneuerung des Wagenparks bei den EVB begonnen. Man suchte jedoch nach Fahrzeugen mit noch höherem Fassungsvermögen, die bei gleichem oder gar geringerem Personalaufwand zur weiteren Steigerung der Beförderungsleistungen beitragen konnten. Deshalb entstand bereist 1958 die Idee, im VEB Waggonbau Gotha einen Gelenktriebwagen für etwa 180 Personen konstruieren zu lassen. Dieser Wagentyp sollte zwei Endwagen und ein schwebendes Mittelteil erhalten und unter Verwendung der Triebwagen- und Beiwagenkonstruktionen vom Typ T 57 E bzw. B

Gelenktriebwagen 152 des Baujahrs 1961 am Stadtpark mit dem iga-Logo

Am Anger zeigt der Gelektriebwagen 183 mit einem Reko-Beiwagen seine türlose Seite, 1981.

57 E entstehen. Die Konstruktionsarbeiten wurden recht schnell durchgeführt; der erste Entwurf entstand im Januar 1959, der zweite im März 1959, und im Frühsommer des gleichen Jahres lag der komplette Zeichnungssatz vor. Der fertige Wagen traf im September 1959 in Erfurt ein, wurde hier montiert und am 30.09. bzw. 5.10. der Öffentlichkeit am Hauptbahnhof bzw. am Anger vorgestellt. Am 7. Oktober 1959 fuhr der neue Wagen, der die Betriebsnummer 151 erhalten hatte, erstmals im öffentlichen Verkehr auf der Linie 3. Der Gelenkwagen besaß einige bemerkenswerte Neuerungen, wie Unterflurfahrschalter, elektrisch betätigte Falttüren, Fahrgastrufanlage und zwei Sprechanlagen - je eine in der Fahrerkabine und am Schaffnerplatz. Die Endwagen waren mit dem Mittelteil durch Gummiringfedern verbunden. Nach mehrmonatiger Erprobung wurde der Gelenktriebwagen Nr. 151 auf der Leipziger Frühjahrsmesse 1960 gezeigt und kehrte dann nach Erfurt zurück. Da sich die Grundkonzeption bewährt hatte, wurden von 1961 bis 1967 weitere 39 Gelenkwagen beschafft, im Details von Serie zu Serie verändert und verbessert. Der Prototyp war über 22 Jahre bei den EVB im Einsatz; im August 1982 fiel er einer Brandstiftung zum Opfer.

Im Herbst 1960 beschafften die EVB zwei weitere Einrichtungstriebwagen vom Typ T2-60, eine Weiterentwicklung des Typs T57 E bzw. Erfurt 57, und 7 dazu passende Beiwagen. Die Triebwagen wurden als Nr. 131 und 132, die Beiwagen als Nr. 263 bis 269 eingereiht. Diese Fahrzeuge besaßen, erstmals in Erfurt, die Scharfenbergkupplung. Für den Einsatz mit den neuen Beiwagen wurden die Triebwagen der Baujahre 1957 und 1958 mit der Schaku nachgerüstet, bis auf die Tw. 127, 128 und 129, die zunächst Albertkupplung behielten. Die neuen Trieb- und Beiwagen wurden wiederum auf der Linie 3 eingesetzt. Im Frühjahr 1961 folgten zwei weitere Gelenktriebwagen mit den Nummern 152 und 153. Sie unterschieden sich vom Wagen 151 nur geringfügig. Auch sie erlebten ihre ersten Einsätze auf der Linie 3.

Neben der Erneuerung des Wagenparks und dem zunehmenden Einsatz von Dreiwagenzügen (zunächst auf Linie 1E, gelegentlich

auch auf Linie 1) rückte in den 50er Jahren auch die Erweiterung des Streckennetzes wieder in den Blickpunkt. Im Jahre 1961 sollte in Erfurt die Internationale Gartenbauausstellung (iga) auf dem Gelände der Cyriaksburg ihre Pforten öffneten. Um das über 50 ha große (heute: 90 ha) Ausstellungsgelände zu erschließen, wurde eine 1,4 km lange zweigleisige Straßenbahnstrecke von der ehemaligen Endstelle der Linie 2 bzw. 5E zum neuen Haupteingang der iga angelegt. Die Strecke verlief durchgängig auf besonderem Bahnkörper. Für den Oberbau wurden erstmalig Betonschwellen verwendet. Die Fahrleitung wurde, ebenfalls neu für Erfurt, als selbsttätig nachspannende Fahrleitung mit Beiseilaufhängung errichtete. Im Oktober 1960 wurde die fertiggestellte Strecke erstmalig befahren; die Einweihungsfahrt bestritten die Triebwagen 131, 132 und 121. Von November 1960 bis April 1961 bestand ein Pendelverkehr zwischen Weiche Gothaer Straße und iga - Haupteingang; die Wagen, als Linie 2 ausgeschildert, führten die Richtungsschilder Gothaer Platz - Gartenbauausstellung. Ab 16. April 1961 wurde die Linie 2 mit der Streckenführung Stadtpark - Hbf - Gartenbauausstellung betrieben. Die zweite Endstelle befand sich am Löberwallgraben, die dort errichtete Endschleife führte durch die Richard-Eiling-Str. Die Endstellenbezeichnung an der iga lautete zunächst *Gartenbauausstellung Haupteingang*; erst Mitte der 60er Jahre wurde sie in *iga* verändert.
Ebenfalls 1960 wurde eine weitere Wendeschleife im Zuge der Rudolfstraße und Ludwigstraße (Nähe Gothaer Platz) fertiggestellt. Sie bestand zwei Jahrzehnte und wurde dann im Zuge der Neutrassierung des Streckenteils zur Binderslebener Landstraße abgebaut. Die Wendeschleife Gothaer Platz (Ludwigstraße) diente dazu, den Berufsverkehr von und zu den nahegelegenen Betrieben Funkwerk und Optima Büromaschinenwerk zu verbessern; die Arbeiter und Angestellten konnten nunmehr direkt bis vor das Werktor fahren. Die bis zur Schleife Ludwigstraße fahrenden Einsatzzüge waren als Linie 5E (Stadtpark - Hbf - Gothaer Platz) ausgeschildert. Daneben fuhren gelegentlich Züge auf der Strecke Stadtpark - Hbf - Hauptfriedhof, ebenfalls als Linie 5E. Mit Einführung der Linie 5E befuhren erstmals aus Trieb- und Beiwagen gebildete Züge Streckenabschnitte der Linie 5, die bisher ausschließlich von Solotriebwagen bedient worden war. Gleiches galt auch für die Linie 2 - die alte, bis 1954 bestehende Linie verkehrte mit Solotriebwagen, die „neue" 2 ab 1961 mit Trieb- und Beiwagen oder mit Gelenkwagen. Neben den Linien 1E und 5E fuhren seit 1961 auch die Verstärkungslinien 3E (Kliniken der Medizinischen Akademie - Stadtpark) und 4E (Stadtpark - Breitscheidstr.).
Aus Prestigegründen wurden für die Zeit der *iga*, also April bis Oktober 1961, fast alle Neubauwagen von der Linie 3 abgezogen und auf der Linie 2 eingesetzt. Die Linie 3 mußte für diese Zeit mit Triebwagen des Baujahrs 1943 und Beiwagen des Baujahrs 1942 vorliebnehmen. Da auf den relativ steilen Strecken zum Hauptfriedhof und zur iga nur Züge, bei denen die Wagen eine Schienenbremse besaßen, verkehren durften, andererseits aber ein Teil der vorhandenen Fahrzeuge noch nicht darüber verfügte, wurden Wagen mit Schienenbremse besonders gekennzeichnet: Sie erhielten einen schwarzen Strich unter der Wagennummer an der Stirnfront. Ab 1963 verzichtete man wieder auf diese Markierung. Im Juni 1961 wurden erneut zwei Triebwagen und 5 Beiwagen aus dem Waggonbau Gotha angeliefert - Tw. 133/134 und Bw. 270 - 274. Sie entsprachen dem Typ T 2-61 bzw. B 2-61. Sie wurden sofort auf Linie 2 eingesetzt, nach Abschluß der iga auf der Linie 3. Alle während der iga auf der Linie 2 fahrenden Fahrzeuge trugen übrigens die iga-Blume, das offizielle Signet der Gartenbauausstellung, in den seitlichen Liniennummernkästen; die Triebwagen führten dieses Symbol an der Stirnfront. Zu erwähnen ist noch, daß bereits 1960 ein Nachtverkehr mit schaffnerlosen Solotriebwagen eingeführt wurde. Der Fahrer kassierte gleichzeitig das Fahrgeld. Der Fahrpreis für die Benutzung der Nachtwagen, die alle 50 Minuten verkehrten, betrug 20 Pf.
Anfang der 60er Jahre tauchten Vorstellungen für weitere Streckenverlängerungen undÄveränderungen auf. 1958 war im Norden der Stadt, auf dem Gelände des Roten Berges, eine Zooschau entstanden, die sich inzwischen zum Thüringer Zoopark gewandelt hatte. Man erwog angesichts des zu erwartenden Besucherandrangs, die Linie 1 bis zum Roten Berg zu verlängern, also die alten Pläne aus den 30er Jahren zu verwirklichen. Möglich gewesen wäre dies nur bei einer niveaufreien Kreuzung von Straßenbahn und Eisenbahn am Bahnhof Erfurt-Nord, denn die gültige Fassung der BOStrab ließ niveaugleiche Kreuzungen nicht mehr zu. Trotz verschiedener Studien, die vorlagen, kam es jedoch nicht zur Ausführung; die Verlängerung zum Roten Berg erfolgte erst 1992. Ebenfalls Anfang der 60er Jahre war beabsichtigt, zur Entlastung des Nadelörs in der Domstraße im Zuge der Linie 5 eine zweiseitige Domumfahrung zu schaffen. Ein Gleis sollte in der Domstraße verbleiben, das zweite zwischen Mainzerhofplatz und Peterstr. zum Domplatz führen. Doch dieses Projekt wurde nicht verwirklicht. Um die Aufzählung

Erste Fahrt zur neuen Endhaltestelle Gartenbauausstellung der Linie 2 im Oktober 1960 mit den drei Triebwagen 131, 132 und 121.
Foto Meier (EVAG)

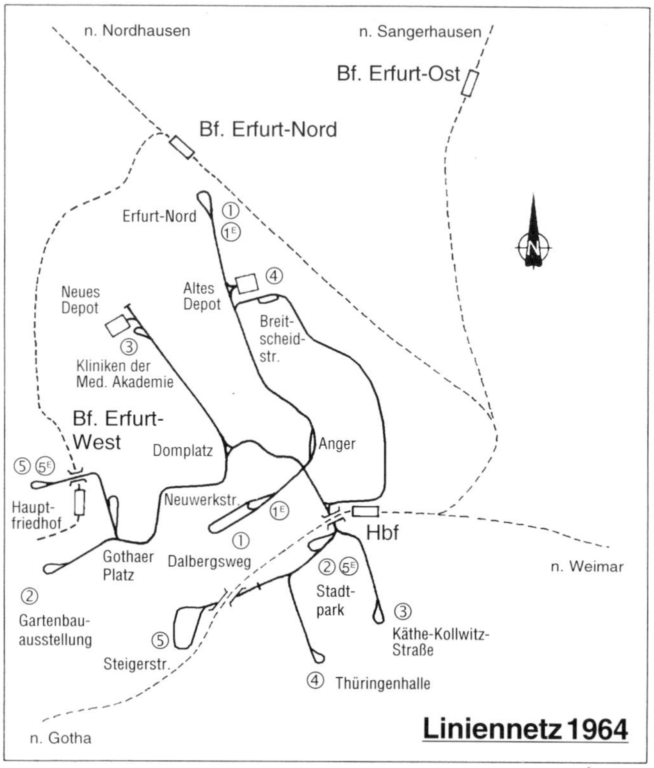

nicht verwirklichter Vorhaben aus den 60er Jahren abzuschließen, sei noch vermerkt, daß 1965/66 geplant war, die Zufahrt zum Alten Depot in Verbindung mit der Erweiterung der Abstellflächen zu verändern und durch die Friedrich-Engels-Straße zu führen. Auch dieses Projekt wurde zu den Akten gelegt. Im Jahre 1961 erfolgte übrigens ein Wechsel in der Leitung der Erfurter Verkehrsbetriebe. Dipl.-Ing. Brux hatte die DDR verlassen. Neuer Betriebsdirektor wurde Dilomingenieur-Ökonom Alfred Kreuße. Er war vorher jahrelang bei den LVB in Leipzig als Bereichsdirektor, eine Zeitlang auch als Betriebsdirektor, tätig gewesen. In Alfred Kraußes Wirkenszeit bei den Erfurter Verkehrsbetriebe, die bis 1980 währte, fallen solche Marksteine, wie die Einführung moderner Fahrgastabfertigungssystem (Z- und OS-Betrieb), die Beendigung der Wagenparkerneuerung und schließlich die allmähliche Ablösung der Wagen Gothaer Bauart durch solche vom Typ Tatra KT4D. Diese Zeitspanne war aber auch von einer Anzahl fragwürdiger Schritte geprägt, so der Einstellung der Linie 4 im Jahre 1973, der Aufgabe des Obus-Betriebes 1975 und der 1978 erfolgten Liniennetzentflechtung der Straßenbahn. Diese Fehler jedoch Direktor Krauße oder gar den Fachleuten der EVB insgesamt anzulasten, wäre verkehrt. Vielmehr gingen sie auf praxis- und bürgerferne Entscheidungen des Rates der Stadt zurück. In den Jahren 1962 und 1963 führten die EVB die Fahrzeugbeschaffung weiter; 1962 erhielt der Betrieb 7 Gelenktriebwagen (154 - 160), 1963 kamen 8 weitere hinzu (161 - 168). Die Lieferung von 1962 wurde auf der Linie 3 eingesetzt, die von 1963 auf der Linie 4. Mit Zuführung dieser Fahrzeuge wurde der bereits 1952 kurzzeitig erprobte Fahrgastfluß wieder eingeführt und bis zur Einführung des OS-Systems 1966 beibehalten.

Im Jahre 1963 begannen die EVB mit der Verwirklichung der bereits seit 1948 bestehenden Absicht, die südlichen Streckenäste der Linien 1 und 5 mit Endschleifen zu versehen. Zuerst wurde die Schleife für die Linie 5 an der Steigerstraße errichtet. Um Baufreiheit für diese Schleife zu schaffen, wurde die Kuppelendstelle der Linie 1 in der Hochheimer Str. um etwa 100 m in Richtung Pförtchenbrücke zurückgezogen. Im

Liniennetz 1964

Linie	Linienweg	Länge
1	Dalbergsweg - Anger - Erfurt - Nord	4,4 km
2	Stadtpark - Hauptbahnhof - iga	4,8 km
3	Kliniken d. Med. Akad. - Käthe-Kollwitz-Str.	5,1 km
4	Breitscheidstraße - Thüringenhalle	4,7 km
5	Hauptfriedhof - Steigerstr.	6,5 km

Frühjahr 1964 war auch die Wendeschleife der Linie 1 fertiggestellt; diese Linie endete jedoch nunmehr am Dalbergsweg, war also gut 700 m kürzer als vordem. So existierten nun an allen Endstellen Wendeschleifen, und die noch bestehenden Ausweichen auf den Strecken wurden nach und nach ausgebaut. Das betraf die Zwischenweichen am Hbf (sowohl in der Bahnunterführung als auch gegenüber dem Reichsbahnamt), am Domplatz, am Anger vor dem Warenhaus und an der Thomaskirche. Mit Stand 1964 bestanden die Linien wie in der oben aufgeführten Tabelle.

Dazu kamen im Berufsverkehr die Verstärkungslinien 1E, 3E, 4E und 5E. Anfang der 60er Jahre wurde die Freiabstellanlage für Einsatzwagen am Domplatz abgebaut, da sie nicht mehr benötigt wurde. Nach Einweihung der Wendeschleife der Linie 5 an der Steigerstraße im Sommer 1963 wurden die bisher auf Linie 3 fahrenden Gelenktriebwagen auf der Linie 5 eingesetzt; die Linie 3 verkehrte für einige Zeit wieder in der Zugbildung Triebwagen und Beiwagen. Im Jahre 1964 wurden von dem EVB erstmals Zeitkarten ausgegeben und damit ein neues Abfertigungssystem eingeführt. Es gab Zeitkarten für eine Linie (Preis 7 Mark), zwei Linien (Preis 10 Mark) und das gesamte Netz (Preis 14 Mark); die Preise für Ermäßigungsberechtigte betrugen entsprechend 3,50 Mark, 6 Mark und 8 Mark. Zugleich gelangten 5-Fahrten-Abrißkarten für 60 Pf. (Erwachsene) bzw. 40 Pf. (Kinder, Schüler, Studenten, Invaliden) in den Verkauf. Dieses Tarifangebot blieb im Grunde bis Anfang 1991 bestehen, wenn sich auch im Laufe der Zeit Form, Farbe und Ausführung der Fahrausweise veränderten. Eine Zeitlang gab es für Monatskarteninhaber beispielsweise Wertmarken, die auf einen mit Lichtbild versehenen Ausweis aufgeklebt werden mußten. Mit Einführung des Z-Systems 1964 waren die Triebwagen nur noch den Inhabern von Monatskarten und Abrißkarten vorbehalten; barzahlende Gäste mußten den Beiwagen, bei Gelenkzügen den hinteren Wagenteil, benutzen. Schaffner gab es nur noch in den Anhängern bzw. Nachläufern der Gelenkzüge. Abrisse von Sammelkarten konnten in einem an der Rückwand der Fahrerkabine befindlichen Behälter eingeworfen werden. Fahrgastfluß bestand nunmehr bei allen Fahrzeugen; bei Triebwagen wurde vorn ein- und hinten ausgestiegen. Bei Gelenkwagen diente nur die Mitteltür zum Ausstieg. Die Triebwagen führten an der vorderen Stirnfront ein schwarzes Z auf weißem Grund. Bereits 1966 wurde das Z-System zum OS-System vervollkommnet: Die Schaffner entfielen nunmehr ganz, Fahrgeld oder Sammelkartenabschnitte mußten in im Wagen angebrachte Zahlboxen eingeworfen und diesen ein Rollenfahrschein entnommen werden. Die Wagen führten nunmehr ein Schild mit der Aufschrift *OS* (= Ohne Schaffner) sowie weitere Hinweisschilder mit dem Text *Ohne Schaffner - mit Zahlbox.* Mit Einführung des OS-Systems entfiel der Fahrgastfluß wieder. Z- und OS-System brachten übrigens den Wegfall der bisher bestehenden Umsteigeberechtigung; mit einem Sammelkartenabschnitt konnte nur eine Linie benutzt werden, beim Wechsel auf eine andere Linie war erneut ein Fahrkartenabschnitt in den Behälter bzw. die Zahlbox einzuwerfen. Das betraf selbstverständlich nicht die Inhaber von Monatskarten für 2 Linien oder das gesamte Netz, so daß immer mehr Erfurter schließlich diese vorteilhaften Fahrausweise kauften. Die Umstellung auf den Z- und dann auf den OS-Betrieb brachte die Nachrüstung aller Fahrzuge mit den erforderlichen optischen und akustischen Signalanlagen mit sich. Die Wagen

erhielten, soweit nicht bereits ab Werk damit ausgerüstet, elektrische Klingeln bzw. Summer als Notsignal und orangerote Warnleuchten über den Türen, die zusammen mit dem Abfahrtssignal in Tätigkeit traten. Die Fahrzeuge Bauart Gotha ab Baujahr 1957 erhielten zudem zusätzliche Notbremstaster, die vom Fahrgastraum aus betätigt werden konnten.
Sicherlich, das OS-System setzte Schaffner frei und ermöglichte den Einsatz dieser Arbeitskräfte in anderen Bereichen, brachte dem Betrieb aber erhebliche Verluste, da mancher Fahrgast der Zahlbox den Rollenfahrschein entnahm, ohne zu bezahlen, oder statt des Fahrgeldes bzw. Sammelkartenabschnitts wertlose Genstände, wie Knöpfe oder ungültige Münzen, einwarf. Trotz aller Schwächen behielt man das OS-System bis zum Herbst 1974 bei. Seit Beginn der 60er Jahre wurden verstärkt ältere Fahrzeuge ausgemustert und verschrottet oder in andere Städte abgegeben, das betraf zunächst die Lindner-Beiwagen der Baujahre 1930 und 1933, dann aber auch die Standardtriebwagen der Baujahre ab 1936. Im Jahre 1963 wurde ein kompletter Zug, Tw. 100 und Bw. 248, an die Thüringerwaldbahn Gotha verliehen, wo er als Verstärkungszug verkehrte. Nach wenigen Monaten kehrten die Wagen nach Erfurt zurück. 1964, 1965 und 1967 nahmen die EVB weitere Serien von Gelenktriebwagen in Betrieb, die werksseitig bereits mit den Warnanlagen für den Z- bzw. OS-Verkehr ausgerüstet waren. Diese Gelenkwagen erhielten die Nummern 169 bis 177, 178 bis 184 und 185 bis 190. Letztere besaßen keinen Schaffnerplatz mehr, dagegen die Scharfenbergkupplung, um sie mit Beiwagen kuppeln zu können.
Obgleich die Gelenkzüge vom Typ G 4 der Bauart Gotha den Wagenpark beträchtlich verjüngt hatten, gab es mit diesen Wagen zum Teil große Schwierigkeiten. Ein ständiges Ärgernis waren die undichten Faltenbälge, die außerdem nach kurzer Einsatzdauer zum Absenken neigten. Eine Zeitlang wurden auf den Wagendächern Haltestreben angebracht, in die die Oberteile der Bälge mittels Ösen eingehangen wurden. So sollte weiters Absinken der Balgteile vermieden und einem Reißen vorgebeugt werden. Gerissene Bälge flickte man; in späteren Jahren wurden sie komplett gegen neue getauscht. Die Notwendigkeit, ständig Ersatzbälge vorzuhalten, verteuerte natürlich die Unterhaltung der Wagen. Im Jahre 1967 beschafften die EVB eine weitere Serie von Beiwagen, diesmal vom Typ B 2-62, Ausführung 1965. Sie erhielten die Wagennummern 274^{II} und 275 bis 279. Mit diesen Beiwagen wurden zunächst die auf der Linie 1 eingesetzten Gelenktriebwagen gekuppelt. Das Fassungsvermögen eines aus Gelenktriebwagen und Zweiachsbeiwagen bestehenden Zuges betrug 270 Fahrgäste gegenüber 180 bei einem Zug aus Triebwagen und Beiwagen oder einem Gelenktriebwagen ohne Anhänger.
1968 erhielten die EVB insgesamt 6 Triebwagen und 2 Beiwagen, die die Nummern 134^{II}, 135 bis 139 (Triebwagen) sowie 280 und 281 erhielten. Bei diesen Wagen handelte es sich um in der Tschechoslowakei hergestellte Nachbauten der Einheitswagen Bauart Gotha. Diese Fahrzeuge wurden zunächst auf den Linien 1 und 4 eingesetzt, in den 70er Jahren dann auf Linie 3. Im Jahre 1969 erhielten die EVB nochmals drei Beiwagen aus dem VEB Waggonbau Gotha. Diese Beiwagen entstammten einer Serie meterspuriger Fahrzeuge, die im Gothaer Werk zwei Jahre nach dem offiziellen Produktionsstopp nochmals aufgelegt wurde, weil dringender Bedarf bestand. Die drei Fahrzeuge für die EVB wurden auf Lücke ausgemusterter dreitüriger Einrichtungsbeiwagen genummert und als Bw. 232^{II}, 234^{II} und 259^{II} eingereiht. Mit diesen drei Beiwagen endete die Neubeschaffung zweiachsiger Wagen der Bauart Gotha durch die EVB. Zwar gelangten im Zeitraum von 1972 bis 1975 nochmals 2 Triebwagen und 4 Beiwagen der CKD-Lizenzproduktion nach Erfurt, eingereiht als Tw. 140 und 141 sowie Bw. 282, 296, 257^{III} und 258^{III}, doch wurden diese Wagen gebraucht von den Verkehrsbetrieben Halle erworben. Vor ihrem Einsatz in Erfurt mußten diese Wagen einer gründlichen Aufarbeitung unterzogen werden, da sie in erbärmlich verrottetem Zustand in die Blumenstadt gelangt waren.
Den ersten speziellen Fahrschulwagen erhielten die EVB 1969. Das Fahrzeug, ein fast neuer T2D-Triebwagen (tschechischer Nachbau der Gotha-Wagen), wurde von den Vertriebsbetrieben Halle für die EVB hergerichtet. Da im Umbauzustand alle wichtigen Bedienungseinrichtungen doppelt vorhanden waren und ein Störungssimulator zur Verfügung stand, konnte mit diesem Triebwagen, dem Atw 10, die Ausbildung der zukünftigen Wagenführer wesentlich verbessert werden. Das Jahr 1969 brachte einen Wechsel in der Farbgestaltung der Wagen: die bisherige blaue Zierbinde wich einer roten. Dem damaligen Erfurter Oberbürgermeister, Heinz Scheinpflug, gefiel die blaue Farbe nicht - er bestand auf Rot. Also verließ am 7. Oktober 1969 der erste Triebwagen in der neuen Farbgebung, der Gelenktriebwagen 185, gekuppelt mit dem Beiwagen 232^{II}, der ebenfalls

Verlegen von Großverbundplatten mittels Portalkran in der Schillerstr. im Jahre 1982. Foto: Unruh

eine rote Bauchbinde erhalten hatte, das Depot. Immerhin wollte man zum 20. Jahrestag der DDR etwas bieten, und wenn es auch nur die geänderte Farbgestaltung war. Daneben tauchte ein neues Wagensignet auf, das bis Ende 1990 Gültigkeit behielt: Das Wappenschild war nunmehr in eckiger Form ausgeführt und trug am Kopf die drei Buchstaben *EVB*.
Mitte bis Ende der 60er Jahre erfolgten umfangreiche Gleisbauarbeiten im gesamten Netz. In der Nordhäuser Str., Bahnhofstr., Leninstr. (Johannesstr.) und Marktstr., später auch an anderen Stellen, erfolgte der Fahrbahnanschluß nicht mehr durch Pflasterung, sondern mittels Betonplatten, die zwischen und neben den Schienen eingelassen wurden. Dem Ausheben der alten Gleise samt Pflaster diente ein von den EVB selbstentwickeltes Gleishebegerät. Die Betonplatten verlegte man mit einem selbstfahrenden Kran; die Fugen zwischen den Platten wurden mit Bitumen abgedichtet. Gleichlaufend mit der Erneuerung des Oberbaus am Anger und in der Leninstraße wurde die Gleisführung an der Kaufmannskirche verändert. Verlief vorher das Gleis in Richtung Dalbergsweg westlich, das Gleis Richtung Erfurt-Nord aber östlich dieses Meisterwerkes gotischer Baukunst, so liefen nunmehr beide Gleise östlich der Kirche entlang. Der Fahrbahnschluß mit Betonplatten bewährte sich kaum; diese relativ kleinen Platten zeigten bald Absenkungen und Anrisse und neigten zum Zerbrechen, so daß man ab 1972 Abhilfe in der Anwendung der Großverbundplatten - in Beton eingegossene Gleisjoche - suchte.
Ende der 60er Jahre begann in der Blumenstadt ein umfangreiches Neuprogramm für Wohnungen. War es noch möglich, das Neubauviertel am Johannesplatz mittels einer zusätzlichen Stadtomnibuslinie an das städtische Verkehrsnetz anzuschließen, so war dies bei den folgenden Neubaugebieten nicht mehr der Fall. Hier konnte nur eine Erschließung durch die Straßenbahn über kurz oder lang die Verkehrsbedürfnisse abdecken. Die Einwohnerzahl Erfurts überstieg in den 70er Jahren die Zahl von 200.000, wurde 1988 mit 218.00 beziffert und erreichte 1989 mit 220.000 Einwohnern ihre Höchstzahl.

Raw Schöneweide liefert Rekowagen

Die umfangreichen Neubauvorhaben und die geplante Errichtung neuer Produktionsstätten für Erzeugnisse der Elektronik im Südosten der Stadt hatten für die Entwicklung der Straßenbahn weitreichende Konsequenzen, sowohl in der Gestaltung des Liniennetzes, der Planung und Ausführung von Streckenverlängerungen, als auch hinsichtlich der zukünftigen Ablösung der bisher eingesetzten Wagen durch einen völlig neuen Fahrzeugtyp. So kam es in den 70er und 80er Jahren zu den bisher umfangreichsten Veränderungen seit dem Bestehen der Erfurter Straßenbahn. Bis ein neuer Fahrzeugtyp zur Verfügung stand, mußte jedoch der bisherige Wagenpark noch für eine Anzahl von Jahren betriebstüchtig gehalten werden. 1971 beginnend, wurden fast alle Trieb- und Beiwagen Gothaer Bauart aus den Baujahren 1957 bis 1961 einer Generalreparatur unterzogen. Diese Arbeiten wurden im Reichsbahnausbesserungswerk Berlin-Schöneweide ausgeführt. Anläßlich der Überholung wurden die Fahrzeuge von Sitzplatzanordnung 1 + 1 auf 2 + 1 umgerüstet, also die Sitzplatzzahl zu Lasten der Stehplätze erhöht. Wesentliche Großteile der Wagen wurden erneuert, so daß sie nach der Rückkehr aus dem Raw wie neu wirkten. Allerdings wiesen diese „GR-Wagen" gegenüber dem Ursprungszustand einige primitive Änderungen auf: Taster und Fangnetz, erst in den 60er Jahren nachgerüstet, wichen einfachen Schrägabweisern. Die seitlichen Liniennummernkästen entfielen, eingespart wurde das Führungsrohr für die Stromabnehmerabzugsleine, die Sprechanlage für die Haltestellenansage fiel weg, und die Türantriebe waren vereinfacht, so daß die Türen zwar noch elektrisch geschlossen, aber nur noch manuell geöffnet werden konnten. Die Aufschrift *Tür mit Hand öffnen* wies auf diese Besonderheit hin. Die bei der Generalreparatur ebenfalls wegrationalisierten Scheibenentfroster der Triebwagen, ebenso die fehlenden Kletterpuffer, wurden bei den EVB durch Neuteile ersetzt. Letzter generalreparierter Triebwagen war Tw. 140, Baujahr 1968, der einzige GR-Triebwagen mit Unterflurfahrschalter. Bei einem Frontalzusammenstoß mit Tw. 139 auf dem Anger schwer beschädigt, wurde er schließlich im Raw Schöneweide wiederhergestellt. Bis 1978 fuhr er, mit dem Beiwagen 270 gekuppelt, als „Kinderwagenzug" auf Strecken der Linien 2 und 5. Zu diesem Zweck hatte man aus beiden Wagen einige Sitzplätze entfernt, um mehrere Kinderwagen befördern zu können. In diesem Zusammenhang ist gleich noch ein weiterer Sonderverkehr zu erwähnen, der ebenfalls Anfang der 70er Jahre eingerichtete „Schulgartenwagen". Dieser Sonderzug beförderte Schüler und Lehrer der Erfurter Schulen zum Unterricht im nahe dem Hauptfriedhof befindlichen zentralen Schulgarten. Die Tw 178, 180 und 181 waren des öfteren als Schulgartenwagen eingesetzt. Mit dem Bau von 2 Betriebsberufsschulen auf dem Gelände des ehemaligen Schulgartens Anfang der 80er Jahre entfiel dieser Sonderverkehr; die ehemaligen Bedarfshaltestelle *Schulgarten* wurde zur ständigen Haltestelle *Berufsschulen*.
1971 übernahmen die EVB von den Verkehrsbetrieben Halle vier alte Beiwagen des Baujahrs 1921. Zwei der Wagen wurden in Erfurt sofort verschrottet, die beiden anderen noch bis 1975 als Nr. 246^{II} und 248^{II} auf den Linien 4 und 1E eingesetzt. Einer der beiden Wagen (248^{II}) erhielt wenigstens noch altbrauchbare Polstersitze aus Fahrzeugen der Bauart Gotha, der zweite behielt seine Längsbänke aus Holzlatten. Beliebt waren diese Anhänger nicht; als „Kümmelhütten" oder „Türkenwagen" - in Anspielung an das Hallenser Stadtwappen, welches sie bei Anlieferung noch trugen - waren sie bei Fahrpersonal und Fahrgästen verschrien. Daß die Notwendigkeit bestand, den Beiwagenpark zu vergrößern, um künftig Dreiwagenzüge in genügender Anzahl einsetzen zu können, stand indessen außer Frage. Die Beförderungszahlen beweisen das: 1971 wurden 62,5 Millionen, 1973 59,7 Millionen Fahrgäste mit der Straßenbahn befördert.
Von Februar 1973 bis zum Februar 1976 erhielten die EVB sogenannte Rekonstruktionsbeiwagen, kurz *Rekowagen* genannt, in einer Gesamtzahl von 18 Stück. Sie wurden teilweise auf Lücken ausgemusterter oder umgenummerter Wagen gesetzt, teilweise erhielten sie bisher noch nicht besetzte Nummern. Höchste Wagennummer war die Nr. 299. Gefertigt wurden die Rekobeiwagen im Raw Schöneweide; ihr Vorbild hatten sie in den seit 1959 für Berlin hergestellten Fahrzeugen. Im äußeren Bild waren sie den Gothaer „Einheitswagen" sehr ähnlich, besaßen aber kein Fahrgestell. Das führte zu sehr schlechten Laufeigenschaften. Hinzu kamen die schmalen Türen, die einen zügigen Fahrgastwechsel behinderten. So brachten es diese Beiwagen zu keiner großen Beliebtheit; im Volksmund nannte man sie „Berliner Böcke" oder auch „Knochenbrecher". Immerhin konnten nach Lieferung dieser Wagen auch auf der Linie 3 Dreiwagenzüge verkehren, und das nicht nur zu Verkehrsspitzen, sondern den ganzen Tag über. Modernen Anforderungen an Beförderungsqualität wurden die Rekowagen jedoch nicht gerecht. Keiner dieser Wagen hat ein Dienstalter von mehr als 15 Jahren erreicht. Bis 1988 waren sie aus dem Stadtbild wieder verschwunden.
Wie schon erwähnt, brachten die 70er Jahre erhebliche Veränderungen im bisherigen Liniennetz der Straßenbahn. Eine erste Maßnahme war 1972 die Verlegung der Endschleife der Linie 1 in Erfurt-Nord aus der Roststraße in die Metallstraße. Die Endstelle lag nunmehr unmittelbar am Eisenbahnübergang und in günstiger Nähe zum dort gerade fertiggestellten Fußgängertunnel, der das lästige Warten der Passanten an den Bahnschranken erübrigte.
Äußerst einschneidend und unpopulär war die am 12. Januar 1973 erfolgte Einstellung der Linie 4 zwischen Breitscheidstr. und Hauptbahnhof. Offiziell begründet wurde das mit dem Fortschreiten der Bauarbeiten am Verkehrsknoten Schmidtstedter Brücke und der Errichtung des neuen Brückenbauwerks. Zwar wäre für die Bauzeit die Unterbrechung der Linie 4 notwendig geworden, doch sollte

nach ursprünglichem Projekt diese Linie auch über die neue Brücke führen. Endgültig ausgeführt wurde jedoch eine Variante des Brückenbauwerks und seiner Zusatzanlagen, bei welcher für die Straßenbahn kein Platz mehr blieb. Die Vorschläge zur Erhaltung der Linie 4 und die Proteste der Bevölkerung stießen bei den Verantwortlichen des Rates der Stadt auf taube Ohren. So fuhr die Linie 4 am 12. Januar 1973 um 20.52 Uhr zum letzten Mal auf ihrer traditionellen Route zwischen Breitscheidstr. und Thüringenhalle. Durch die Einstellung der Linie 4 wurde der gesamte östliche Stadtteil Erfurts vom Straßenbahnverkehr abgeschnitten. Zwar wurde nunmehr der stillgelegte Streckenabschnitt durch die Omnibuslinie zum Johannesplatz mehr schlecht als recht mit bedient, doch wurde daraus niemals ein vollwertiger Ersatz für die Straßenbahn. Bei einer den Einwohnern tatsächlich verpflichteten Verkehrsplanung, wie sie in Worten vom Rat der Stadt und seinen nachgeordneten Behörden stets propagiert wurde, wäre es zu dieser unsinnigen Maßnahme nicht gekommen. Gegenwärtig, 21 Jahre später, existieren ernsthafteÜberlegungen des Magistrats und des Erfurter Nahverkehrsbetriebs, den damaligen Fehler zu korrigieren und den Ostteil der Stadt wieder in attraktiver Form an das Nahverkehrsnetz anzuschließen. Mit der Stillegung des Abschnitts Breitscheidstraße - Hauptbahnhof verschwand die Linie 4 für einige Jahre aus dem Stadtbild, denn die Reststrecke Hauptbahnhof - Thüringenhalle wurde mit der Linie 2 verknüpft, und ab 13. Januar 1973 befuhr die „2" die Strecke Thüringenhalle - Hauptbahnhof- iga. Verstärkungszüge, die die Route Stadtpark - Hbf - iga befuhren, verkehrten nun als Linie 2E. Im Mai 1973 wurde in Erfurt eine Neubaustrecke eingeweiht; die Linie 3 wurde von der bisherigen Endstelle an der Medizinischen Akademie zur Hungerbachsiedlung (Pappelstieg) verlängert. Die Verlängerung betrug etwa 800 m. Da jedoch gleichzeitig die Gleisanlage etwas südlich der bisherigen Endstelle erneuert wurden und am Pappelstieg eine Wendeschleife neu errichtet worden war, belief sich die Gesamtlänge neugebauten Gleises auf 1.200 m. Zischen Medizinischer Akademie und Donaustraße wurde die Fahrleitung erneuert, zwischen Donaustraße und Pappelstieg gänzlich neu errichtet. Man griff dabei auf die Beiseilfahrleitung zurück. Die Wendeschleife am Krankenhaus wurde abgebaut, die Züge der Linie 3 nunmehr mit Pappelstieg - Hbf - Käthe-Kollwitz-Straße ausgeschildert. Den Anschluß zum neuerrichteten Wohngebiet Rieth stellte zunächst eine Omnibuslinie her. Im Spätherbst 1974, zum 7. Oktober, wurde jedoch die 2 km lange Neubaustrecke Donaustr. - Straße der Völkerfreundschaft dem Betrieb übergeben, und die Linie 3 befuhr nunmehr die Route Straße der Völkerfreundschaft - Hauptbahnhof - Käthe-Kollwitz-Straße. Zunächst bestand an der Endstelle im Riethviertel ein provisorisches Wendedreieck; die bereits begonnene Wendeschleife wurde erst 1975 fertiggestellt. Seit 1974 existierten damit folgende Linien:

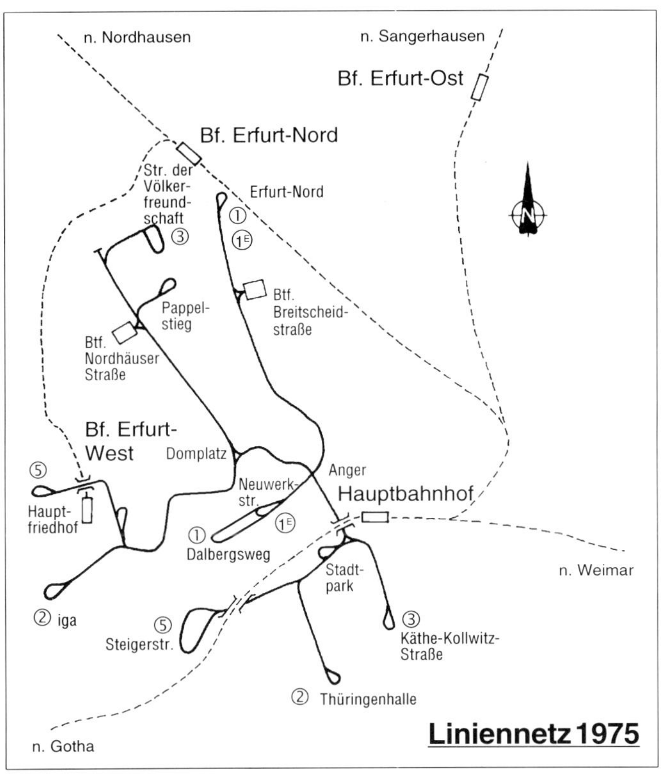

Liniennetz 1975

Liniennetz 1974

Linie	
1	Erfurt-Nord - Anger - Dalbergsweg
2	Thüringenhalle - Hauptbahnhof - iga
3	Straße der Völkerfreundschaft - Käthe-Kollwitz-Str.
5	Hauptfriedhof - Hauptbahnhof - Steigerstr.
Verstärkungslinien	
1E	Erfurt-Nord - Neuwerkstraße
3E	Pappelstieg - Stadtpark
Verstärkungslinien 1975, anläßlich der Gartenbauausstellung,	
2E	iga - Anger - Neuwerkstraße
3E	iga - Straße der Völkerfreundschaft

Trotz aller Bemühungen, den Straßenbahnverkehr zu verbessern war eine Kalamität unübersehbar: Die Reisegeschwindigkeit ging ständig weiter zurück. Von 13,5 km/h (1969) über 13,3 km/h (1970) sank sie schließlich auf 13,0 km/h. Ursache dafür war vor allem die zunehmende Verkehrsdichte in der Innenstadt. Dringende Maßnahmen schienen geboten, um weiteres Absinken der Beförderungsgeschwindigkeit und der Beförderungsleistungen zu verhinderten. Zunächst wurde jedoch ein neues Abfertigungssystem eingeführt - mit Wirkung vom 29. September 1974 lösten Druckentwerter die Zahlboxen ab. Alle Fahrausweise mußten nunmehr im Vorverkauf erworben werden; die Entrichtung von Bargeld gehörte endgültig der Vergangenheit an. Die Umstellung von OS-System auf die Lochentwerter ging relativ reibungslos vonstatten; bereits wochenlang vorher waren in den Fahrzeugen die notwendigen Halterungen für die Entwerter angebracht worden.

Ein Generalverkehrsplan für Erfurt

Im Jahre 1975 verabschiedete der Rat der Stadt einen neuen Generalverkehrsplan. Derartige Dokumente hatte es bereits Ende der 50er/Anfang der 60er Jahre und im Jahre 1970 gegeben. Sie sollten die Entwicklung des Verkehrs in der Stadt in möglichst vielen Einzelheiten für mehrere Jahre festschreiben. Der Generalverkehrsplan von 1975 sah die Straßenbahn als grundlegendes Nahverkehrsmittel für die folgenden 30 Jahre vor. Er sah jedoch nicht die alte, schwerfällige Straßenbahn vor, sondern eine Schnellstraßenbahn mit Reisegeschwindigkeiten von 20 km/h und darüber und einem hohen Anteil von Strecken auf eigenem bzw. besonderem Bahnkörper. Die Instandsetzung des Gleisnetzes in der Innenstadt sollte durch vorrangigen Einbau von Großverbundplatten erfolgen. Man versprach sich hiervon eine durchgreifende Beschleunigung im Gleisbau, eine höhere Tragfähigkeit des Oberbaus und einen ruhigeren Fahrzeuglauf - letzteres ein Trugschluß, wie sich später herausstellte. Neue Sicherungstechnik sollte dazu beitragen, daß der Straßenverkehr ungestört vom übrigen Verkehr ablaufen kann. Der Bebauungsplan der Stadt sah vor, Erfurt von einer konzentrisch in eine linear ausgerichtete Stadt umzuwandeln, d.h. Neubaugebiete vorrangig an der nördlichen und südlichen Peripherie anzusiedeln, einschließlich der zugehörigen Infrastruktur. Die Nord-Süd-Ausdehnung Erfurts sollte von 7 km auf über 12 km anwachsen. Das hatte selbstverständlich Konsequenzen für das Straßenbahnnetz. So sollte das bisherige vermaschte Netz im wesentlichen in ein einfaches Achsenkreuz verwandelt werden. Als Grundlinien waren die Linie 3 (mit einer Verlängerung im Norden bis Gispersleben und einer weiteren im Süden bis Windischholzhausen) mit zwei Zweiglinien (4 und 5) sowie die Linie 1 zwischen Erfurt-Nord - und Hauptfriedhof mit einem Abzweig im Westen (Linie 2) vorgesehen. Damit war ein Liniennetz vorgegeben, wie es in den Folgejahren bis 1990 tatsächlich verwirklicht wurde - abgesehen von geringen Detailabweichungen. So war die spätere Straßenbahnlinie 6 in diesem Entwurf noch nicht enthalten, und der geplante dritte Straßenbahnbetriebshof befand sich an anderer Stelle als später geplant und schließlich verwirklicht. Der 1985 entstandene nächste Generalverkehrsplan, mit großem Brimborium propagiert, sah, wie auch die 1988 entstandene Konzeption „Straßenbahn 2000", nichts grundlegend Neues vor, sondern übernahm die Vorzüge des Planes von 1975, vor allem aber auch dessen Schwächen.

Die Ära der Tatra-KT4D-Wagen

Im Fahrzeugsektor wurde auf die Beschaffung neuer, von CKD Prag zu liefernder Gelenktriebwagen orientiert, mit denen die Beförderungsgeschwindigkeit spürbar erhöht werden sollte. Als Endpunkt der Umstellung auf Tatra-Fahrzeuge wurde 1988 angesehen. Um die neuen Wagen unterbringen und warten zu können, waren neben dem Neubau des Betriebshofes Südost die Umgestaltung der Betriebshöfe Nordhäuser Straße (ehemals *Neues Depot*) und Karl-Marx-Allee (heute Magdeburger Allee, ehemals *Altes Depot* vorgesehen, desgleichen die Schaffung weiterer Freiabstellflächen. Als Voraussetzung für den Einsatz der neuen Wagen, die eine höhere Leistung (4 x 40 = 160 kW) bei Anfahrstromstärken bis zu 600 Ampére besitzen würden, war der Bau neuer Unterwerke geplant, ebenso die Verstärkung der Fahrleitung und der Speisekabel. 1974 wurde zunächst der Betriebshof Nordhäuser Straße umgestaltet. Er erhielt moderne Wartungsgruben für die Fahrzeuge, 1975 auch eine Bürstenwaschanlage. Die Einfahrgleise wurden umgestaltet, und hinter der Wagenhalle entstand eine mehrgleisige Freiabstellfäche, als Gleisharfe ausgebildet. All diese Arbeiten erfolgten bei voll laufendem Betrieb. Im Juli 1975 untersuchten die EVB, wie die künftigen Neubaufahrzeuge mit den engen Kurvenradien, besonders in der Innenstadt, zurechtkommen werden. Zu diesem Zweck rollte der Triebwagen 137, gekuppelt mit zwei ausgeliehenen, durch Stangen und Platten verbundenen Tatra-Drehgestellen, während der nächtlichen Betriebsruhe durch Erfurts Straßen. Die Versuche ergaben, daß nur an wenigen Stellen geringfügige Korrekturen der Gleisradien sowie Versetzungen von Bordsteinen erforderlich waren.
Am sogenannten Stadtparkkopf errichteten die EVB im Juni 1975 eine Gleisverbindung zwischen den Streckengleisen der Linien 3 einerseits sowie 4 und 5 andererseits, um in Havariefällen Möglichkeiten für einen Umleitungsverkehr im Süden der Stadt zu besitzen.
1975 nahm man an einem Teil der vorhandenen Triebwagen Verbesserungen vor; die G 4-Gelenkwagen erhielten neue, gefederte Fahrersitze.
Ab 5. April 1976 trafen bei den EVB 20 Kurzgelenktriebwagen vom Typ KT4D ein. Sie erhielten die Betriebsnummern 401 bis 420. die Wagen 401 bis 418 hatten Sitzanordnungen 1 + 1, die Wagen 419 und 420 2 + 1. Am 1. Mai 1976 wurden die beiden KT4D-Triebwagen 403 und 405 erstmalig auf der Linie 3 eingesetzt. Sie durften zunächst nur zwischen Straße der Völkerfreundschaft und Stadtpark verkehren; auf dem Streckenabschnitt südlich des Hauptbahnhofs waren noch einige Arbeiten an Gleisen und Fahrleitung erforderlich. Wegen der hohen Stromaufnahme erhielten die KT4D Einheitsstromabnehmer mit Doppelschleifstücken. Bereits 1975 war ein G4-Glenkwagen als Erprobungsträger mit einem derartigen Stromabnehmer ausgerüstet worden. Mit den KT4D erschien wieder einmal eine neue Farbgebung in Erfurt: Wagenkasten rot, Fensterpartien und Schürzen elfenbein. Selbstverständlich war dies wieder einmal für eine Zeitungsente Anlaß. Die Bezirkszeitung *Das Volk* schrieb Mitte April 1976 in einer Schlagzeile: *Sie tragen bereits die Erfurter Farben*. Dem war aber nicht so. Erstens sind Erfurter Stadtfarben Rot und Weiß, zweitens war die Farbgebung der neuen Wagen die in der Tschechoslowakei bei Straßenbahnwagen übliche und wurde vom Herstellerwerk CKD auch für die meisten Exportfahrzeuge als Einheitsanstrich verwendet.
Die KT4D wirkten zwar recht modern, wiesen aber einige Schwächen auf. Die Plastschalensitze bedeuteten einen Rückschritt im

Meeting zur Aufnahme des Betriebes mit KT4D-Triebwagen am 1. Mai 1976 im Betriebshof der EVB Nordhäuser Str.

Fahrkomfort, und an den Drehgestellen waren statt der zweckmäßigen Stoßdämpfer einfache Abfangeisen angebracht. Dies wirkte sich auf de Fahrzeuglauf negativ aus. Trotz dieser Unzulänglichkeiten war der KT4D im ganzen keine schlechte Konstruktion, und die genannten Mängel wurden ab 1984 mit der Nachrüstung von Stoßdämpfern sowie ab 1991 mit der Polsterung der Sitze bei vielen der gelieferten Wagen behoben - die ersten 20 Wagen waren nur der Auftakt für weitere Beschaffungen dieses Typs.

Die KT4D-Triebwagen konnten 65 km/h als Höchstgeschwindigkeit fahren. Aus verschiedenen Gründen war diese Geschwindigkeit jedoch im planmäßigen Einsatz nicht nutzbar. Trotzdem gelang es mit der Beschaffung dieser Fahrzeuge, die Beförderungsgeschwindigkeit wieder spürbar anzuheben.

Im Juli 1976 führten die EVB die Doppeltraktion mit KT4D-Triebwagen ein. Mit einem solchen Doppelzug konnten fast 400 Personen befördert werden. Da die Wagenfolge auf den Linien seit Beginn der 70er Jahre zunehmend gestreckt werden mußte, weil die Verkehrsbedingungen in der Stadt sich verschlechterten und zum anderen spürbarer Mangel an Fahrpersonal auftrat, blieb als Alternative nur die Erhöhung der Beförderungskapazität. Im Jahre 1976 trat in der DDR eine neue BOStrab in Kraft, in vielem ausführlicher und präziser als die bisherige. Auf ihren Inhalt kann hier nicht näher eingegangen werden. Nur soviel: unter anderem forderte diese BO die Ausrüstung aller Triebwagen mit Begrenzungsleuchten. Bei den KT4D-Triebwagen waren die Leuchten bereits ab Werk angebracht; die Triebwagen Gothaer Bauart erhielten sie bis 1978 nachträglich.

Am 14. Mai 1976 wurde bei den EVB ein Dispatscherüberwachungssystem eingeführt. Damit sollte die Betriebsführung auf ein höheres Niveau gehoben werden und ein störungsarmer Betriebsablauf gewährleistet sein. Der Dispatcher trug u.a. Verantwortung für die Einhaltung der Fahrpläne, Entlastungsmaßnahmen bei ungewöhnlichem Fahrgastaufkommen sowie Einleitung notwendiger Maßnahmen bei Havarien. Die Dispatcherzentrale wurde am Anger eingerichtet; der Diensthabende konnte jederzeit mit allen im Einsatz befindlichen Wagen Sprechfunkkontakt aufnehmen. Auch Ausrücken von Fahrzeugen aus deren Betriebshöfen und Einrücken in die Höfe mußten von den Fahrern dem Dispatcher per Funk übermittelt werden. Allen Triebwagen wurden zu diesem Zweck Sprechfunkgeräte eingebaut, die im Dezimeterwellenbereich arbeiteten. Die kompakten Geräte fanden in der Fahrerkabine bequem Platz; von außen war die Ausrüstung mit Funk an der Dachantenne erkennbar. Bald wurde das Überwachungssystem weiter vervollkommnet; Industriefernsehen, Zugfolgegeräte und moderne Rechentechnik kamen hinzu. Um die Wagen auf den Monitoren zweifelsfrei identifizieren zu können, wurden die Betriebsnummern nunmehr auch auf dem Wagendach angebracht. 1979 wurde eine mikrorechnergesteuerte Abfahrsignalanlage an der Endstelle Straße der Völkerfreundschaft erprobt, und ab 1980 erhielten viele Haltestellen moderne Informationsanlagen. Mit ihrer Hilfe konnten die Fahrgäste sowohl optisch (durch aufleuchtende Liniennummern) als auch akustisch (über Lautsprecher) über Störungen und notwendige Umleitungen informiert werden.

Im Jahre 1977 wurden Gleisinstandsetzungen an zwei Abschnitten des Netzes durchgeführt - in der Andreasstr. und am Anger. In beiden Fälle wurden Großverbundplatten eingebaut.

Am 2. April 1978 nahmen die EVB eine weitere Streckenverlängerung in Betrieb: die 1,6 km lange Neubaustrecke von der Einmündung der Warschauer in die Nordhäuser Str. bis zur Grenze des Ortsteils Gispersleben an der Bukarester Str. Die Strecke verlief, wie fast alle Neubaustrecken, auf besonderem Bahnkörper und besaß Schwellenoberbau. Die Fahrleitung wurde erstmalig als Vollkettenfahrleitung ausgeführt, wie zukünftig bei allen neuerrichteten Anlagen. Mit der Einweihung dieser Verlängerung der Linie 3 wurde auch wieder eine Linie 4 eingeführt; die Linie 3 befuhr nunmehr die Strecke Bukarester Str. - Käthe-Kollwitz-Str. Die Route Straße der Völkerfreundschaft - Stadtpark wurde als Linie 4 bezeichnet. Damit existierten folgende Stammlinien:

Die E-Linien kennzeichnete man ab diesem Zeitpunkt nicht mehr durch den Zusatzbuchstaben, sondern durch die nachgestellte Ziffer 1. Die

Liniennetz April 1978

Linie	
1	Dahlbergsweg - Anger - Erfurt-Nord
2	Thüringenhalle - Hauptbahnhof - iga
3	Bukarester Str. - Hbf - Käthe-Kollwitz-Str.
4	Str. der Völkerfreundschaft - Hbf - Stadtpark
5	Hauptfriedhof - Hbf - Steigerstraße.
Verstärkungslinien	
11	Erfurt-Nord - Neuwerkstr. (früher 1E)
41	Pappelstieg - Stadtpark (früher 3E)

Einweihung der Verlängerung der Linie 3 nach Gispersleben (Bukarester Str.) am 2. April 1978.
Foto: Unruh

möglichen Ziffernkombinationen 21, 31 und 51 wurden zunächst nicht genutzt, sie spielten erst später eine Rolle. Ab 1. März 1978 galt für die bisherige Endstelle Erfurt-Nord der Linie 1 die neue Bezeichnung *Nordbahnhof.* Das eben geschilderte Liniennetz war jedoch nur eine Übergangslösung, es sollte sich noch 1978 grundlegend verändern. Zunächst erhielt jedoch der Wagenpark der EVB Zuwachs. Im März 1978 trafen 7 neue KT4D ein, die die Nummern 421 bis 427 erhielten. Als Serienfahrzeuge unterschieden sie sich in einigen Details von den 20 ersten Wagen der Nullserie. Am 21. November 1978 traf noch ein Einzelgänger ein, der die Nummer 404 in Zweitbesetzung erhielt. Der erste Wagen mit dieser Nummer war am 5. Juli 1977 am Juri-Gagarin-Ring mit einem Löschfahrzeug der Feuerwehr zusammengestoßen und mußte ausgemustert werden.

Liniennetzentflechtungen

Im Spätsommer 1978 wurden die Arbeiten für die beabsichtigte, bereits im Generalverkehrsplan von 1975 vorgesehene Liniennetzentflechtung aufgenommen. Die Entflechtung bezweckte, die Linien 2 und 5 aus dem Abschnitt Domplatz - Marktstr.- Fischmarkt - Anger herauszunehmen und so die stark frequentierte und an der Grenze ihrer Leistungsfähigkeit angelangte Nord-Süd-Relation zu entlasten. Außerdem sollte, wie schon angedeutet, das vermaschte Netz in ein Achsenkreuz mit Stichstrecken umgewandelt und so der zukünftigen Stadtausdehnung angepaßt werden. Dazu wurde stadtauswärts eine neue Gleisverbindung von der Regierungsstr. über Melanchthon- und Gorkistr. zur Brühler Str., in der Gegenrichtung von der Brühler Str. über Gorki-, Melanchthon- und Lutherstr. zum Karl-Marx-Platz verlegt. Das Doppelgleis in der Melanchthon- und Gorkistr. entstand recht einfach: Direkt auf die Fahrbahndecke kam eine Schotterschicht, und darauf verlegte man Schwellen, die die Schienen aufnahmen. Damit waren die Voraussetzungen für die Netzentflechtung geschaffen, und ab 11.12.1978 verkehrten die Straßenbahnlinien wie folgt:

Liniennetz Dezember 1978

Linie	
1	Nordbahnhof - Anger - iga
2	Nordbahnhof - Anger - iga
3	Bukarester Str. - Käthe-Kollwitz-Str.
4	Straße der Völkerfreundschaft - Steigerstr.
5	Pappelstieg - Thüringenhalle

Damit entfielen die Streckenabschnitte Domplatz - Philipp-Müller-Platz (Benaryplatz) der alten Linie 2 und 5 sowie Karl-Marx-Platz bzw. Theaterstraße der alten Linie 1. 1979 wurde noch ein Verbindungsgleis zwischen Regierungsstraße und Lutherstraße angelegt, und die Linie 11 verkehrte eine Zeitlang auf der Strecke Nordbahnhof - Lutherstr. Ab 1979 verkehrten gelegentlich als Linie 31 gekennzeichnete Züge zwischen Pappelstieg und Käthe-Kollwitz-Straße. Daß mit Inkrafttreten der neuen Linienführung die Linien 1 und 2 zunächst die gleiche Strecke befuhren, hatte folgenden Grund: Der Streckenabschnitt Gothaer Platz - Hauptfriedhof wurde eine Zeitlang mit Bussen im Schienenersatzverkehr bedient, da die Straßenbahn aus der Heinrichstraße herausgenommen wurde und auf einer neuen Trasse durch die Rudolfstraße zur Bindersleben er Landstraße geführt wurde. So konnten zukünftig Straßenverkehr auf der F 4 (heute B 4) und Straßenbahnverkehr ungestört voneinander ablaufen. Am 3. Oktober 1980 war das Verkehrsbauvorhaben am Gothaer Platz beendet und die Linie 1 befuhr nunmehr die Strecke Nordbahnhof - Anger - Hauptfriedhof. Für die Verstärkungslinie 11 entstand eine neue Wendeschleife an der Günterstraße; diese Linie befuhr nun die Route Nordbahnhof - Günterstraße. Auch die Strecke zwischen Bindersleben er Landstraße und Hauptfriedhof war erneuert worden; sie hatte nunmehr Oberbau mit Betonschwellen, eine neue, im Niveau gegenüber der alten abgesenkte Wendeschleife am Hauptfriedhof und eine Kettenfahrleistung. Die Wendeschleife Ludwigstraße, ehemals für die Linie 5E errichtet, wurde abgebaut. An dieser Stelle ist noch eine Gleisergänzung im Stadtzentrum

Wiedereröffnung der Strecke zum Hauptfriedhof, September 1980.
Foto: Unruh

nachzutragen, die bereits 1977 erfolgte: Im Zuge der Umgestaltung des Angers wurde u. a. die Angerkreuzung erneuert. Im Zusammenhang damit wurde von den Streckengleisen der damaligen Linien 2, 3 und 5 zum Streckengleis der Linie 1 eine doppelgleisige Verbindung hergestellt und die Züge dieser Linien zur Neuwerkstraße umgeleitet. Später erhielt diese doppelte Gleisverbindung Bedeutung für den Linienverkehr, insbesondere der Linie 2. Was die Liniennetzentflechtung von 1978 betrifft, so brachte sie sicherlich in betrieblicher Hinsicht Vorteile. Trotzdem fand die neue Linienführung nicht die ungeteilte Zustimmung der Bevölkerung - nicht nur, weil viele Erfurter ihre Fahrgewohnheiten ändern mußten, sondern weil die neue Linienführung zum Hauptfriedhof und zur iga über den Anger einen erheblichen Umweg bedeutete. Objektiv betrachtet, wogen die Für und Wider der Linienentflechtung sicher gegeneinander auf, wenn sie auch nicht das voll gehalten hat, was man sich von ihr versprach - nämlich die durchgreifende Entlastung des Streckenabschnitts Domplatz - Marktstraße - Anger. Schließlich wurde das Konzept des „einfachen Achsenkreuzes" mit der Einführung der Linie 6 durchbrochen, worüber noch zu berichten sein wird. Mittlerweile war auch im südlichen Streckenteil der Linie 3 eine Veränderung erfolgt: Am 2.12.1979 wurde eine neue Wendeschleife an der Melchendorfer Straße in Betrieb genommen. Die neue Schleife war so ausgelegt, daß im Bedarfsfall sowohl in Richtung Stadt als auch in Richtung Melchendorf (angesichts zu erwartender weiterer Linienverlängerungen) gewendet werden konnte. Die Gleisabstände auf dem Streckenabschnitt zwischen Nonnenrain (kurz hinter dem Hauptbahnhof) und Melchendorfer Straße wurden so verändert, daß später im Bedarfsfall 2,50 breite Fahrzeuge hätten eingesetzt werden können. Inzwischen heute Erfurts Tatra-Flottille weiteren Zuwachs bekommen: Im April 1979 trafen 17 Wagen ein, die die Betriebsnummern 428 bis 444 erhielten. So konnten nach der Linie 3 bzw. 4 auch die Linie 5 vollständig auf KT4D umgestellt werden. Im Oktober 1979 wurden die Südäste der Linien 4 und 5 getauscht; die Linie 4 fuhr zur Thüringenhalle und die Linie 5 zur Steigerstr. Ende der 70er Jahre gab es in Erfurt Erwägungen, die Linie 5 bzw. 1 über den Hauptfriedhof nach Bindersleben zu verlängern. Hintergrund derartiger Vorstellungen war die Absicht, den Flugplatz in Bindersleben zum Großflughafen auszubauen. Eine Straßenbahnverbindung hätte sich geradezu angeboten. Aber das Flugplatzprojekt blieb Utopie, und konkrete Entwürfe für eine Straßenbahntrasse entstanden damals nicht. Ebenso erwog man seitens des Rates der Stadt, die Straßenbahn aus dem Abschnitt Marktstraße - Fischmarkt völlig herauszunehmen und stattdessen über Domplatz - Lange Brücke und Junkersand zum Anger zu führen. Hierfür gab der Wunsch einiger Mitglieder des Rates, die sich durch den Straßenbahnverkehr vor dem Rathaus belästigt fühlten, den Ausschlag. Doch aus dieses Vorhaben ist - glücklicherweise - nicht ausgeführt worden. Zur Ehre der EVB sei festgestellt, daß Projekte, wie die ebengenannten, nicht durch den Betrieb initiiert und vertreten wurden, sondern realitätsfernen Vorstellungen der Stadtväter entstammten. Seit 2. Dezember 1979 sah das Netz wie folgt aus:

Liniennetz Dezember 1979

Linien
- 1 Nordbahnhof - Anker - Hauptfriedhof
- 2 Nordbahnhof - Anger - iga
- 3 Bukarester Str. - Hbf - Melchendorfer Str.
- 4 Straße der Völkerfreundschaft - Thüringerhalle
- 5 Pappelstieg - Hbf - Steigerstr.

Verstärkungslinien im Berufsverkehr
- 11 Nordbahnhof - Günterstr. sowie die
- 31 Pappelstieg - Melchendorfer Str.

Ende 1980 trat EVB-Direktor Kraußе in den Ruhestand. Seine Stelle nahm nunmehr Dr. Martin Salecker ein, von Haus aus kein Nahverkehrsexperte, sondern Fachmann für das Straßenwesen. Daraus entstand jedoch für Erfurts Nahverkehrsbetrieb kein spürbarer Nachteil, denn kompetente Fachleute leiteten auch weiterhin die Geschicke ihrer Betriebsbereiche. Vor allem ist hier Ingenieur Claus Cämmerer zu nennen, bereits unter Alfred Krauße in der Direktion wirkend und nunmehr Fachdirektor für Instandhaltung. So ist es nicht verwunderlich, daß auch in den 80er Jahren die Entwicklung im Erfurter Nahverkehr weiterging.

Streckenverlängerungen

Im März 1981 wurde eine neue Freiabstellfläche für 36 KT4D am Pappelstieg, gegenüber dem Betriebshof Nordhäuser Straße, eingeweiht, da die bisherigen Abstellkapazitäten nicht mehr ausreichten. Am 30. April 1991 wurde eine neue Verlängerung der Linie 3 in Betrieb genommen. Diese Strecke führte von der Melchendorfer zur Kranichfelder Str. und war 1.140 m lang, einschließlich Wendeschleife sogar 1.400 m. Die Endstellenbezeichnung in Gispersleben änderte sich von *Bukarester Straße* in *Ulan-Bator-Str.* Die Linie 5 wurde ebenfalls nach Gispersleben geführt und die Wendeschleife Pappelstieg ab 1. Dezember 1981 nicht mehr bedient.

Liniennetz Dezember 1981

Linien
- 1 Nordbahnhof - Hauptfriedhof
- 2 Nordbahnhof - iga
- 3 Ulan-Bator-Straße - Kranichfelder Str.
- 4 Straße der Völkerfreundschaft - Thüringerhalle
- 5 Ulan-Bator-Straße - Steigerstr.

Verstärkungslinien
- 11 Nordbahnhof - Günterstr. (ständige Linie)
- 21 Domplatz - iga (Gelegenheitsverkehr)
- 31 Ulan-Bator-Str. - Stadtpark (Gelegenheitsverkehr)
- 51 Hauptfriedhof - Stadtpark (Sonderverkehr im Juli 1981 anläßlich der Flugschau der Ges. für Sport und Technik)

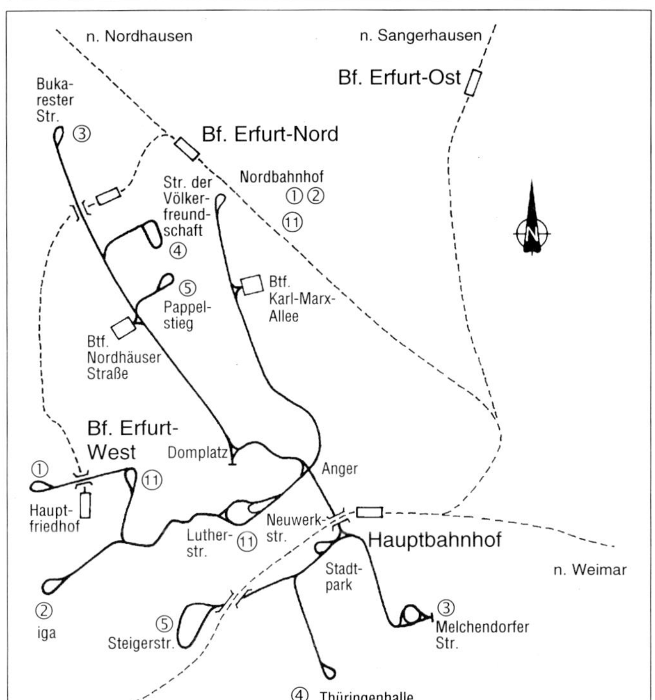

Liniennetz 1980

Erste Probefahrt einer KT4D-Dreifachtraktion 1981.

Die Züge der Linie 21 mußten damals noch über das Gleisdreieck am Domplatz umgesetzt werden, weil die Wendeschleife noch nicht bestand. Ebenso wurden die zur GST-Flugschau verkehrenden, als Linie 51 beschilderten Wagen dort umgesetzt. Im Sommer 1981 erfolgten umfangreiche Gleisreparaturen auf der Strecke Anger - Angerbrunnen; der gesamte Abschnitt erhielt Großverbundplatten. 10 Jahre später machte man dies rückgängig und verwendete wieder die früher üblich gewesene Pflasterbettung der Gleise. Bereits im April 1981 hatten die EVB 29 weitere KT4D erhalten, die die Nummern 445 bis 473 erhielten. Sie wiesen gegenüber den bisherigen Serien einigeÄnderungen auf. Die gesickten Abdeckbleche über den Einstiegtüren waren auf dieser Serie sehr mangelhaft angebracht und mußten nach kurzer Zeit nachgeschweißt werden; außerdem erhielten die Wagen nachträglich zusätzliche Regenabläufe über den Türen. Die folgenden Serien hatten wieder glatte Abdeckbleche über den Türen.Überhaupt war die Qualität der von CKD gelieferten Wagen von Serie zu Serie sehr schwankend, und sogar innerhalb eines Bauloses war dies des öfteren der Fall.

Um die Ausbildung der Fahrer für die neuen Triebwagen zu rationalisieren, nahmen die EVB einen bemerkenswerten Umbau vor. Triebwagen 418 wurde mit Anzapfungen für den Einbau eines tragbaren Störungssimulators, den die EVB selbst entwickelt hatten, versehen und konnte so als Fahrschulwagen eingesetzt werden. Der Wagen blieb dadurch für den Personenverkehr voll tauglich. Triebwagen 473 aus der Lieferserie von 1981 wurde später ebenso hergerichtet, so daß bei Bedarf zwei KT4D-Fahrschulfahrzeuge zur Verfügung standen.

Schwierigkeiten hatte es bisher stets bereitet, bei Ausfall des steuernden Triebwagens einer Doppeltraktion den schadhaften Zug ins Depot zu befördern. In diesem Fall mußte der liegengebliebene Zug von einem folgenden Zug bis in den Betriebshof geschoben werden. Das hatte zur Folge, daß nicht nur der gesamte Fahrplan durcheinander geriet, sondern gleichzeitig zwei Züge ausfielen, weil laut BOStrab auch die schiebende Einheit nicht mit Fahrgästen besetzt sein durfte. Um dem abzuhelfen, entwickelten die EVB einen Havarieschalter. Mit seiner Hilfe konnten im Notfall die Steuerleitungen so umgeschaltet werden, daß die Traktionssteuerung vom zweiten Triebwagen ausging. So konnte nun ein Zug mit schadhaftem vorderem Triebwagen selbständig in den Betriebshof einrücken. Zunächst in zwei KT4D-Triebwagen erprobt, bewährte sich der Havarieschalter glänzend. Daher wurden alle KT4D mit diesen Schaltern nachgerüstet. Die letzten Lieferserien von 1988 bis 1990 hatten den Havarieschalter bereits ab Herstellerwerk.

Am 29. Juli 1981 erlebte eine weitere Neuerung ihre Premiere - die Dreifachtraktion mit KT4D. Miteinander gekuppelt, begaben sich die Triebwagen 471, 465 und 451 auf Probefahrt. Diese verlief ohne Schwierigkeiten, und am 1. Dezember 1981 wurde die neue Zugbildung auf der Linie 3 offiziell zunächst für ein Jahr eingeführt. Die Dreifachtraktion blieb in der DDR auf Erfurt beschränkt; sie wird noch heute angewendet. Eine KT4D-Dreiertraktion bot 600 Fahrgästen Platz; die Zuglänge betrug 57 m. Der letzte Triebwagen trug zunächst am Heck ein Schild mit der Aufschrift „3-Wagen-Zug" als Warnung für den nachfolgenden Verkehr. Ab 1983 wurden diese Schilder wieder weggelassen, da sich herausstellte, daß die Dreiertraktion kaum größere Probleme bereitet, als der Doppelzug. Ein zusätzlicher, seitlicher Rückstrahler an der Hinterfront des letzten Wagens und ein dritter Außenspiegel ermöglichten dem Fahrer die bequeme Beobachtung des gesamten Zuges. Der zunehmende Einsatz der Tatra-Wagen erforderte erhebliche Investitionen in die Verbesserung der Stromversorgung; bis 1983 wurden 6 neue Unterwerke errichtet und eins modernisiert. Die Kosten beliefen sich auf 2,5 Millionen Mark für jedes Unterwerk. Trotz erheblicher Erweiterungen im Verkehrsangebot und Strukturveränderungen im Betrieb selbst hatte sich die Belegschaftsstärke bei den EVB bis zum Anfang der achtziger Jahre gegenüber den 50er und 60er Jahren nur unwesentlich erhöht; 1981 waren insgesamt 1.153 Arbeitskräfte bei den EVB tätig, davon waren 266 Frauen. Im Straßenbahnfahrdienst arbeiteten 177 Triebwagenführer.

Das Jahr 1982 brachte weitere Verbesserungen in der Fahrplangestaltung. Die bisher übliche nächtliche Betriebspause entfiel, sie wurde mit der Einrichtung von zwei Nachtlinien überbrückt, die ab 16. April 1982 bestanden und wie folgt fuhren:

Linie N: Straße der Völkerfreundschaft - Kranichfelder Str.
Linie N: Nordbahnhof - Günterstr.

Im Gegensatz zum 1960 eingerichteten Nachtverkehr mit Sondertarif galt bei den neuen Nachtlinien der normale Fahrpreis. 1982 wurden 6 neue KT4D ausgeliefert. Diese Wagen, mit den Nummern 474-479 versehen, erlebten ihren ersten Einsatz auf der Linie 4.

Das Jahr 1982 brachte wieder einmal eine Umstellung in der Farbgestaltung der Straßenbahnwagen. Diese betraf allerdings nur die Fahrzeuge der Bauarten „Gotha“ und „Schöneweide-Reko“. Man gab den Wagen nunmehr eine Lackierung, die derjenigen der Tatra-Triebwagen angeglichen war. Erster in Rot/Elfenbein gespritzter Wagen Gothaer Bauart war Tw. 189, der bereits seit 14.11.1981 die neue Farbgebung besaß.

Seit Anfang der 80er Jahre, verstärkt seit 1982, rückte auch die längst fällige Streckenverlängerung zum Roten Berg wieder in den Blickpunkt. In dem Mitte der 70er Jahre entstandenen Wohngebiet in der Nähe des Zooparks war bereits die Trasse für die Straßenbahn frei gehalten worden. Mängel in der Planung und fehlende Baukapazitäten bewirkten jedoch, daß der Verkehr zum Roten Berg fast 1½ Jahrzehnte mit Kraftomnibussen durchgeführt werden mußte und erst 1988 der erste Bauabschnitt der Verlängerung begonnen werden konnte. Im Gespräch war seinerzeit auch die Aufweitung des sogenannten Stadtparkkopfes südlich vom Hauptbahnhof. Um Möglichkeiten zur Verbesserung der Gleisgeometrie zu schaffen und die gegenseitige Beeinflussung von Straßenbahn- und Kfz-Verkehr zu minimieren, sollte die Mauer am Stadtpark um einige Meter zurückversetzt werden. Zwar wurden in späteren Jahren Straßen- und Gleisbauarbeiten an dieser Stelle ausgeführt, doch die Stadtparkmauer steht noch heute an ihrer alten Stelle.

Mit den Bauarbeiten des Jahres 1982 in der Leninstr. (Johannesstr.) des Jahres 1982 wurde die Umstellung der innerstädtischen Gleisanlagen auf Großverbundplatten im wesentlichen abgeschlossen. Zu erwähnen ist, daß bei der Mehrzahl der rekonstruierten und neugebauten Strecken der Gleismittelabstand so ausgeführt wurde, daß künftig 2,50 m breite Fahrzeuge zum Einsatz kommen konnten. Von 1971 bis Anfang 1983 wurden 22 km Einfachgleis neu gebaut und 30 km rekonstruiert, das heißt, auf Großverbundplatten umgestellt.

Die Heck-an-Heck-Traktion mit KT4D erlebte im Sommer 1982 ihre Premiere. Dadurch war es möglich, bei Bauzuständen auf einem Streckengleis die „Tatras“ verkehren zu lassen, während am anderen Gleis gearbeitet wurde. Der technische Aufwand war gering; er beschränkte sich auf Änderungen an den Steuerstromleitungen der Fahrzeuge sowie an der 600-Volt-Starkstromleitung. Außerdem wurden Träger für zusätzliche Brems- und Schlußleuchten angefertigt, die im Bedarfsfall an der Stirnseite der Triebwaren befestigt wurden. Zum 7. Oktober 19182 wurde im Betriebshof Karl-Marx-Allee eine neue Wartungshalle für Straßenbahnwagen eingeweiht, die mit moderner Technik und großzügigen Reparaturständen versehen war. Die alten, zum Teil noch aus der Pferdebahnzeit stammenden Anlagen an der Breitscheidstr. konnten damit anderen Zwecken zugeführt werden. Für Erfurter Bürger kaum auffällig, aber für Touristen recht bedeutsam, schlug eine weitere Neuerung zu Buche: Die Richtungsschilder an den Trieb- und Beiwagen Bauart Gotha, deren Form und Größe sich seit 1938 nicht verändert hatte, wurden gegen neue, vergrößerte Schilder getauscht, die neben den Endstellen und dem Kreuzungspunkt (Anger bzw. Hbf) nunmehr auch die wichtigsten Zwischenhaltestellen angaben. Damit konnte die Fahrgastinformation verbessert werden. Die KT4D-Triebwagen waren von Anfang an mit Richtungsschildern versehen, die Zwischenhaltestellen angaben.

Wieder Straßenbahn-Güterverkehr

Das Jahr 1982 ließ in Erfurt, wie in anderen Städten der DDR auch, den Straßenbahngüterverkehr wiederauferstehen. Zentral war die Anweisung ausgegeben worden, möglichst viele Transporte von der Straße auf die Schiene zu verlagern, um „volkswirtschaftlich wertvollen Dieselkraftstoff einzusparen“, wie es offiziell hieß. Daß allerdings die Beförderung von Gütern innerhalb der Stadt mit der Straßenbahn wesentlich höhere Kosten verursacht, als der Transport mit dem Kraftfahrzeug, wurde dabei ignoriert. So lebte denn in Erfurt nach den Kriegsjahren 1916-18 und 1941-45 der Straßenbahngüterverkehr zum dritten Male auf. Am 7. September 1982 wurde zunächst der Transport von Getränken zwischen Brauerei *Braugold* in der Schillerstraße und einer Kaufhalle im Riethviertel aufgenommen, und am 5. Oktober 1982 begann der Transport von Büromaschinen für den Betrieb *Optima* von einer eigens an der Wendeschleife Günterstraße (Linie 11) errichteten Verladerampe zum Bahnhof Erfurt-Nord. Am dortigen Güterschuppen war ein Entladegleis entstanden, das über eine Weiche in die Endschleife der Linie 1 einmündete.

Die EVB hatten zunächst zwei Güterbeiwagen aus abgestellten Personenhängern hergerichtet, die vom Atw 2^{II} gezogen wurden. Wenig später kam ein umgebauter Gelenktriebwagen vom Typ G 4 (Atw 21 ex Tw. 1985) hinzu, und 1983 folgte sogar ein Güter-Gelenkbeiwagen als Abw 18, der Großplatten für den Wohnungsbau transportieren sollte. Davon sah man jedoch schließlich ab. Die Güterzüge fuhren zunächst Triebwagenführer der EVB. Ab 1983 jedoch führten Betriebsangehörige der *Optima* die Transporte für das Büromaschinenwerk durch. Jene waren kurzfristig von den EVB als Fahrer für die Güterstraßenbahnwagen ausgebildet worden. Die Getränketransporte endeten sang- und klanglos bereits nach wenigen Wochen; der Schreibmaschinentransport erfolgte noch bis 1984 und wurde dann ebenfalls eingestellt. Das Entladegleis in Erfurt-Nord wurde 1988 abgebrochen; die Güterstraßenbahnwagen wurden als Arbeitswagen weiterverwendet. So entstand z. B. aus dem Güter-Gelenkbetriebwagen 21 im Jahre 1988 ein Turmtriebwagen für Oberleitungsarbeiten.

Am 1. Dezember 1982 wurde nach Ende der einjährigen Erprobungsphase die KT4D-Dreiertraktion endgültig eingeführt, und außer der Linie 3 waren diese Züge nun mehr und mehr auch auf anderen Linien, insbesondere der Linie 4, zu sehen.

Im Jahre 1983 beging die Erfurter Straßenbahn ihr 100-jähriges Jubiläum. Das Ereignis wurde mit einem Volksfest begangen, und ein Fahrzeugkorso am 13. und 14.5.1983 zeigte alte und neue Fahrzeuge der Straßenbahn in Aktion. Aus Anlaß des 100-jährigen Jubiläums nahmen die EVB den historischen Triebwagen 92 in Betrieb. Dieser Triebwaren, in den 60er Jahren nach Eisenach und 1976 nach Gotha gelangt, war 1980 von den EVB zurückerworben und bis 1983 in den Ursprungzustand versetzt worden. Im neuen Glanze erlebte der Wagen des Baujahrs 1938 am 22. April 1983 seine Abnahme und schließlich am 13. Mai 1983 seine zweite Jungfernfahrt. Seitdem regelmäßig zu Sonderfahrten eingesetzt, wurde er im Jahre 1990 für ein Jahr nach Essen ausgeliehen und im Jahre 1992 für einige Tage auch in Würzburg gezeigt. Im Juni 1983 wurden in der Nordhäuser Straße zwischen Haltestelle Kliniken der Medizinischen Akademie und Treppenstraße die Gleise instandgesetzt und neue Großverbundplatten eingebaut. Der Straßenbahnverkehr auf diesem Abschnitt verlief während der Bauzeit eingleisig auf einem Behelfsgleis, das sich seitlich des eigentlichen Gleisbettes direkt auf der Fahrbahndecke befand. So konnten gleichzeitig beide Streckengleise erneuert werden, ohne den Straßenbahnverkehr zu unterbrechen. Für das Behelfsgleis war auch eine provisorische Fahrleitung errichtet worden, deren Masten stark an die Ausführung erinnerten, die dereinst an der Entladestelle der „Aschenbahn“ verwendet worden war. Wie jene, bestanden auch diese aus eisernen Füßen mit u-förmig gebogenen Rohren. Nun, die Presse feierte diesen Behelfsbetrieb als „neue Technologie“. Er war aber in Wirklichkeit ein Notbehelf, welcher den Schienenersatzverkehr mit Kraftomnibussen vermied. Noch immer mußte nämlich um jeden Preis Dieselkraftstoff eingespart werden.

Im Mai und Juni des Jubiläumsjahres erhielten die EVB insgesamt 14 neue KT4D-Triebwagen, die die Nummern 480 bis 493 bekamen. Zehn dieser Wagen (484 - 493) erhielten Einholmstromabnehmer. Der neue Stromabnehmertyp war kurz zuvor in einem Probeexemplar auf dem Tw. 417 aus der Nullserie getestet worden. Die nachfolgenden Liefer-

Übergabe des Traditionswagens 92 im April 1983 in der neuen Halle des Betriebshofes Karl-Marx-Allee (Magdeburger Allee).

serien erhielten bis auf zwei Wagen (527 und 555) ebenfalls Einholmstromabnehmer; die Wagen 401 - 420 (mit Ausnahme von 419) und einige weitere der Folgeserien (434, 451, 527) wurden anläßlich von Haupt- und Zwischenuntersuchungen ebenfalls mit Einholmstromabnehmern versehen. In den Folgejahren probierte man verschiedene Varianten von Doppelschleifstücken aus - mit und ohne Auflaufhörner sowie mit vergrößertem Abstand der Schleifstücke. Im Jubiläumsjahr betrug die Gesamtstreckenlänge der Straßenbahn im öffentlichen Netz 38,7 km.

Am 6. Oktober 1983 wurde die neue Verlängerung der Linie 3 von der Kranichfelder Straße nach Melchendorf eingeweiht. Sie war 1,8 km lang und mit Betonschwellenoberbau sowie Kettenfahrleistung ausgestattet. Die Linie 3 erreichte damit eine Länge von 10,7 km. Der Eröffnungszug bestand aus den Triebwagen 493, 492 und 491 als Dreiertraktion. Gleichzeitig mit der Verlängerung der Linie 3 nach Melchendorf wurde die nördliche Endstelle der Linie 5 zur Straße der Völkerfreundschaft verlegt.

Liniennetz ab 7. Oktober 1983

Linie	
1	Erfurt - Nord (Nordbahnhof) - Hauptfriedhof
2	Nordbahnhof - iga
3	Ulan-Bator-Straße - Melchendorf
4	Straße der Völkerfreundschaft - Thüringenhalle
5	Straße der Völkerfreundschaft - Steigerstr.

Die Nord-Süd-Nachtlinie verkehrte seit diesem Zeitpunkt zwischen Straße der Völkerfreundschaft und Melchendorf. Mit der Eröffnung der Strecke nach Melchendorf existierte auch wieder eine Haltestelle *Blücherstr.* Sie war jedoch nicht mit der alten Blücherstraße identisch, die sich im Erfurter Norden befand und nach 1945 in Breitscheidstraße umbenannt wurde. Die neue Straße gleichen Namens hatte diesen Anfang der 80er Jahre erhalten und lag kurz vor der Endstelle Melchendorf. Am 6. Oktober 1983 wurde am Domplatz eine neue Wendeschleife in Betrieb genommen; einschließlich der Zufahrgleise betrug ihre Gleislänge 510 m. Angelegt wurde die Schleife genau dort, wo sich in den 50er Jahren die Freiabstellanlage für E-Wagen befunden hatte, also unweit der *Hohen Lilie*. Wegen des geringeren Verkehrsbedarfs fuhr die Linie 5 in den Abendstunden ab 20.00 Uhr und nachts nunmehr nur noch zwischen Domplatz und Steigerstr. Zum traditionellen Lichterfest im Sommer 1983 auf der iga war die neue Schleife noch nicht fertiggestellt. Man behalf sich, indem man die Wagen der Linie 21 (iga - Domplatz) im Gleisdreieck Domplatz umsetzte.

Erfurt braucht einen dritten Betriebshof

Bereits im Jubiläumsjahr 1983 war daran gedacht, zukünftig einen dritten Betriebshof im Südosten der Stadt zu errichten. Die Planung ging von einer erheblichen Zunahme des Straßenbahnverkehrs und des benötigten Wagenparks aus. Rechnete man noch Ende der 70er Jahre mit einem zukünftigen Bestand von 150 KT4D-Triebwagen und ging davon aus, den Wagenpark bis 1988 vollständig auf Tatras umzustellen, visierte man seit Mitte der 80er Jahre einen Endbestand von 210 KT4D an. Stadtväter und Verkehrsplaner gingen davon aus, daß sich Erfurts Einwohnerzahl bis zum Jahre 2000 auf 230.000 Bürger erhöhen werde. Angesichts der in Erfurt-Südost entstehenden Wohnungsneubauten und Industrieanlagen und der erwartbaren Zunahme der Verkehrsleistungen erschienen die Zahlen für die Fahrzeugbeschaffung durchaus als realistisch. Das betraf auch die Absicht, statt 5 Straßenbahnlinien zukünftig 8 zu betreiben. Was von diesen Plänen übrig blieb und wie es verwirklicht wurde, darauf nahmen jedoch die Zeitumstände erheblich Einfluß. Im Juni 1984 entstand zunächst eine weitere Gleisverbindung am Anger zwischen den Streckengleisen der Linien 3/4/5 und deren der Linie 1/2. Diese Gleisverbindung wurde genau spiegelbildlich mit der bereits früher entstandenen angelegt. Sie sollte zukünftig einen Straßenbahnverkehr zwischen Erfurt-Nord und Erfurt-Südost ermöglichen. Gleichzeitig begannen die Erschließungsarbeiten und Baumaßnahmen für eine bereits im Generalverkehrsplan von 1975 enthaltene Stichstrecke, die vor der Endschleife Melchendorf ins Neubaugebiet Wiesenhügel abzweigte. Diese Strecke wurde jedoch nicht 1984, sondern erst ein Jahr später fertiggestellt.

Noch 1984 begannen die EVB damit, die unbefriedigenden Laufeigenschaften der KT4D-Triebwagen zu verbessern. Probeweise wurde Triebwagen 401 im September 1984 mit Stoßdämpfern Bauart BBW (Berliner Bremsenwerk) an den Drehgestellen ausgerüstet. Der Umbau bewährte sich voll. Nachträglich wurden viele KT4D mit

Einweihung der Neubaustrecke nach Melchendorf 1983.
Foto: EVAG

Stoßdämpfern versehen. CKD Prag hätte die Wagen selbstverständlich mit Dämpfern liefern können, doch das für die Zuführung und Verteilung der Tatrafahrzeuge in der DDR zuständige Wissenschaftlich-Technische Zentrum (WTZ) Kraftverkehr in Dresden hatte entschieden, diese Devisen kostende Bauteile einzusparen. Wozu teure Stoßdämpfer, wenn es auch ohne sie ging? Das Weglassen der Schwingungsdämpfer führte zu unruhigem Wagenlauf und Oberbauschäden, aber mit der Nachrüstung der Wagen unter Verwendung in der DDR gefertigter Dämpfer fanden die EVB einen brauchbaren Ausweg. Im Dezember 1984 wurden Versuche mit geänderten Bremsbauteilen durchgeführt. Der Triebwagen 402 befuhr probeweise mehrmals die Strecke Kliniken der Medizinischen Akademie - Ulan-Bator-Straße. Man erhoffte von den vorgenommenen Änderungen eine Verbesserung der Bremswirkung. Das WTZ Kraftverkehr Dresden führte Regie bei diesen Versuchen. Die Bremsen der Kurzgelenkwagen waren nämlich ein Schwachpunkt, und besonders in Gefällestrecken wurden die erforderlichen Verzögerungswerte nicht erreicht. Der Versuch mit dem Tw. 402 brachte nicht die erwarteten Verbesserungen. Letztlich war und blieb die zu schwache Bremswirkung die Ursache dafür, daß die konstruktive Höchstgeschwindigkeit der Wagen (65 km/h) selbst auf Strecken mit eigenem bzw. besonderem Bahnkörper für den öffentlichen Verkehr nicht genutzt werden konnte. Das Jahr 1985 brachte für Erfurt eine neue Straßenbahnlinie: Am 7. Juni wurde die 1000 m lange Stichstrecke zum Wiesenhügel (einschließlich Wendeschleife 1.400 m) in Betrieb genommen und die Linie 6 eingeführt. Diese Linie befuhr die Strecke Nordbahnhof - Wiesenhügel. Die Stichstrecke selbst war zwar bereits in den Planungen des Jahres 1975 enthalten, nicht jedoch die 1985 verwirklichte Linienführung. Der Abzweig zum Wiesenhügel kurz vor Melchendorf war als Gleisdreieck ausgeführt. So konnte sowohl stadteinwärts (Richtung Kranichfelder Str.) als auch weiter stadtauswärts gefahren werden. Letztere Möglichkeit wurde ab 1989 genutzt, als die Nachtwagen der Linie 3 über Wiesenhügel nach Windischholzhausen geführt wurden. Mit der Einweihung der Linie 6 entstand übrigens erneut ein vermaschtes Netz, abweichend vom ursprünglichen Konzept des einfachen Achsenkreuzes. Im Herbst 1985 wurde zwischen Regierungsstraße und Neuwerkstraße (im Zuge der Linie 1) eine neue Gleisverbindung geschaffen. Diese verlief am östlichen Endpunkt des Platzes der DSF (Hirschgarten). Die neue Verbindung diente zeitweilig als Wendeeinrichtung für Einsatzwagen und ersetzte die alte Schleife am Platz der DSF. Jene hatte der Baugrube für Erfurts geplanten Kulturpalast weichen müssen. Gleichfalls 1985 führten die EVB größere Reparaturen auf der Strecke Nordhäuser Str. - Straße der Völkerfreundschaft aus. Für die Instandsetzung des Oberbaus wurde erstmals eine Gleisstopfmaschine der Firma Plasser & Theurer, Typ UNIMA II, genutzt. Hatte 1982 die Heck-an-Heck-Traktion bei Bauarbeiten ihre Premiere erlebt, so war es nunmehr der Wendezugbetrieb. Er bot den Vorteil, daß auch bei eingleisigem Pendelverkehr beide Triebwagen einer Doppeltraktion mit Fahrgästen besetzt werden konnten, weil die Triebwagen normal gekuppelt wurden und somit stets alle Einstiegstüren auf der Seite lagen, an der ein- oder ausgestiegen werden konnte. Allerdings setzte diese Betriebsform voraus, daß einer der Triebwagen zwei Führerstände besitzt (die KT4D waren Einrichtungswagen). Unter diesen Prämissen versahen die EVB den Tw. 405 mit einem komplett ausgestattetem zweiten Führerstand am Wagenheck. So wurde der Wagen zum Zweirichtungswagen mit einseitigen Einstiegen. Für die Doppeltraktion im Wendezugbetrieb wurde er mit einem normalen KT4D gekuppelt. 1987 wurde als zweiter Triebwagen für den Wendezugbetrieb der Tw. 434 in gleicher Weise hergerichtet.

1985 verabschiedete der Rat der Stadt einen neuen Generalverkehrsplan. Dieser Plan enthielt in bezug auf die Straßenbahn nichts grundlegend Neues. Er sah indes vor, nun endlich die Linie 1 bis zum Roten Berg zu verlängern. An der Grubenstraße, in der Nähe des Kombinats Umformtechnik (ehemals Pels, heute Umformtechnik GmbH), sollte eine Zwischenwendeschleife entstehen. Diese Schleife sollte nach Beendigung des 1. Bauabschnitts zeitweilig auch noch die Funktion einer Endschleife für die Linie 1 übernehmen. Für 1990 waren schließlich folgende Straßenbahnlinien vorgesehen:

Linie	
1	Roter Berg - Nordbahnhof - Anger - Hauptfriedhof
2	Kombinat Umformtechnik - Nordbahnhof - Anger - iga
3	Ulan-Bator-Str. - Hbf - Melchendf. - Windischholzhausen
4	Straße der Völkerfreundschaft - Thüringenhalle
5	Straße der Völkerfreundschaft - Steigerstr.
6	Kombinat Umformtechnik - Anger - Hbf - Wiesenhügel
11	Kombinat Umformtechnik - Anger - Günterstr.
31	Domplatz - Anger - Hbf - Windischholzhausen.

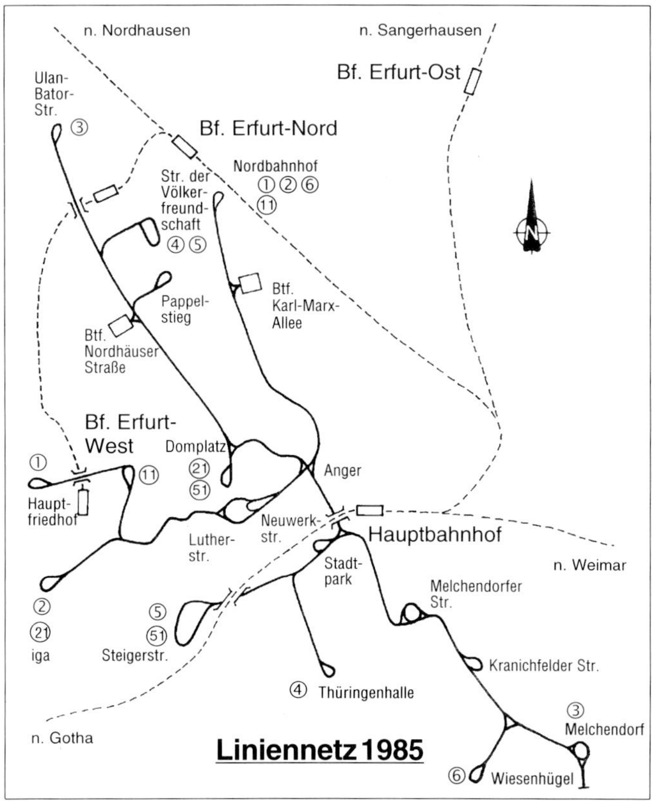

Daneben existierte noch eine Variante einer Verstärkungslinie mit der Route Roter Berg - Anger - Hauptbahnhof - Windischholzhausen. Die Verlängerung der Straßenbahnlinie 3 bis Windischholzhausen war bereits 1975 im Generalverkehrsplan enthalten. Von 1985 an sollte es bis zu ihrer Verwirklichung allerdings noch weitere zwei Jahre dauern. Immer wieder verschoben wurde der Beginn der Arbeiten an der Strecke zum Roten Berg. Das war aber nicht die Schuld der EVB und der mit dem Nahverkehrsbetrieb kooperierenden Baubetriebe, sondern lag an den planwirtschaftlichen Unzulänglichkeiten.

Das Jahr 1986 brachte keine Veränderungen im Liniennetz, aber eine weitere Vergrößerung des Wagenparks. Im Oktober/November wurden 23 neue KT4D angeliefert, die die Nummern 494 bis 516 erhielten. Ihre Inbetriebnahme gestattete, einen großen Teil der Trieb- und Beiwagen Gothaer Bauart sowie der Reko-Beiwagen abzustellen. So wurden am 22. November 1986 alle noch vorhandenen Gotha-Triebwagen mit Plattformfahrschalter außer Dienst gestellt. Um die Rangierarbeiten in den Betriebshöfen rationalisieren zu können, erprobten die EVB 1986 an zwei KT4D-Triebwagen Hilfsfahrschalter. Diese befanden sich unter einer von innen zugänglichen Klappe am Wagenheck, so daß bei Rückwärtsfahrt auf den Einweiser verzichtet werden konnte. Äußerlich unterschieden sich die beiden umgerüsteten Wagen 429 und 430 von der Regelausführung nur durch den Rückfahrscheinwerfer auf der hinteren Stoßstange. Die Hilfsfahrschalter bewährten sich, fanden aber keine weitere Verbreitung. Dabei waren sie genial einfach ausgeführt - sie bestanden nur aus ein paar Tastschaltern für die notwendigen Steuerfunktionen.

Noch 1986 wurde mit dem Aufbau einer modernen Waschhalle im Betriebshof Karl-Marx-Allee (Magdeburger Allee) begonnen, doch erst 1991 konnte das Millionenobjekt eingeweiht werden. Das Jahr 1987 brachte wieder einige Veränderungen am Gleisnetz und im Betriebsablauf. Im Mai/Juni ruhte für 4 Wochen der Straßenbahnverkehr zwischen Domplatz und Hauptbahnhof. Grund waren dringend notwendig gewordene Reparaturarbeiten in der Marktstraße und Hermann-Jahn-Straße (Schlösserstraße). Die Straßenbahnen der Linien 3, 4 und 5 aus Richtung Nordhäuser Straße wendeten an der Schleife Domplatz. Im Südteil der Stadt wurde der Verkehr zwischen den Schleifen Melchendorf bzw. Melchendorfer Straße einerseits und den Endstellen Thüringenhalle/Steigerstraße andererseits aufrechterhalten, also über das Gleisdreieck am Stadtparkkopf geführt. Im Sommer 1987 wurde eine Wende- und Ausweicheinrichtung für Havariefälle an der Kaufmannskirche/Meienbergstraße in Betrieb genommen. Das Ausweichgleis wurde dort verlegt, wo sich einst das stadtwärtige Streckengleis der Linie 1 befunden hatte, also westlich der Kirche. Desgleichen entstand eine Havarie- und

Ankunft des 100. KT4D-Triebwagens am Nordbahnhof 1986.
Foto: EVAG

Zwischenwendeschleife für die Linien 1 und 2 westlich der ehemaligen Eichenstraße. Diese Schleife Eichenstraße, durch eine neuangelegte Querstraße zwischen Regierungs- und Neuwerkstr. führend, ist nur aus westlicher Richtung befahrbar, ermöglicht also einen Betrieb aus und in Richtung Hauptfriedhof bzw. iga. Seit Anfang der 80er Jahre hatte man erwogen, auch am Klostergang (Nähe Karl-Marx-Platz) eine Havarieschleife zu bauen. Diese Wendeschleife wird nun mit einiger Wahrscheinlichkeit in den 90er Jahren errichtet und in diesem Fall die Schleife Eichenstraße ablösen.
Am 6. Oktober 1987 konnte eine weitere Streckenverlagerung in Betrieb genommen werden Die Linie 3 fuhr erstmals außerhalb von Erfurts Stadtgrenzen, nämlich von Melchendorf nach Windischholzhausen. Allerdings wurde die 1,5 km lange Neubaustrecke vorerst nur mit Wendezügen befahren, die zwischen Endschleife Melchendorf und der vorläufigen Endstelle Windischholzhausen pendelten. Der Grund bestand darin, daß die Endschleife Windischholzhausen einschließlich der Zufahrgleise zum künftigen Betriebshof Erfurt-Südost vorerst nicht fertiggestellt werden konnte. Das war jedoch keine Frage der Baukapazitäten - in diesem Falle spielten Projektänderungen in Zusammenhang mit dem Industriestandort Erfurt-Südost die entscheidende Rolle. Die Züge der Linie 3 aus Richtung Gispersleben endeten also vorerst weiter in Melchendorf. Wer nach Windischholzhausen wollte, mußte in den Wendezug umsteigen, brauchte allerdings keinen neuen Fahrscheinabriß zu entwerten. Die 600 m lange Reststrecke bis zur endgültigen Endhaltestelle (einschließlich Endschleife 750 m) wurde erst 2 Jahre später fertiggestellt.
Mit dem Fahrplanwechsel am 14. November 1987 verkehrten die Linien 2 und 5 am Wochenende und in den Abendstunden als Linie 21/51 zwischen Domplatz und iga bzw. Domplatz und Hauptfriedhof. Da die Wagen auf ihren Touren abwechselnd nach der iga und dem Hauptfriedhof fuhren, waren sie am Heck als Linie 21/51 ausgeschildert. Diese Regelung wurde bis 1990 beibehalten. Anfang November 1987 erhielten die EVB erneut 14 KT4D-Triebwagen, die die Nummern 517 bis 530 einnahmen. Sie glichen im wesentlichen der Lieferserie von 1986, besaßen aber Abfangseile an den Drehgestellen statt der Fangeisen und zusätzliche Schiebefenster an den Seiten der Vorderfront, die eine bessere Belüftung der Fahrerkabine gestatteten. Obgleich die Abfangseile dieser Triebwagen nicht so störanfällig wie die Fangeisen waren, wurden auch sie später größtenteils durch Stoßdämpfer ersetzt. Mit der Zuführung der Wagen 517 bis 530 konnte auf den planmäßigen Einsatz der Wagen Gothaer Bauart verzichtet werden. Einige dieser Fahrzeuge wurden noch für Reservezwecke und Gelegenheitsverkehr vorgehalten. Ab 16.11.1987 waren nur noch KT4D auf allen Linien im Planeinsatz anzutreffen. Ab November 1987 wurde ein Vorhaben verwirklicht, das sich bis Februar 1988 hinzog: Zwischen Klement-Gottwald-Str. (Arnstädter Str.) und Thüringenhalle wurden Oberbau und Fahrleitung erneuert.

Leitbild Straßenbahn 2000

Im Jahre 1988 gab der Rat der Stadt Erfurt das „Leitbild Straßenbahn 2000" heraus. In diesem Dokument wurde festgestellt, daß zu dieser Zeit 25,9 km Doppelgleis, davon 62 % auf besonderem Bahnkörper, vorhanden waren, entsprechend 0,9 km Doppelgleis je km2 bebauter Stadtfläche. Durch Netzergänzungen sollte sich die Gleislänge künftig auf 29,5 km Doppelgleis erhöhen und der Anteil des besonderen Bahnkörpers auf 70 % ansteigen. Diese Festlegungen standen allerdings hinter denen des Jahres 1975 zurück, welche für das Jahr 1990 29,9 km Doppelgleis bei einem Anteil von 74 % besonderen Bahnkörpers und für das Jahr 2000 32,0 km Doppelgleis und 76 % besonderen Bahnkörper vorgesehen hatten. Die nunmehr vorgesehenen Netzergänzungen waren nur noch geringfügig; sie umfaßten die Reststrecke von 750 m zur Endstelle in Windischholzhausen sowie die 3,2 km lange Trasse ins Wohngebiet Roter Berg. Das sogenannte „Leitbild Straßenbahn 2000" brachte also in Wahrheit gar nichts Neues. Am 5. Januar 1988 war schließlich Baubeginn für den neuen Betriebshof Erfurt-Südost. Bereits seit 1985 als Projekt bearbeitet, sollte das neue Objekt ursprünglich südlich des künftigen Autobahnzubringers in der Nähe der Ortslagen Windischholzhausen und Niedernissa entstehen. Man erwog dabei, die Straßenbahn eventuell bis Niedernissa zu verlängern. Der ursprünglich geplante Standort konnte jedoch nicht genutzt werden; er wurde für weitere großangelegte Industriekomplexe und den beabsichtigten Neubau einer Technischen Hochschule requiriert. Dadurch mußte der neue

Aufnahme des Pendelverkehrs zwischen Melchendorf und Windischholzhausen, 6. Oktober 1987.
Foto: Unruh

Betriebshof der EVB auf einen Standort nördlich des Autobahnzubringers ausweichen. In Verbindung damit erwog man, die Linie 3 bis Urbich zu verlängern.
Der neue Betriebshof war zunächst als reiner Straßenbahnbetriebshof geplant. Der größte Teil des geplanten Endbestandes von 210 KT4D sollte hier beheimatet werden. Die dem Betriebshof zugeordnete Hauptwerkstatt sollte Wartungs- und Reparaturkapazitäten für 80 KT4D erhalten. Die EVB beabsichtigten dabei, alle wichtigen Gewerke hier zentral anzusiedeln und gleichzeitig alle benötigten Materialien an dieser Stelle zu lagern. Außerdem sollte am Rande des Betriebshofes eine neue Lackiererei für Straßenbahn und Bus entstehen. Die alten Lackierungskapazitäten in der Stadt, besonders im Betriebshof Karl-Marx-Allee, reichten längst nicht mehr aus, und die Anlagen entsprachen den Forderungen des Umweltschutzes nicht. Bereits seit Mitte der 70er Jahre hatte die EVB aus Gründen des Umweltschutzes alle anfallenden Lackierungen in der Werkstatt Karl-Marx-Allee in Handarbeit ausführen lassen müssen.
Bereits bei Baubeginn für den Betriebshof Südost war abzusehen, daß das ursprüngliche Projekt den realen Anforderungen nicht gerecht werden würde. Um jedoch das Anrecht auf die Flächennutzung nicht zu verlieren (immerhin war das zur Verfügung gestellte Areal 11 ha groß), wurde mit dem Bau begonnen und auf dem Gelände des künftigen Betriebshofs ein Umfahrungsgleis angelegt. Zunächst wurden 5 Abstellgleise für 40 KT4D errichtet. Der große Platzbedarf für die Gleisanlagen war durch die Verwendung von Einheitsweichen bedingt. Bei der baulichen Gestaltung des Betriebshofes waren auch die vorhandenen getypten Industriebauten zu berücksichtigen, die nun für die Zwecke des Nahverkehrsbetriebs weiterverwendet werden sollten. Aus der Zeit des Baubeginns stammte auch das Projekt einer Endschleife für die Linie 3 direkt vor dem neuen Betriebshof, das aber nicht verwirklicht wurde. Die offizielle Einweihung des ersten Bauabschnitts des neuen Betriebshofes Südost am Urbicher Kreuz erfolgte erst am 17.11.1990. Inzwischen wurde das ursprüngliche Projekt jedoch völlig verändert, und anstelle eines reinen Straßenbahnbetriebshofes wurde ein kombiniertes Objekt für Straßenbahn und Omnibus vorgesehen. Darüber wird an anderer Stelle noch berichtet.
Zurück zum Jahre 1988! Ebenfalls im Januar jenes Jahres wurden die alten, 1974 eingeführten Lochentwerter durch eine neue, kleinere Bauart ersetzt. Begründet wurde dies offiziell mit der Absicht, in der gesamten DDR einheitliche Entwertermodelle und einheitliche Fahrscheine für den städtischen Nahverkehr einzuführen. Die neuen Lochentwerter brachten jedoch keinerlei Verbesserung gegenüber den bisher verwendeten, und die Umrüstung der Fahrzeuge (neben den Straßenbahnwagen mußten auch die Stadtbusse mit diesen Entwertern versehen werden) kostete zigtausende Mark, die auf zentrales Geheiß vergeudet wurden.
1988 war wieder einmal die Aufweitung des „Stadtparkkopfes" im Gespräch, ohne daß jedoch tatsächlich gebaut wurde. Endlich begonnen wurde aber mit der Straßenbahnverlängerung zum Roten Berg. Unter mehreren Varianten für die niveaufreie Kreuzung der Anlagen der Deutschen Reichsbahn am Bahnhof Erfurt-Nord wurde diejenige ausgewählt, bei der die Eisenbahngleise mittels einer 200 m langen Spannbetonbrücke mit südlich und nördlich anschließenden, je 100 m langen Auffahrrampen, überquert werden. Das Projekt beinhaltete eine insgesamt 3,2 km lange Neubaustrecke zum Roten Berg, die am Thüringer Zoopark in einer Endschleife abschließen sollte. Zusätzlich war eine Wendeschleife an der Grubenstraße vorgesehen, sowohl für Wagen des Linienverkehrs, als auch für Verstärkungszüge. Diese Schleife sollte so angelegt werden, daß sowohl ein Straßenbahnbetrieb zwischen Innenstadt und Zwischenschleife Grubenstraße, als auch bei Bedarf zwischen Zoopark und Grubenstraße möglich ist. Insgesamt 6 Haltestellen an der Neubaustrecke wurden vorgesehen. Im Raum der Schleife Grubenstraße war ein Verknüpfungspunkt zwischen Straßenbahn- und Kraftomnibusverkehr geplant.
Mit der Entscheidung zum Bau der Spannbetonbrücke am Bahnhof Erfurt-Nord wurde eine zwar wirtschaftlich günstige, aber städtebaulich und verkehrsorganisatorisch anfechtbare Lösung eingeleitet. Da das Brückenbauwerk als reine Straßenbahnbrücke projektiert war, wurde nämlich die direkte Ausfallstraße in Richtung Norden, die Stotternheimer Straße, irreversibel unterbrochen. Tatsächlich wäre es wahrscheinlich besser und günstiger gewesen, eine andere Variante für die Querung der Reichsbahngleise zu wählen, zum Beispiel die früher einmal beabsichtigte Absenkung des Straßenplanums der Karl-Marx-Allee. Straßenbahn *und* Kraftverkehr hätten die Eisenbahngleise queren können, die wichtige Nord-Süd-Verkehrsader wäre nicht durchtrennt worden, und die architektonische und ästhetische Unmöglichkeit, einen hypermodernen Betonklotz inmitten von Gründerzeitbauten zu plazieren, wäre Erfurts Stadtbild erspart geblieben. Nun, das Betonbrückenprojekt stammt nicht von den EVB, sondern aus dem „Büro für Verkehrsplanung" beim Rat der Stadt, wie andere und ähnlich fragwürdige Projekte auch. Wir erinnern nur an die Einstellung der Linie 4 zwischen Hauptbahnhof und Breitscheidstraße im Jahre 1973. Um die notwendige Baufreiheit für die Straßenbahnbrücke am Bahnhof Erfurt-Nord zu schaffen, wurde Anfang März 1988 die Endschleife Metallstraße der Linie 1, 2 und 6 aufgegeben und dafür eine provisorische Wendeschleife an der Salinenstraße/Vollbrachtstraße errichtet. Diese Wendeschleife sollte nur solange existieren, bis der erste Bauabschnitt der Verlängerung - die Strecke zur Grubenstraße - in Betrieb wäre. Aber bis dahin sollten noch 2½ Jahre in Land gehen. Im März 1988 beschafften die EVB erneut 5 Triebwagen von Typ KT4D. Mit Zuführung dieser Wagen wurde die letzten Gelenkwagen Gothaer Bauart aus dem Plandienst genommen, und seit Anfang 1989 gehörte keine dieser Fahrzeuge mehr zum Einsatzbestand. Erstmals verfügte der Erfurter Nahverkehrsbetrieb damit über einen typenreinen Bestand an Personenfahrzeugen für die Straßenbahn. Die KT4D - Lieferung von 1988 erhielt die Betriebsnummer 531 bis 535.
Zwar war beabsichtigt, zwei der abgestellten G 4 Bauart Gotha für Sonderzwecke herzurichten - den einen als Stadtrundfahrtwagen, den zweiten als Partywagen mit gastronomischer Versorgung, doch die nachfolgende Entwicklung in der DDR ("Wende") ließ diese Pläne zu Makulatur werden. So gestaltete sich die Sonderfahrt von Erfurter Nahverkehrsfreunden mit dem Gelenktriebwagen Nr. 175 am 18. März 1989 zur echten Abschiedsfahrt von einem Wagentyp, der 30 Jahre Erfurts Stadtbild mitgeprägt hatte. 1988 gingen die EVB nach jahrzehntelanger Abstinenz dazu über, die Seitenflächen der Triebwagen wieder mit fest aufgebrachter Werbung zu versehen. Das Eigentumssignet rückte von der Mitte der Seitenwand unter das Fenster der Fahrerkabine, so daß die gesamte Fläche unterhalb der Fahrgastraumfenster für Werbung genutzt werden konnte. Das bisher etwas eintönige Bild des Wagenparks wurde damit abwechslungsreicher.
Das Jahr 1989 brachte im September die Inbetriebnahme der vorläufigen Verkehrsanlagen im Betriebshof Südost sowie die Fertigstellung des dazugehörigen Unterwerkes für die Bahnstromversorgung. Am 15.9.1989 wurde schließlich auch das letzte Teilstück der Verlängerung der Linie 3 zur Endstelle Windischholzhausen eingeweiht. Die 750 m Doppelgleis wurden um 14.12 Uhr mit einer KT4D - Dreiertraktion, an der Spitze Tw. 530, befahren. Die neue Endschleife lag nicht, wie früher einmal vorgesehen, gegenüber dem Betriebshof Südost, sondern ein ganzes Stück südlich davon. Von der Wendeschleife zweigten in Richtung Norden die Zufahrgleise zum Betriebshof ab, um schließlich in Richtung Osten in den Betriebshöfen zu führen. Die Linie 3 hatte nunmehr eine Länge von fast 12,5 km erreicht; die Fahrzeit von der nördlichen Endstelle (Ulan-Bator-Straße) zur südlichen in Windischholzhausen betrug 42 Minuten. Der bisherige Wendezugbetrieb zwischen Melchendorf und Windischholzhausen konnte entfallen, die Wendeschleife in Melchendorf blieb jedoch als Zwischen- und Havarieschleife bestehen. Wenige Tage später wurde die Straßenbahnbrücke in Erfurt-Nord im Roh-

Sonderfahrt „30 Jahre Gelenkzüge Bauart Gotha" am 18. März 1989.
Foto: Unruh

bau fertig. Am 28.12.1989 stellten die Erfurter Verkehrsbetriebe zwei Varianten für die zukünftige Gestaltung des Liniennetzes in der Presse vor, verbunden mit der Verlautbarung, die Verlängerung zum Roten Berg bis 1991 fertigzustellen. Beide Varianten, zu denen die Bevölkerung ihre Meinung äußern sollte, wichen in Linienführung und Fahrplangestaltung zum Teil beträchtlich voneinander und auch vom bisherigen Netz ab; deshalb sollen sie hier kurz erwähnt werden. Die Variante I ging von künftig folgenden Linien aus:

Variante I

Linie	
1	Grubenstraße - Hauptfriedhof
2	Grubenstraße - iga
3	Ulan-Bator-Straße - Wiesenhügel
4	Rieth - Thüringenhalle
5	Rieth - Steigerstraße
6	Zoopark - Windischholzhausen

("Rieth" war dabei die vorgeschlagene neue Bezeichnung für die Endstelle Straße der Völkerfreundschaft, die dann tatsächlich im September 1990 eingeführt wurde).

Die Variante II sah folgende Linien vor:

Variante II

Linie	
1	Zoopark - Hauptfriedhof
2	Grubenstraße - iga
3	Ulan-Bator-Straße - Windischholzhausen
4	Rieth - Thüringenhalle
5	Rieth - Steigerstraße
6	Grubenstraße - Wiesenhügel
7	Ulan-Bator-Straße - Wiesenhügel
8	Zoopark - Windischholzhausen

Dabei waren die Linien 7 und 8 als Verstärkungslinien zur Hauptverkehrszeit (HVZ-Linien) gedacht. Für den Fall, daß sich die Variante II durchsetzen sollte, hatte ein Teil der Triebwagen auf den Rollfirmen für die Liniennummeranzeige bereits die Ziffern 7 und 8 erhalten. Keine von beiden Varianten fand jedoch den ungeteilten Beifall der Mehrheit der Bürger. An der Variante I bemängelte man den vorgesehenen Tausch der südlichen Endstellen der Linien 3 und 6, an der Variante II vor allem den „Linienwirrwarr". So setzte sich schließlich als Orientierung für das Liniennetz der nächsten Jahre eine Variante durch, die auf dem bisherigen Liniennetz beruhte, lediglich mit dem Unterschied, daß die Linien 1 und 6 zukünftig am Zoopark, die Linie 2 an der Grubenstraße enden sollte. Am 9.2.1990 wurde in der Lokalpresse folgende Liniennetzplanung veröffentlicht:

Linie	
1	Zoopark - Hauptfriedhof
2	Grubenstraße - iga
3	Ulan-Bator-Straße - Windischholzhausen
4	Rieth - Thüringenhalle
5	Rieth - Steigerstraße
6	Zoopark - Wiesenhügel.

Für die Zeit des Berufsverkehrs waren dabei für die Linien 1, 2, 4 und 5 Zugfolgen von je 12 Minuten, für die Linien 3 und 6 von je 6 Minuten vorgesehen. Wenn sich auch einige Details dieser Planung später veränderten, so blieb doch der Versuch der EVB bemerkenswert, den Bürgern der Stadt eine demokratische Mitsprache bei der Gestaltung des Nahverkehrs einzuräumen. Anfang 1990 wurden 800 m Strecke der Linie 1, 2 und 6 grundlegend erneuert. Die Arbeiten zwischen Talknoten/Boyneburgufer und Salinenstraße sollten ermöglichen, einen störungsfreien Verkehr zunächst bis zur Schleife Grubenstraße durchführen zu können. Im Frühjahr 1990 wurde die Fahrleitung der Linie 5 in der Schillerstraße überholt, und am 13. Februar 1990 erfolgte die Grundsteinlegung für das zukünftige Betriebsdienstgebäude auf dem Gelände des Betriebshofes Südost. Das waren die letzten Ereignisse, die unter dem Firmennamen *VEB (K) Erfurter Verkehrsbetriebe* vor sich gingen, denn am 24. April 1990 wurde der Nahverkehrsbetrieb der Blumenstadt in die *Erfurter Verkehrsbetriebe Aktiengesellschaft (EVAG)* umgewandelt.

Fahrscheine der Erfurter Straßenbahn

(Abbildungen 1:1)

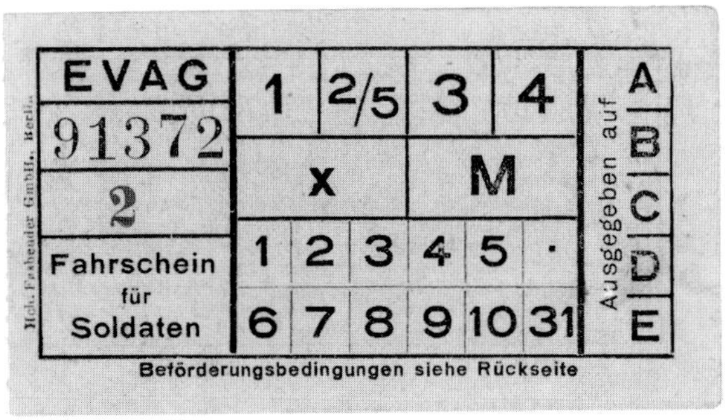

Fahrschein für Soldaten, mit Umsteigeberechtigung, 1941

Fahrschein für einfache Fahrt, Preis 0,15 Mark; in dieser Form von 1960 bis 1966 ausgegeben

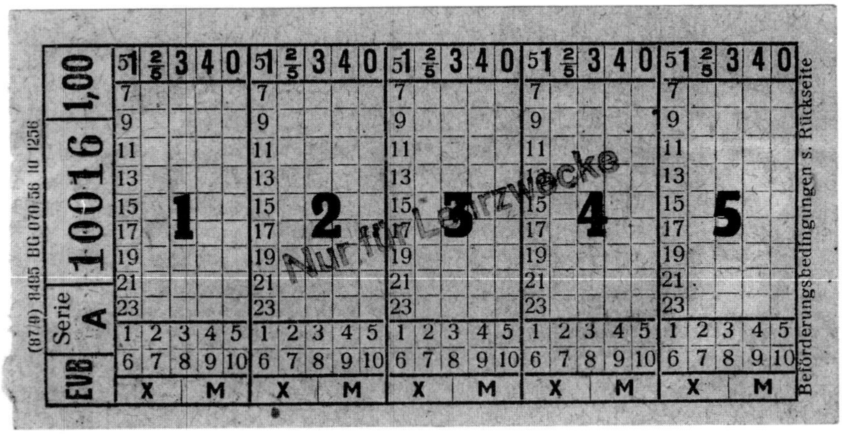

5-Fahrten-Sammelkarte mit Umsteigeberechtigung Straßenbahn - Obus, ab 1951, Preis 1,00 Mark

Abschnitt einer 5-Fahrten-Abrißkarte für Erwachsene, von 1964 bis 1974 ausgegeben, verwendbar für Z-System und OS-System. Einzelfahrt 0,12 M, Gesamtpreis 0,60 M.

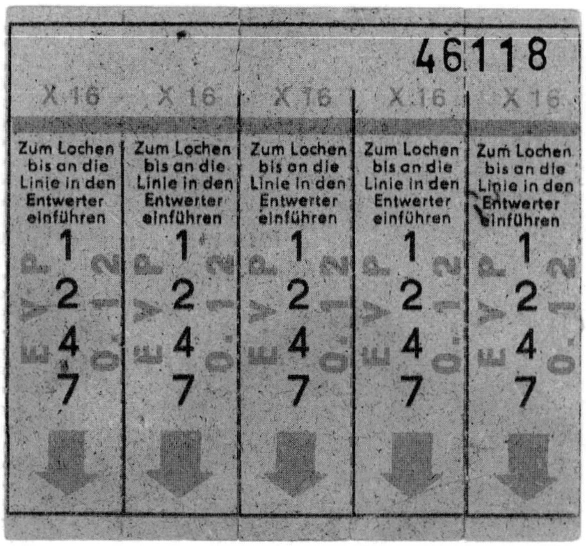

5-Fahrten-Abrißkarte für das Entwertersystem, Erwachsene, gültig ab 29.9.1974 bis 1988 und im geänderten Format bis 31.1.1991

Abschnitt einer 5-Fahrten-Abrißkarte für Erwachsene, Langzeit (= 60 Minuten), gültig vom 29.9.1991 bis 31.3.1992; Gesamtpreis pro Karte 5,00 DM

Fahrschein für den Regionalverkehr

Zwei Luftaufnahmen der Erfurter Innenstadt von 1991 zeigen die Straßenbahnen aus ungewohnter Perspektive. Auf dem oberen Bild: Anger und das historische Stadtzentrum, unten das Viertel um den Dom mit der Straßenbahnwendeschleife.

Triebwagen 492 Nähe Angerbrunnen, Juni 1991

Die EVAG auf dem Weg in die Marktwirtschaft

Der Nahverkehrsbetrieb wird Aktiengesellschaft

Die Umwandlung des Erfurter Nahverkehrsbetriebs in eine Aktiengesellschaft erfolgte gemäß den Bestimmungen der „Verordnung zur Umwandlung von Volkseigentum" vom 8. März 1990. Die Eintragung des Betriebes in das Handelsregister erfolgte mit Wirkung vom 9. Mai 1990. Das Grundkapital der Gesellschaft betrug mit Inkrafttreten der Währungsunion 100 Millionen DM und wurde in 100.000 Namensaktien zu je 1.000 DM eingeteilt. Alle Aktien wurden von der Stadt Erfurt übernommen. Das Geschäftsjahr 1990 lief vom 1.7. bis zum 31.12.1990. Mit der Umwandlung in eine AG entstand aus dem ehemaligen VEB(K) ein marktwirtschaftlich arbeitendes Unternehmen. Den Vorsitz führte bis zum 20.7.1990 Dr. Martin Salecker, der bisherige EVB-Betriebsdirektor. Dann übernahm Oberingenieur Claus Cämmerer als geschäftsführender Vorstand die Leitung des Unternehmens. Am 30.8.1990 wurde Oberingenieur Cämmerer zum Vorstandsvorsitzenden der Erfurter Verkehrsbetriebe AG (EVAG) berufen. Er nimmt seither gleichzeitig die Aufgaben eines Technischen Vorstandes war. Als weitere Vorstandsmitglieder traten Ing. Bodo Hempel (ab 3.9.1990 Vorstand für Arbeit) und Dipl.-Kfm. Wolfgang Dicke (ab 6.11.1990 kaufmännischer Vorstand) an seine Seite. Vorsitzender des aus 9 Personen bestehenden Aufsichtsrates wurde Franz Birkefeld, Finanzdezernent beim Magistrat der Stadt Erfurt. Bestanden zum Zeitpunkt der Umwandlung des Betriebes in eine AG noch vier Betriebsbereiche (Straßenbahn, Bus, Taxi und Fahrschule), so änderte sich das bereits im Herbst 1990: Die Fahrschule wurde aufgelöst bzw. an einen privaten Eigner abgegeben. Ende 1991 wurde auch der Taxibetrieb privatisiert. Zwischenzeitlich entstand bei der EVAG noch ein Reisebüro mit dem Namen „EVA-Tours". Als Hauptbetriebsstelle verblieben noch Straßenbahnbetrieb und Busbetrieb. War die Entscheidung des Erfurter Nahverkehrsbetriebs in der Zeit des VEB(K) trotz aller Schwierigkeiten und Irrwege im wesentlichen kontinuierlich verlaufen, so taten sich nun, auch im Zusammenhang mit der deutschen Einigung, Probleme auf, die gelöst werden mußten. Das betraf zunächst das Tarifsystem, welches im Geschäftsjahr 1990 noch unverändert fortgalt. Da mit dem massiven Abbau von Subventionen zu rechnen war, mußte ein allmählicherÜbergang zu kostendeckenden Fahrpreisen eingeleitet werden. Das betraf auch geänderte Fahrgewohnheiten der Bürger - nach der „Wende" nahm der Individualverkehr sprunghaft zu Lasten des öffentlichen Personennahverkehrs zu. Eine gewisse Rolle spielte auch der Rückgang der Einwohnerzahl Erfurts. Hatte diese 1989 noch 220.000 betragen, so waren es zum Zeitpunkt der Einigung Deutschlands am 3.10.1990 noch 210.474 Einwohner und per 30.6.1991 noch 207.101 Bürger. Das Territorium der Stadt hatte sich indes bis 1989 auf 107,6 km² ausgedehnt. Die Probleme im Nahverkehr konnten nur gelöst werden, wenn es gelang, Straßenbahn und Omnibus zu hochmodernen, attraktiven Verkehrsmitteln umzugestalten, die eine echte Alternative zum Individualverkehr darstellten. Bezüglich der Straßenbahn ergab das u. a. die Notwendigkeit, das Gleisnetz grundlegend zu sanieren, die Linienführung den Erfordernissen anzupassen und schließlich auch, neue, leistungsfähigere, dem modernsten technischen Stand entsprechende Fahrzeuge zur Beschaffung vorzusehen. Gleichzeitig mußten aber auch solche Aufgaben bewältigt werden, wie die Beendigung begonnener Bauvorhaben oder die Modernisierung der Haltestellenanlagen. Daß die Entwicklung in den Jahren 1990 bis 1992 nicht geradlinig verlief, ist daher nur allzu verständlich.

EVAG hilft EVAG

Bei der Durchführung spezieller Vorhaben war zudem noch zu beachten, daß entsprechend dem Einigungsvertag die BOStrab der Bundesrepublik Deutschland seit dem 3.10.1990 auch für die neuen Bundesländer Gültigkeit besaß. Wenn dieses Vorschriftenwerk auch längst nicht so detailliert ist, wie die vordem gültige BO Strab der DDR von 1976, so ergaben sich doch gerade durch seine Einführung Bezüge zu rechtlichen Normen und gesetzlichen Bestimmungen, die in der DDR kaum Beachtung gefunden hatten, beispielsweise zum Lärm- und Umweltschutz. Rat und Unterstützung fand die EVAG in dieser Situation unter anderem bei der Essener Verkehrs-AG, deren Kürzel ebenfalls EVAG lautet. Der Essener Betrieb stellte dem Erfurter Unternehmen leihweise für ein Jahr zwei Straßenbahngelenkwagen vom Typ M8C (sogenannte Stadtbahnwagen M) zur Verfügung. Diese Wagen verkehrten ab 11.4. bis 20.5.1990 auf der Linie 2 und demonstrierten, wie in etwa ein zukünftiger moderner Straßenbahnwagenpark auch in Erfurt aussehen könnte. Im Austausch dafür gab Erfurt für ein Jahr seinen historischen Triebwagen 92 nach Essen. Die Essener M8C-Triebwagen 1111 und 1106 kehrten am 7. März bzw. 25. April 1991 in ihre Heimat zurück. Am 29. September 1990 nahm die EVAG die Verlängerung der Straßenbahnlinien 1, 2 und 6 von der Salinenstraße bis zur Wendeschleife Grubenstr. in Betrieb. Damit vergrößerte sich das Streckennetz um 630 m Doppelgleis, 300 m Einfachgleis und 7 Weichen. Im Innenraum der Schleife Grubenstr. entstanden Abfahrmöglichkeiten für den Kraftomnibus - Stadt- und Regionalverkehr. Seit 1960 wurden damit insgesamt 13 km Streckenverlängerung in Betrieb genommen; einschließlich der noch fertigzustellenden Strecke zwischen Grubenstraße und Roter Berg sogar rund 16 km. Aus Anlaß der Verlängerung der Straßenbahn zur Grubenstraße fand in Erfurt-Nord ein großes Volksfest statt. Einige der Straßenbahnzüge, die an diesem Tag erstmalig über die neue Straßenbahnbrücke am Bf. Erfurt-Nord fuhren, trugen im Zielfilm noch die ursprünglich vorgesehene Endstellenbezeichnung „Kombinat Umformtechnik" statt „Grubenstraße". Mit Inbetriebnahme der Verlängerung zur Grubenstraße hatte das Liniennetz der Erfurter Straßenbahn folgende Gestalt:

Liniennetz 1990

Linie	Streckenführung	Länge
1	Grubenstr. - Hauptfriedhof	7,4 km
2	Grubenstr. - iga	6,6 km
3	Ulan-Bator-Str. - Windischholzhausen	12,2 km
4	Rieth - Thüringenhalle	7,5 km
5	Rieth - Steigerstr.	7,5 km
6	Grubenstr. - Wiesenhügel	8,9 km

Die Gesamtlänge aller Linien betrug damit 50,1 km.

Zu diesem Zeitpunkt war bereits abzusehen, daß der ursprünglich für die Einweihung der 2,5 km langen Reststrecke zum Roten Berg vorgesehene Termin, die Jahreswende 1990/91, nicht zu halten sein würde. Gleichzeitig mit der Inbetriebnahme der Strecke zur Grubenstraße wurde der Fahrplan auf den Straßenbahnlinien verbessert. Der Abend- und Wochenendverkehr der Linie 21/51 entfiel; die Linien 2 und 5 befuhren nunmehr auch in den Abendstunden und sonnabends sowie sonntags ihre Stammstrecken zwischen Grubenstr. und iga bzw. Rieth und Steigerstraße. Ende Oktober 1990 wurde die erste Ausbaustufe des Betriebshofes Windischholzhausen in Betrieb genommen, nunmehr bereits nach neuer Konzeption, also mit Abstellmöglichkeiten für zunächst 40 KT4D-Triebwagen und 20 Omnibusse. Im einzelnen wurden errichtet:

440	m	Doppelgleis (Schwellengleis)
250	m	Einfachgleis (Schwellengleis)
1.800	m	Abstellgleis (5 Gleise)
8		Weichen
1		eingleisiger Abzweig
3.500	m^2	Abstellfläche für Omnibusse
2.940	m^2	Straße.

Der Rohbau des Dienstgebäudes hatte bereits ein neues Betriebssignal erhalten, in der Form, wie es ab Dezember 1990 auch an den Fahrzeugen auftauchte, hier allerdings noch mit den Buchstaben *EVB* statt EVAG. Um den Betriebshof Südost überhaupt errichten zu können, mußten 170.000 m^3 Erde bewegt und ein Höhenunterschied am Bauort von 16 m ausgeglichen werden. Im Herbst 1990 erneuerte die EVAG auf dem Abschnitt Binderslebener Landstraße - Hauptfriedhof die Fahrleitung. Es blieb bei der bewährten Kettenfahrleitung, doch wurden vor allem neue, stärkere Querträger für die Aufhängung verwendet. Die Linie 1 fuhr während der Umbauarbeiten zur iga. Auch über verbesserte Abfertigungsmethoden machte man sich Gedanken; im Spätherbst 1990 wurden zunächst in einen KT4D-Doppelzug neue, elektronische Entwerter eingebaut, die die primitiven Entwerter von 1988 ablösen sollten. Ein Jahr später waren alle Fahrzeuge mit dem neuen Entwertertyp ausgerüstet. Auch der Wagenpark der Straßenbahn erfuhr nochmals Zuwachs: Im November 1990 trafen 20 KT4D in der Blumenstadt ein. Für sie waren die Wagennummern 536 bis 555 vorgesehen. Diese Wagen unterschieden sich von den früher gelieferten vor allem dadurch, daß sie durchweg Sitzplatzanordnung 2 + 1 (34 Sitzplätze) besaßen und die Sitze als Polstersitze ausgeführt waren. Auch hatten die Wagen eine attraktive Farbgebung: vom Dach bis unterhalb der Fenster kirschrot, darunter weiß. Die Stoßstangen waren ebenfalls in Rot; ihre Farbgebung setzte sich als umlaufender Zierstreifen an den Unterkanten der Seitenwände fort. Die Stirnfront trug als Schmuckelement ein CKD-Emblem. Nach wie vor hatten die Fahrzeuge ab Werk jedoch keine Stoßdämpfer. Von den 20 Wagen des Baujahrs 1990 verblieben jedoch nur 13 in Erfurt. Die Triebwagen 544, 546, 547, 550, 551, 554 und 555 wurden im Jahre 1991 nach Cottbus verkauft. Die verbliebenen Wagen wurden außer Tw. 536 auf den Linien 1, 2 und 6 eingesetzt. Dieser Wagen wurde mit verzogenem Wagenkasten angeliefert und zur Nachbesserung ins Herstellerwerk zurückgegeben. Im März 1992 kehrte er von dort zurück und wurde seitdem ebenfalls auf Linie 1 eingesetzt. Mit der Abgabe der 7 KT4D nach Cottbus wurden erstmals in der Geschichte der Erfurter Straßenbahn fabrikneue Fahrzeuge an einen anderen Betrieb verkauft. Der Verkauf der 7 KT4D sowie die Stornierung eines weiteren Auftrags über 30 Wagen für 1991 hatten folgende Gründe: Zunächst war für die 7 Triebwagen kein Bedarf mehr vorhanden, weil die Strecke zum Roten Berg vorerst nicht fertiggestellt werden konnte. Weiter stand fest, daß der KT4D künftig für Neubeschaffungen nicht mehr in Frage kam, da dieser Wagentyp perspektivisch durch Fahrzeuge abgelöst werden soll, die dem neuesten Stand der Technik entsprechen. Die verbliebenen 13 KT4D der Lieferung von 1990 erhielten für die Sprechfunkanlagen neue, verkleidete Dachantennen. Ab 1992 wurden zum Teil auch Wagen älterer Lieferserien mit derartigen Antennen bestückt. Die Wagen des Baujahres 1990 wurden bald zum größten Teil mit Stoßdämpfern versehen. Vom Einsatz auf den Linien 1,2 und 6 wurde nur ausnahmsweise abgewichen. Im September 1991 fuhr die Doppeltraktion Tw. 548/549 beispielsweise für eine Woche auf der Linie 4, und 1991, anläßlich der Bauarbeiten am Stadtpark, bewältigte ein Teil der Wagen des Baujahres 1990 den dort eingerichteten Pendelverkehr, Heck an Heck gekuppelt.

Fahrgastschwund, neue Tarife und KT4D-Modernisierung

Im Jahre 1990 wurden im Erfurter Nahverkehr etwa 20 % weniger Fahrgäste als 1989 befördert - die Fahrgewohnheiten der Bürger hatten sich geändert. Am 1. Februar 1991 trat eine Tariferhöhung in Kraft, womit der frühere Grundtarif von 15 Pf. endgültig der Vergangenheit angehörte.

Der neue Tarif 1991

Fahrscheinart	**Preis DM**
Einzelfahrschein	
Erwachsene	0,80
Kinder, Senioren, Kinderwagen, Gepäck und Hunde	0,40
5-Fahrten-Abrißkarte	
Erwachsene	3,00
Kinder, Senioren, Kinderwagen, Gepäck und Hunde	1,50
"Citytarif" (gültig zwischen Domplatz/Hbf bzw. Brühler Garten/Augustiner-Str.)	2,00
Tagesfahrschein (unbegrenzte Fahrtenzahl)	
für eine Person	3,00
Familientageskarte (bis zu 5 Personen)	5,00
Monatskarte, gültig für das gesamte Netz	
Erwachsene,	27,50
Kinder, Schüler, Studenten und Auszubildende	20,00
Jahreskarte (gesamtes Netz)	275,00

Eine Umsteigeberechtigung für Benutzer von Sammelkarten existierte nicht. Ab 1. Juli 1991 wurden die Tarife insofern modifiziert, daß Gepäck und Kinderwagen unentgeltlich befördert wurden. Insgesamt blieben diese Tarife nur kurzfristig bestehen; zum Fahrplanwechsel 1991/92 änderten sie sich erneut. Im März 1991 begann die Ausrüstung der Straßenbahnwagen mit elektronischen Entwertern; bis September 1991 waren alle Fahrzeuge mit neuen Entwertern ausgestattet. Statt einer Lochungskombination galt nun die auf dem Sammelkartenabschnitt aufgedruckte Uhrzeit als Merkmal der ordnungsgemäßen Entwertung. Anfang März 1991 konnte endlich die bereits 1986 begonnene Waschhalle im Betriebshof Magdeburger Allee eingeweiht werden. Der Gesamtkostenaufwand für dieses Objekt belief sich auf 2,2 Millionen DM.
Zwischen März und April 1991 wurde die gesamte Fahrleitungsanlage zwischen Brühler Garten und iga erneuert. Dabei wurden auch neue Masten aufgestellt. Am 8.4.1991 begann die Instandsetzung des „Stadtparkkopfes". Gleisanlagen und Gleisbett befanden sich an diesem wichtigen Knotenpunkt in sehr schlechtem Zustand, und so wurden umfangreiche Bauarbeiten erforderlich. Seit 9.4.1991 fuhren die Linien 4 und 5 im Umleitungsverkehr zwischen Rieth und Melchendorfer Straße. Zwischen Stadtpark und Thüringenhalle bzw. Steigerstr. wurde ein Pendelverkehr mit Heck an Heck gekuppelten Triebwagen aufrechterhalten. Die abgenutzten und stark beschädigten Großverbundplatten wurden durch in Pflasterbettung verlegte Gleise ersetzt.

Wurden noch im Geschäftsjahr 1990 1,5 km Gleisunterbau zwischen der zukünftigen Haltestelle *An der Lache* und der vorgesehenen Endschleife am Zoopark hergestellt, und lagen im Wohngebiet Roter Berg zum Teil bereits die Gleise für die Verlängerung, so stagnierten im Frühjahr und Sommer 1991 die Bauarbeiten auf dem gesamten Abschnitt. Nachdem die notwendigen finanziellen Mittel zur Verfügung standen, konnte im November 1991 konnte der Gleisbau fortgesetzt werden. Als Fertigstellungstermin für die 2,5 km lange Strecke zwischen Grubenstr. und Roter Berg wurde der 1.1.1992 geplant, letztlich jedoch wurde es dann der 1.9.1992.
Ab 1.6.1991 ersetzte die EVAG die bisherigen, mit schwarzen Ziffern versehenen Liniennummernschilder an den Straßenbahnwagen durch solche mit roten Ziffern. Ebenso erhielten alle Straßenbahnwagen im Interesse einer besseren Fahrgastinformation innen über den Türschächten neue Richtungsschilder mit Angabe aller Haltestellen.
Um die Attraktivität des Wagenparks zu erhöhen, begann die EVAG im März 1991 mit dem Umbau der KT4D-Triebwagen. Beginnend mit dem Wagen 401 aus der Nullserie, wurden inzwischen viele Fahrzeuge von Sitzplatzanordnung 1 + 1 auf 2 + 1 (33 statt 26 Sitzplätze) umgerüstet und gleichzeitig die Plastschalensitze mit Polsterung versehen. Die Verringerung des Platzangebotes nahm man zugunsten eines erhöhten Fahrkomforts gern in Kauf. Fast alle umgebauten Wagen erhielten außerdem die gleiche Farbgebung wie die 1990 gelieferten Wagen, mit Ausnahme der Triebwagen 417 und 414, die im August 1991 bzw. Februar 1992 Vollwerbung und die „Markenfarbe" des werbenden Unternehmens erhielten. Tw. 417 wurde in Grün, Tw. 414 in Gelb lackiert. Beide Triebwagen wurden außerdem mit Linien- und Zielrichtungsanzeigen System Annax nachträglich ausgerüstet. Wagen 420, bereits ab Werk mit Sitzplatzanordnung 2 + 1, erhielt eine Sonderlackierung in Reinweiß und Werbung für ein Bankunternehmen. Die neue Farbgebung der Fahrzeuge führte zu einem recht attraktiven Aussehen. Weitere Wagen erhielten bis 1994 ebenfalls eine Sonderlackierung. Desgleichen wurde der Umbau auf Sitzplatzanordnung 2 + 1 mit gepolsterten Sitzen fortgesetzt. Bei einigen der teilmodernisierten Fahrzeuge wurden außerdem Klappfenster eingebaut und elektronische Linien- und Fahrtrichtungsanzeiger nachgerüstet. Einige wenige Wagen bekamen gepolsterte Schalensitze bei Beibehaltung der bisherigen Sitzanordnung 1 + 1.
Abgesehen von den gerade genannten Maßnahmen, die an der Grundkonzeption der KT4D nichts veränderten, war die EVAG jedoch auch bestrebt, wenigstens einen Teil dieser Triebwagen, die noch längere Zeit den Hauptanteil des Wagenparks bilden werden, grundlegend zu modernisieren. Die Waggonbau GmbH Ammendorf hatte dafür bereits die konstruktiven Arbeiten abgeschlossen, und im August und September 1991 wurde in Erfurt eine Studie im Maßstab 1 : 1 gezeigt. Die Kosten hätten sich auf ca. 800.000 DM pro modernisierten Wagen belaufen. Die Umbau-KT4D wären zu neuwertigen, modernen Fahrzeugen geworden. Triebwagen 491 wurde tatsächlich im November 1991 zum Umbau nach Halle geschickt. Das Projekt zerschlug sich jedoch, und das Fahrzeug kehrte im alten Zustand nach Erfurt zurück.
Ab Sommer 1992 begann die EVAG mit der vollständigen Modernisierung ausgewählter KT4D in eigener Werkstatt. Es war vorgesehen, etwa 40 Wagen dieser Radikalkur zu unterziehen. Jährlich sollten ca. 12 Fahrzeuge umgebaut werden. Als erste Wagen wurden Tw. 515 und 514 völlig umgestaltet. Fahrgastraum und Fahrerkabine wurden verändert. Die Sitzanordnung stellte man auf 2 + 1 bei Einbau von Polstersitzen um. Ein neuer, rutschfester Fußbodenbelag ersetzte den bisherigen. Änderungen an den Drehgestellen, neue Fahrgastraumfenster mit klappbarem Oberteil und neue Falttüren gehörten ebenso zu den Modernisierungsarbeiten, wie die Ausrüstung mit elektronischen Liniennummern- und Zielanzeigen, die Erneuerung der Innenbeleuchtung und der akustischen Fahrgast-

informationsanlage. Neue Faltenbälge ersetzten die ursprünglichen. Die Wagen wurden komplett neu verkabelt, und ein drittes Spitzenlicht über dem Stirnfenster der Fahrerkabine kam hinzu. Andere Brems- und Schlußleuchten veränderten das Bild des Wagenhecks. Während Tw. 515 und 514 elektromechanisch betätigte Einholmstromabnehmer bekamen, behielt man bei den folgenden Umbauwagen die Seilzugbetätigung des Stromabnehmers bei. Dafür erhielt die Mehrzahl der bis 1994 umgebauten Wagen zusätzliche Rückfahrscheinwerfer am Wagenheck. Dergestalt modernisiert wurden bisher ausschließlich Fahrzeuge der Baujahre 1986 und 1987, also der Nummernserie 494-530. Diese Wagen bekamen überwiegend die seit 1990 gültige Farbgebung: oben rot, unten weiß. Einige der Umbau-KT4D verließen die Werkstatt der EVAG mit Sonderlackierungen als Werbeträger; so z.B. Tw. 500 in Weiß mit breiten Querbinden.

Für die künftige Neubeschaffung moderner Straßenbahnwagen sieht die EVAG Niederflur-Gelenkwagen vor. Diese seit 1991 bestehende Orientierung bedingt nicht nur einen erheblichen finanziellen Aufwand für die neuen Wagen, sondern setzt den Umbau aller Haltestellenanlagen voraus. Bürgersteige und Bordsteinkanten an den Haltepunkten müssen so verändert werden, daß eine rampenähnliche Anlage entsteht, deren Oberkante in gleicher Ebene mit den Trittstufen der Einstiege der Straßenbahnwagen liegt. Als erste wurde die Haltestelle an der Wigbertikirche (in Nähe Angerbrunnen) im Zuge der Linien 1 und 2 als Muster für die weiteren Umbauten entsprechend hergerichtet.

Was die Haltestellen anbelangt, so wurden diese seit Ende 1990, hauptsächlich aber seit Sommer 1991 mit modernen Wartehäuschen, deren Verkleidung aus organischem Glas besteht, ausgestattet. Im August 1991 erfolgte die längst fällige Gleissanierung im Bereich Schlösserstr./Anger. An Stelle der verschlissenen Großverbundplatten wurden neue Gleise verlegt; der Fahrbahnschluß erfolgte mit Pflaster. Im Zeitraum vom September bis zum 11. November 1991 wurden umfangreiche Gleissanierungsarbeiten auch im Bereich der Angerkreuzung und des Streckenabschnitts zwischen Anger und Angerbrunnen durchgeführt. Auch hier wurde Pflaster für den Schluß der Fahrbahndecke eingebaut. Vor allem im Innenstadtbereich wird von der Wiedereinführung des Pflasteroberbaus eine erhebliche Reduzierung der Lärmbelästigung erwartet. Die Großverbundplatten, in den 70er Jahren zum Non-plus-Ultra rationellen Gleisbaus erhoben, haben in absehbarer Zeit endgültig ausgedient. Die Platten hielten nicht, was sie versprochen hatten - weder war ihre Haltbarkeit größer, als die konventionell hergestellter Gleisanlagen, noch trugen sie zu einem ruhigen Fahrzeuglauf bei. Sowohl aus ökonomischer Sicht, als auch vom Gesichtspunkt des Umweltschutzes her war ihre Anwendung ein Fehlschlag.

Von den täglichen Benutzern der Straßenbahn kaum wahrgenommen, brachte das Jahr 1991 auch für die Betriebs- und Verkehrsanlagen in den Betriebshöfen erhebliche Veränderungen. Im März 1991 konnte die Wagenwaschhalle im Betriebshof Magdeburger Allee eingeweiht werden, und im Sommer 1991 war das Betriebsdienstgebäude der EVAG auf dem Gelände des Betriebshofes Südost im wesentlichen fertiggestellt. Schlosserei, Schmiede, Gleisbauabteilung und Abteilung Verkehrsanlagen bezogen im September ihre Werkstätten auf dem neuen Betriebshof. Die Verwaltung der EVAG zog im Frühjahr 1994 um in das neue Verwaltungsgebäude an gleicher Stelle. In den Einzelheiten geklärt war bis Sommer 1991 auch die neue, endgültige Konzeption für den Betriebshof Südost als zentraler Betriebshof der EVAG, der zukünftig die Wartung aller Straßenbahnen und Busse übernimmt, die alten Betriebshöfe in der Stadt (Magdeburger Allee und Nordhäuser Str.) entlastet und Provisorien, wie die Freiabstellanlage Pappelstieg, überflüssig macht. Das neue Konzept bedingte, daß inzwischen begonnene, nach dem alten Projekt entstandene Bauten und Anlagen völlig verändert werden müssen, soweit sie nicht in die neue, endgültige Gestaltungsvariante eingepaßt werden können. Der neue Betriebshof wird insgesamt 140 Straßenbahnwagen und etwa der gleichen Anzahl Busse Platz bieten. Für die erste Ausbaustufe, die 1994 beendet sein soll, wurden 70 Mio. DM an Kosten veranschlagt, für den Endausbau nochmals 60 Mio. DM. Nach seiner endgültigen Fertigstellung wird der Betriebshof Südost außer dem Betriebsdienst- und dem Verwaltungsgebäude 5 große Hallen für die Straßenbahnen aufnehmen, davon eine als Hauptwerkstatt, eine als Betriebswerkstatt und die restlichen drei als Abstellhallen. Hinzu kommen ein Erweiterungsbau für die Bahnbauwerkstatt sowie die entsprechenden Einrichtungen für den Busbetrieb, die ebenfalls in Haupt- und Betriebswerkstatt sowie 4 Busabstellhallen gegliedert sind. Die Abstellanlagen im Betriebshof Nordhäuser Straße werden hinfort mit etwa 35 Fahrzeuge nur noch einen geringen Teil des Straßenbahnwagenparks aufnehmen; der Betriebshof Magdeburger Allee soll auch weiterhin von der Tradition des Unternehmens künden. Bereits unter diesem Gesichtspunkt wurde von August 1991 bis Februar 1992 das alte Verwaltungsgebäude in den Zustand von 1883 zurückversetzt. Am 28. September1991 fand im Betriebshof Magdeburger Allee der schon traditionelle Tag der offenen Tür statt. Zu besichtigen waren neben Straßenbahnwagen, Bussen, ein 1:1-Modell eines modernisierten KT4D und moderne Maschinen und Geräte für den Gleisbau.

Einen Tag später, zum Fahrplanwechsel, wurde ein neuer Tarif eingeführt, der auf dem Zeittaktprinzip beruhte. Gleichzeitig damit gelangten neue Fahrscheine in Umlauf. Der neue Tarif führte zwar zu einer weiteren Fahrpreiserhöhung, sollte aber gleichzeitig mehr Tarifgerechtigkeit bewirken. Innerhalb der Gültigkeitsdauer eines Fahrscheins war es nun auch möglich, beliebig oft umzusteigen.

Tarif ab 29.9.1991

Fahrscheinart	**gültig**	**Preis DM**
Einzelfahrschein		
Erwachsene	25 Min.	0,80
Erwachsene	60 Min.	1,30
Kinder und Senioren	25 Min.	0,40
Kinder und Senioren	60 Min.	0,70
5-Fahrten-Abrißkarte		
Erwachsene	25 Min.	3,00
Erwachsene	60 Min.	5,00
Kinder/Senioren	25 Min.	1,50
Kinder/Senioren	60 Min.	2,50
Citytarif		2,00
Tageskarte	24 Std.	
für 1 Person	(ab Entwertung)	3,00
Fahrtenzahl unbegrenzt		
Familientageskarte		5,00
Monatskarte (Stadtverkehr)		
Erwachsene		27,50
Kinder, Schüler, Auszubildende, Studenten		20,00
Monatskarte, übertragbar		30,00
Neun-Uhr-Karte	9.00 - 2.00 Uhr montags bis freitags, am Wochenende ganztägig	24,00
Jahreskarte		
Jahreskarte, nicht übertragbar		275,00
Jahreskarte, übertragbar		330,00

Jedoch galt dieser Tarif nur für kurze Zeit. Um einen höheren Anteil an Kostendeckung zu erreichen, wurde bereits im Januar 1992 für spätestens April eine weitere Anhebung um 25-30 % angekündigt. Seit 1.4.1992 galt die folgende Regelung: Die Langzeitfahrscheine blieben weiterhin 60 Minuten gültig, die Gültigkeitsdauer der

Kurzzeitfahrscheine wurde von 25 auf 15 Minuten reduziert. Der Citytarif entfiel gänzlich.

Tarif ab April 1992

		Preis DM
Kurzzeitfahrschein		
(Einzelfahrschein)	Erwachsene	1,00
	Kinder, Senioren, Schwerbeschädigte	0,50
Langzeitfahrschein		
(Einzelfahrschein)	Erwachsene	1,80
	für Ermäßigungsberechtigte	0,90
5-Fahrten-Karte	Erwachsene, Kurzzeit	4,00
	Kinder, Senioren, Schwerbeschädigte, Kurzzeit	2,00
	Erwachsene, Langzeit	7,00
	für Ermäßigungsberechtigte Langzeit	3,50
Tageskarte	24 Std. gültig, für 1 Person	3,00
	für Gruppen bis zu 5 Personen	7,00
Stadtkarte	für 1 Monat, übertragbar	26,00
	für 1 Jahr, übertragbar	360,00
	Neun-Uhr-Karte für 1 Monat	30,00
	an eine Person gebunden, für 1 Monat	36,00
	an eine Person gebunden, im Abonnement pro Monat	30,00
	als Monatskarte für Kinder, Studenten, Auszubildende, Schüler, Schwerbeschädigte	27,00

Die Zeitung *Thüringer Allgemeine* hatte bereits am 15. Januar 1992 in Erwartung dieser erneuten Preiserhöhung geschrieben: *Straßenbahnfahren wird ein teures Vergnügen.* Genau ein Jahr später mußten die Fahrpreise erneut angehoben werden. Nunmehr galten folgende Tarife:

Fahrscheinart		**Preis DM**
Kurzzeitfahrschein	Ertwachsene	1,20
(Einzelfahrschein)	Kinder 6-14 Jahre	0,60
	Senioren	0,60
Langzeitfahrschein	Erwachsene	2,00
(Einzelfahrschein)	Kinder 6-14 Jahre	1,00
	Senioren	1,00
5-Fahrten-Karte	Erwachsene, Kurzzeit	5,00
	Erwachsene, Langzeit	8,50
	Kinder/Senioren, Kurzzeit	2,50
	Kinder/Senioren, Langzeit	4,50
Tageskarte	24 Std. für Gruppen	9,00
Zeitkarte	für 1 Monat, Erwachsene	42,00
	für 1 Monat, Kinder/Studenten/ Auszubildende	31,50
	für 1 Jahr	420,00
	im Abonnement pro Monat	35,00
	9-Uhr-Stadtkarte	35,00

Die bisherigen Ermäßigungen für Schüler ab 14 Jahre, Auszubildende und Studenten entfiel weitgehend.
Mit Inkrafttreten des Jahresfahrplanes 1991/92 war beabsichtigt, die Linie 2 künftig nur noch zwischen Domplatz und iga verkehren zu lassen. Bis November 1991 unterblieb diese Verkürzung jedoch. Grund dafür waren Gleisbauarbeiten im Stadtzentrum, die ohnehin einen Umleitungsverkehr für einen Teil der Straßenbahnlinien erforderlich machten. Vom 30.9. bis zum 3.10.1991 war noch einmal der Straßenbahnverkehr am Stadtparkkopf unterbrochen; in dieser Zeit wurden noch notwendige Fahrleitungsarbeiten ausgeführt. Wegen Bauarbeiten fuhren im November 1991 die Linien 3 und 4 im Berufsverkehr im 10-Minuten-Abstand, die Linie 5 wendete tagsüber am Domplatz und fuhr nur morgens und abends sowie am Wochenende bis Rieth.
Im Spätherbst des Jahres 1991 begann auch die aufwendige Instandsetzung der Gleisanlagen in der Nordhäuser Straße (zwischen Kliniken der Medizinischen Akademie und Moskauer Platz). Zwar lagen hier keine Großverbundplatten, sondern Betonschwellen; doch war der Oberbau auf diesem Abschnitt stark in Mitleidenschaft gezogen. Im März 1992 lief der Verkehr auf diesem Streckenabschnitt wieder ungestört. Die Gleisbauarbeiten wurden hier übrigens mit der Modernisierung der Haltestellenanlagen und dem Aufstellen moderner Wartehäuschen verbunden.
Nach Beendigung der Gleisbauarbeiten im Bereich des Angers wurde die Linie 2 ab 11.11.1991 verkürzt und befuhr seitdem die Strecke Domplatz - Anger - iga. Die Linie 2 war nunmehr 3,9 km lang. Die Gesamtlänge aller Linien reduzierte sich auf 47,4 km. Mit der Inbetriebnahme der Straßenbahnverlängerung zwischen Grubenstraße und Rotem Berg (Zoopark) Ende August 1992 wurden wieder 50 km Gesamtlinienlänge erreicht. Im März 1992 wurde nun definitiv festgelegt, welche Strecken nach der Verlängerung zum Roten Berg von welchen Linien befahren werden. Die Linie 1 sollte auf der Strecke Hauptfriedhof - Grubenstr. verbleiben und stattdessen die Linie 6 bis zum Zoopark verkehren. Damit erhielt das Netz folgende Gestalt:

Liniennetz September 1992

Linie		Länge
1	Grubenstraße - Anger - Hauptbahnhof	7,5 km
2	Domplatz - Anger - iga	3,9 km
3	Ulan-Bator-Straße - Windischholzhausen	12,2 km
4	Rieth - Hauptbahnhof - Thüringerhalle	7,5 km
5	Rieth - Hauptbahnhof . Steigerstraße	7,5 km
6	Zoopark - Anger - Wiesenhügel	11,5 km
Gesamtlinienlänge:		50,0 km

Am 23. August 1992 wurde die Streckenverlängerung zum Zoopark eingeweiht. Um 13.30 Uhr durchschnitt Oberbürgermeister Ruge das weiße Band an der bisherigen Endstelle Grubenstraße, und ein Fahrzeugkonvoi aus dem historischen Triebwagen 92, dem Gelenktriebwagen Nr. 178[II], dem modernisierten KT4D Nr. 515 und schließlich dem ersten Planzug der Linie 6, gebildet aus den Tw. 536, 537 und 545, setzte sich in Richtung Wendeschleife am Roten Berg in Bewegung. Ein großes Volksfest krönte die Einweihungsfeierlichkeiten. Während Tw. 178 leer zum Betriebshof Magdeburger Allee zurückfuhr, verblieben Tw. 92, eingerichtet als Café für die Gäste des Volksfestes, und Tw. 515 als Ausstellungsobjekt auf dem Abstellgleis an der Schleife Zoopark.
Der neue, ab 23. Mai 1993 in Kraft getretene Fahrplan brachte folgende Veränderungen: Der Frühverkehr wurde im wesentlichen auf die Abfahrtszeiten der Schnellzüge der Reichsbahn vom Erfurter Hbf abgestimmt. Im Abendverkehr fielen wenig ausgelastete Fahrten weg. Seitdem fuhren ab 22.30 Uhr die Linien 3 und 6 im 30-Minuten-Takt, die Linien 4 und 5 im 60-Minuten-Takt. Die Linie 2 wurde wegen geringer Auslastung ab 22.45 nicht mehr bedient, und die Linie 1 befuhr ab 20.00 Uhr die Strecke Hauptfriedhof - Anger - Domplatz. Diese Abend züge der Linie 1 erhielten die Linienbezeichnung 1A und nicht mehr, wie früher, etwa die Nummer 11 als Einsatzwagen, denn seit 23. Mai 1993 sind die zweistelligen Liniennummern den Stadtbussen vorbehalten.

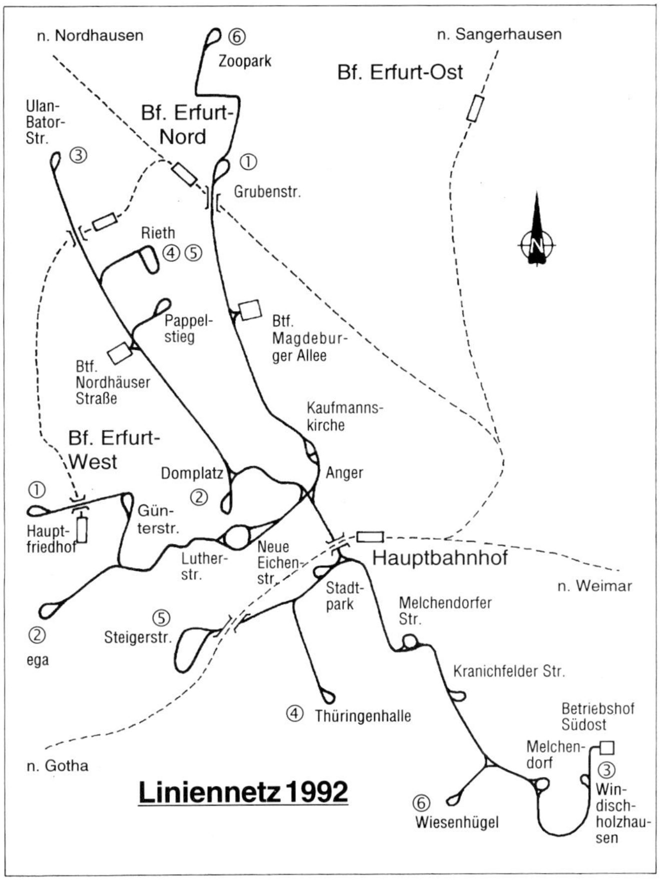

Ab Januar 1992 wurden neue Lichtsignalanlagen in der Innenstadt installiert, deren Schaltung den Vorrang der Straßenbahn vor dem übrigen Verkehr bewirkt.

Die Gleiserneuerung wurde kontinuierlich fortgesetzt; so erfolgten umfangreiche Sanierungsarbeiten im Stadtzentrum (Schlösserstr.), im Zuge der Arnstädter Straße und Schillerstr., in der Andreasstr. und Johannesstr. Auch an der Peripherie der Stadt fand die Gesundung der Gleisanlagen ihren Fortgang. So tauschte man in Erfurt-Südost, am Buchenberg, die verschlissenen Gleise aus, ebenso am Gothaer Platz und an der Wendeschleife ega. Die Binderslebener Landtraße (im Zuge der Linie 1) war ebenso von Gleiserneuerungsarbeiten betroffen wie die Nordhäuser Str. und die Warschauer Str. (im Zuge der Linien 3,4 und 5). Soweit Schwellenoberbau vorhanden ist, tauschte man überwiegend die bisherigen bruchanfälligen Betonschwellen gegen Holzschwellen aus. Mögen bestimmte Umweltschützer ob der Anwendung neuer Holzschwellen auch anderer Meinung sein, der Holzschwellenoberbau bietet unter Erfurter Bedingungen nicht nur den Vorteil größerer Haltbarkeit, sondern auch den eines wesentlich ruhigeren Fahrzeuglaufs. Der oft monierten Lärmbelästigung durch die Straßenbahn kann damit recht wirkungsvoll begegnet werden.

Die Gleisbauarbeiten werden auch gegenwärtig noch fortgesetzt, denn die vollständige Sanierung der Gleislagen bis 1996 ist erklärtes Ziel der EVAG. Daneben wurden und werden besonders belastete Fahrleitungsabschnitte erneuert, um die Stromversorgung den Bedingungen eines modernen Nahverkehrs anzupassen.

Künftig Niederflurfahrzeuge

Ein intaktes Gleisnetz und zeitgemäße Fahrleitungsanlagen sind nicht nur wichtig für die Erhöhung der Betriebssicherheit, sondern stellen auch die Grundvoraussetzung für den Einsatz moderner Niederflurwagen dar, von denen die EVAG zunächst 4 Stück bestellt hat. Es handelt sich dabei um Fahrzeuge vom Typ MGT6D, wie er seit geraumer Zeit u.a. bereits bei der Bochum-Gelsenkirchener Straßenbahn (BOGESTRA) im Einsatz steht. Bereits in den letzten Märzwochen des Jahres 1993 testete die EVAG mit einem Phantomfahrzeug, bestehend aus einem Plattenwagen mit Rungen und einem MGT6D-Laufwerk, die Eignung dieses Typs für Erfurts Straßen. Ende 1993 lieh sich die EVAG für einige Zeit schließlich für Erprobungszwecke den Tw. 500ᴵᴵ der HAVAG (Hallenser Verkehrs-AG) aus. Das war möglich, weil sich der Hallenser Wagen nur in wenigen Details von der Erfurter Ausführung unterscheidet. So besitzen die Erfurter Wagen nur einen Stromabnehmer gegenüber zwei bei dem HAVAG-Fahrzeug und entsprechen damit noch mehr ihrem Bochumer Vorbild. Bei der Ausführung für Halle dient der zweite Stromabnehmer nur der Ansteuerung der Weichenbetätigung. Da in Erfurt ein anderes System der Weichensteuerung angewendet wird, konnte hier auf den zweiten Stromabnehmer verzichtet werden.

Im April 1994 traf der erste für Erfurt gefertigte MGT6D in der Blumenstadt ein, und bereits in der zweiten Aprilwoche absolvierte er erste Probefahrten. Anläßlich des 100-jährigen Jubiläums der "Elektrischen" gehört der neue Triebwagen bereits zum gewohnten Stadtbild, denn seit Mitte Mai ist er mit der Betriebsnummer 601 auf der Linie 1 eingesetzt (Strecke Grubenstr. - Hauptfriedhof). Die demnächst folgenden Wagen werden die Nummern 602-604 erhalten. Die Farbgebung entspricht dem 1990 bei der EVAG eingeführten Schema: kirschrot und weiß.

Zu den Neuerungen, die die EVAG ab 1993 einführte, gehört auch der Austausch der bisherigen optisch-akustischen Haltestelleninformationsanlagen durch modernere Gerätesysteme, wobei der Testbetrieb der neuen Anlagen bereits im März 1993 begann.

Schon 1992 hatte eine deutliche Verbesserung des Kundenservice begonnen: die Anzahl der Fahrkartenverkaufsautomaten wurde erhöht, und statt bisher nur Einzelfahrscheine konnten nunmehr auch Sammelkarten über die Automaten gelöst werden.

Bereits am 15. Dezember 1992 wurde das 150. moderne Haltestellenwartehäuschen seiner Bestimmung übergeben (inklusive der Wartehäuschen an den Bushaltestellen), und bis 1994 fanden diese viel Licht, aber auch den nötigen Schutz bietenden Anlagen, weitere Nachfolger.

Zum Fahrzeugbestand der EVAG ist zu vermerken, daß sich bis August 1992 die Zahl der KT4D auf 143 Wagen verringerte, denn die Tw. 531-535, Baujahr 1988, wurden nach Görlitz verkauft.

Am Schluß dieses Kapitels sollen einige statistische Angaben den Entwicklungsweg des Erfurter Nahverkehrsbetriebes veranschaulichen.

Personalbestand

	31.12.91	31.12.89	31.12.90
gesamt	1.153	1.247	1.266
davon weiblich	266	251	227
Arbeiter und Angestellte		1.185	1.207

Seit August 1993 beträgt der Bestand an Straßenbahntriebwagen für den Personenverkehr der Erfurter Verkehrs AG insgesamt 143 KT4D-Triebwagen. Die Entwicklung vom Gelenktriebwagen zum KT4D zeigt die nachstehende Tabelle.

Fahrzeugbestand Straßenbahn

(ohne die Sonderfahrzeuge und ohne die buchmäßig erfaßten auszumusternden Fahrzeuge)

	31.12.81	31.12.89	31.12.90	1.3.91
Gelenk-Tw. (Typ G 4	20	-	-	-
Triebwagen (Bauart Gotha)	12	-	-	-
Beiwagen	25	-	-	-
KT4D	73	135	155	148
Leihwagen	-	-	2	2
Historischer Tw. (seit 1983)	-	1	1	1

Gesamtlänge aller Straßenbahnlinien in km

	1981	~	35,3 (5 Linien, ohne Linie 11)
September	1990		50,1 (6 Linien)
Dezember	1991		47,4 (6 Linien)
September	1992	~	50,0 (6 Linien)

Gleislänge im öffentlichen Netz (Stand 1991):

58,685 km Einfachgleis
(ohne die 1992 eröffnete Verlängerung zum Roten Berg)

Anteil eigener/besonderer Bahnkörper:
68 % (Stand 1991, ohne Streckenverlängerung zum Roten Berg)

Länge der Straßenbahnfahrleitung (Stand 1991):

Gesamtlänge	68.100 m
Kettenfahrleitung u. Beiseilfahrleitung	43.642 m
Einfachfahrleitung	24.458 m

Anzahl der Unterwerke für die Stromversorgung

Jahr	Unterwerke
1990	10
1991	11
1992	12

Beförderungsgeschwindigkeiten im Mittel (Stand 1991)

Straßenbahn	17,2 km/h
Stadtbus	19,5 km/h

Beförderte Personen

Jahr	Straßenbahn	Stadtbus
1988	57.030.000	24.441.000
1989	54.433.000	23.328.000
1990	43.492.000	18.639.000
1991	37.208.211	12.486.490

Umsatzerlöse (in Mark bzw. DM)

Jahr	Straßenbahn	Stadtbus
1986	6.916.300	2.368.300
1987	6.703.000	2.306.300
1988	6.599.900	2.267.700
1989	6.271.600	2.214.200
1990	5.254.900	1.848.800
1991	13.029.619	4.115.570
1992	15.976.700	4.877.900
1993	19.799.800	5.576.200

Die weitere Perspektive der Erfurter Straßenbahn

Die Erfurter Straßenbahn hat in den fast 110 Jahren ihres Bestehens eine wechselhafte, von Höhen und Tiefen gekennzeichnete Entwicklung durchgemacht, die stets auch ein Spiegelbild der jeweiligen wirtschaftlichen und politischen Verhältnisse war. Trotz aller Irrungen und Wirrungen hat sich aber das eine bestätigt: Erfurt ist eine typische „Straßenbahnstadt" und wird es auch bleiben. Die Straßenbahn ist damit *das Nahverkehrsmittel* Erfurts, denn sie hat sich als am geeignetsten erwiesen, die Verkehrsbedürfnisse in der thüringischen Metropole zu befriedigen. Daran haben weder die Weltwirtschaftskrise von 1929 bis 1932, noch die 12 Jahre des Dritten Reiches oder vier Jahrzehnte sozialistischer Planwirtschaft etwas ändern können. Im Gegenteil, die Geschichte des Erfurter Nahverkehrsbetriebs belegt, daß hier gerade in Zeiten brisanter politischer Entwicklungen und wirtschaftlichen Auf und Abs der schienengebundene Nahverkehr manch ungeahnten Aufschwung nahm, dies allerdings nicht frei von Widersprüchen und offensichtlichen Fehlentwicklungen. Die Straßenbahn hat aber stets ihren Platz als wichtigstes Nahverkehrsmittel in Erfurt behaupten können. So konnte selbst die allgemeine Verdieselungswelle Ende der 60er/Anfang der 70er Jahre in Deutschland und ganz Europa der Erfurter „Elektrischen" nicht viel anhaben. Im Gegenteil, seit dieser Zeit wurde daran gearbeitet, die Straßenbahn in Erfurt von dem traditionellen Verkehrsmittel, das sich den Verkehrsraum mit dem übrigen Straßenverkehr teilen muß, allmählich zu einer Schnellstraßenbahn umzugestalten, die vorwiegend auf eigenem bzw. besonderem Bahnkörper fährt. Wichtige Etappen dazu bildeten der Neubau von 13 km Doppelgleis seit 1960 (mit der Verlängerung zum Roten Berg sogar 16 km), fast ausschließlich auf Schwellenoberbau, höher belastbare Fahrleitungskonstruktionen (Beiseilaufhängung und Vollkettenfahrleitung) und die Installierung moderner Sicherheitstechnik, wie Lichtsignalanlagen, deren Signalbild durch die herannahende Straßenbahn beeinflußt werden kann, oder der Einbau elektrischer Weichenverriegelungen seit Anfang der 80er Jahre. Der Entwicklung hin zur Schnellstraßenbahn sollte auch der Einsatz der KT4D-Triebwagen ab 1976 dienen. Die ursprüngliche Absicht, auf den Strecken mit eigenem/besonderem Bahnkörper planmäßig Höchstgeschwindigkeiten von 60 km/h zu fahren (auf den anderen Strecken galten entsprechend StVO 50 km/h), konnte jedoch nicht verwirklicht werden. Zwar erhielten die nach Erfurt gelieferten KT4D alle die Getriebeübersetzung für 65 km/h konstruktive Höchstgeschwindigkeit, doch die Bremsen der Tatras erreichten nicht die notwendigen Verzögerungswerte. Wegen dieses grundlegenden Mangels mußte die Höchstgeschwindigkeit im öffentlichen Verkehr auf 50 km/h beschränkt bleiben. Im Zusammenhang mit dem Projekt einer Schnellstraßenbahn war ursprünglich beabsichtigt, die Gleisanlagen für den Einsatz 2,60 m breiter Fahrzeuge vorzubereiten und bis 1989 alle Strecken auf einen Gleismittelabstand von 3 m zu bringen. Die Verwirklichung dieses Vorhabens bereitete jedoch Schwierigkeiten (erinnert sei nur an die engen Innenstadtstraßen), so daß schließlich eine Umorientierung auf maximal 2,30 m breite Fahrzeuge erfolgte. 1990 erwog man noch, den Stadtbahnwagen Typ B, wie er in Essen verkehrt, für künftige Neubeschaffungen vorzusehen. Auch war eine Zeitlang im Gespräch, gegebenenfalls Teilstrecken der Straßenbahn unterirdisch zu trassieren. Seit 1991 gehen die Gedanken jedoch in eine andere Richtung: Die Straßenbahn soll in Erfurt auf der Straßenoberfläche verbleiben; perspektivisch wird allenfalls ein unterirdischer Knoten angelegt. Als neue Fahrzeuge werden künftig Niederflurwagen in Anlehnung an den in Bochum verwendeten Typ beschafft. So fand die EVAG letztlich einen gangbaren Kompromiß zwischen traditioneller Straßenbahn einerseits bzw. U-Bahn andererseits. Die neuen Fahrzeuge, deren erste Exemplare 1994 eingesetzt werden, sollen sowohl in der Zweirichtungs- als auch in der

Einrichtungsvariante beschafft werden. Für 1995 wurden zunächst fünf weitere Wagen bestellt. Der Stückpreis pro Wagen wird liegt bei vier Millionen DM (zum Vergleich: Stückpreis der KT4D, Lieferserie 1990 = 350.000 DM). Für die neuen Niederflur-Gelenktriebwagen erarbeitete die EVAG im Jahre 1991 ein Lastenheft. Nachfolgend daraus die wichtigsten technischen Daten:

Fahrzeugbauart:
Dreiteiliger Einrichtungs-Gelenktriebwagen nach dem Niederflurprinzip (ein Teil der Wagen als Zweirichtungsfahrzeuge) für Solo- oder Doppeltraktion
Wagenkasten:
A-, M- und B-Wagenteil
Fahrwerk:
2 Triebdrehgestelle (je eins unter A- und B-Wagen) sowie zwei Einzelrad-Einzelfahrwerke (EEF)
Grundkonzeption der elektronischen Ausrüstung:
"All-Electric-Car".
Hauptabmessungen:

Wagenkastenlänge über Blech	28.500 mm
Wagenlänge über Stoßbügel	28.700 mm
Breite über Blech	2.300 mm
Höhe über SO bis Oberkante Dachblech	3.200 mm
Einstieghöhe	290 mm
Fußbodenhöhe im Niederflurbereich	350 mm
Fußbodenhöhe in den erhöhten Teilen	550 mm
Niederfluranteil	ca. 70 %
Lichte Türbreite	1.300 mm
Drehzapfenabstand, A- und B-Wagenteil	6.300 mm
Drehzapfenabstand im M-Wagenteil	9.100 mm
Achsenabstand im Triebdrehgestell	1.800 mm
Achsenabstand der EEF	6.200 mm
Laufkreisdurchmesser der Räder (neu)	590 mm
Zahl der angetriebenen Achsen	4
Eigengewicht (leer)	29 t
Sitzplätze	74
Stehplätze (bei 4 Personen/m^2)	150
Nennspannung der Starkstromausrüstung	660 V =
Gleichspannungsbordnetz	24 V
Drehstrombordnetz	380 V ~

Der Fahrzeugantrieb wird in Form von je zwei integrierten Einzelachs-Querantrieben pro Triebdrehgestell ausgeführt. Jeweils 2 Querantriebe bilden eine Motorgruppe. Jeder Querantrieb besteht aus Drehstrom-Asynchron-Fahrmotor, zweistufigem Stirnradgetriebe und einer Axialkupplung. Fahrmotoren und Wechselrichter sind wassergekühlt. Die Leistung jedes der vier Fahrmotoren beträgt 88 kW bei 1000 min^{-1}. Alle sonstigen Ausrüstungen, wie Einholmstromabnehmer, Bremsausrüstung (E-Bremse, Federspeicher- und Schienenbremsen), Türsteuerung, Gerätekasten usw. sind moderner Bauart und entsprechen den Bedingungen der BOStrab. Die Steuerung des Wagens sowie aller Überwachungsfunktionen erfolgen über einen Mikrocomputer-Gerätekomplex, wobei als oberste Kommandoebene ein MC-Zentralgerät fungiert. Der Wagen verfügt über einen Haupt- und einen Hilfsfahrerstand. Selbstverständlich genügen äußere Formgebung der Fahrzeuge und Gestaltung des Innenraums modernsten Ansprüchen. Die neuen Fahrzeuge wurden bei der DUEWAG in Auftrag gegegben, da diese Herstellerfirma bereits über umfangreiche Erfahrungen in Konstruktion und Fertigung derartiger Wagen verfügt.
Die neuen Niederflur-Gelenkwagen sollen nach und nach die Fahrzeuge des Typs KT4D ablösen. Bevor jedoch Niederflurwagen in größerer Zahl eingesetzt werden können, müssen alle Haltestellenanlagen entsprechend vorbereitet sein. Die Anfang 1992 als Muster veränderte Haltestelle an der Wigbertikirche war nur ein erster Schritt in diese Richtung. Sogenannte *Haltestellenkaps* sollen zukünftig dafür sorgen, daß die Straßenbahn ungestört in den Haltestellenbereich ein - und aus ihm ausfahren kann, der Fahrgastwechsel gefahrlos möglich ist und die Bahn den übrigen Verkehr gleichsam hinter sich her zieht (und nicht, wie gegenwärtig noch, von diesem bedrängt wird). Übrigens werden Haltestellenkaps auch für die Busse eingerichtet, so daß auch sie Vorrang vor dem sonstigen Verkehr erhalten. Bevor jedoch diese Pläne Wirklichkeit werden können, sind Weiterführung und Beendigung der Gleissanierung notwendig. Damit verbunden sind folgende Vorhaben:

- Umgestaltung und Neuverlegung der Trasse zwischen Gothaer Platz/Brühler Straße und Karl-Marx-Platz, weil die bisherige Trasse durch die Melanchtonstraße den Stadtteil zu extrem „zerschneidet" und zudem der Straßenverkehr in der Gorkistraße mindestens einmal täglich den Straßenbahnverkehr blockiert;
- Vergrößerung und Verbesserung der Bogenhalbmesser in der Regierungsstraße;
- Anlegen einer neuen Zwischenwendeschleife am Klostergang (Nähe Schauspielhaus und Karl-Marx-Platz); dafür Abbau der Zwischenschleife *Eichenstraße*;
- Umbau der Gleisanlagen auf dem Abschnitt Nordhäuser Straße - Domplatz, verbunden mit der Neugestaltung der Haltestellenanlagen;
- Trennung von Straßenbahnverkehr und Individualverkehr am Kaffeetrichter/Arnstädter Straße. Dieses Vorhaben einschließlich Umbau der Wendeschleife ist bereits verwirklicht.
- Umgestaltung der Endschleife iga (jetzt ega); (bereits durchgeführt)
- Beseitigung des Unfallschwerpunktes am Gleisdreieck Melchendorf/Wiesenhügel durch Herstellung besserer Sichtverhältnisse;
- Im Zuge der gesamten Linie 3 bis 1995 Entfernung aller Großverbundplatten; Anlagen von Rasengleisbettung auf dem Abschnitt Windhorststraße - Friedrich-Ebert-Straße, auf den anderen Abschnitten Anwendung von Pflasterbettung;
- Verkehrsberuhigung zwischen Ilversgehofener Platz und Salinenstraße im Zuge der Linien 1 und 6. Die Endstelle Grubenstraße bleibt Verknüpfungspunkt mit Stadt- und Regionalbus;
- Schaffung weiterer Verknüpfungspunkte zwischen Straßenbahn, Stadtbus und übrigem Verkehr (Park-and-Ride-System) an der Ulan-Bator-Straße (Linie 3), Thüringenhalle (Linie 4) und iga bzw. ega (Linie 2);
- Weiterer Ausbau und Stabilisierung des Verknüpfungspunktes in Windischholzhausen (Linie 3).

Wenn auch durch den weiteren Ausbau des Betriebshofs Windischholzhausen als zentraler Betriebshof der EVAG die Depots in der Magdeburger Allee und in der Nordhäuser Straße eine andere Funktion als noch gegenwärtig erhalten werden, so bleiben dennoch die Abstellgleisanlagen und Wendemöglichkeiten an diesen Orten erhalten. In kommunalem Besitz verbleibt das alte Verwaltungsgebäude in der Magdeburger Allee. Es wird auch künftig ein Symbol für die Tradition des Erfurter Nahverkehrsbetriebs sein. Beseitigt wird indes das 1981 entstandene Abstellgleisprovisorium am Pappelstieg, gegenüber dem Betriebshof Nordhäuser Straße.
Perspektivisch wird es mit Sicherheit zu Veränderungen im Gleis- und Liniennetz der Straßenbahn kommen, weil das gegenwärtig existierende Netz zu instabil und anfällig ist und einige Strecken einseitige Belastungsrichtungen aufweisen. Einer der ersten Schritte zur Liniennetzveränderung steht im Zusammenhang mit dem Einsatz neuer Niederflurwagen. Es ist beabsichtigt, die Linie 2 zukünftig zwischen Anger (Wendeeinrichtung an der Kaufmannskirche) und iga verkehren zu lasen und hier vorrangig Neubau-

Zweirichtungswagen einzusetzen. Damit fiele der Abschnitt Domplatz - Anger weg, der ohnehin von 3 weiteren Linien (Linie 3, 4, 5) bedient wird. Die Verwirklichung dieser Absicht wird jedoch davon abhängen, wie hoch der endgültige Anteil an Zweirichtungswagen am Wagenpark sein wird. Bei einem größeren Anteil von Zweirichtungswagen würde auch ein Teil der Havarie- und Zwischenwendeschleifen entbehrlich. Sei es, wie es sei - auf jeden Fall denkt die EVAG daran, sich künftig nicht mehr einseitig auf Einrichtungswagen zu orientieren, die man über 30 Jahre für der Weisheit letzten Schluß hielt, sondern auch die unbestreitbaren Vorteile des Zweirichtungswagens zu nutzen, der in seiner größeren Flexibilität besteht (etwa auf Abschnitten ohne Wendeschleifen, auf eingleisigen Strecken, bei Bauzuständen und Havarien).
Nicht unerwähnt soll bleiben, daß die EVAG bereits seit 1990 zunehmend moderne Fahrkartenverkaufsautomaten an zentralen Punkten im Stadtgebiet und an den wichtigsten Haltestellen aufstellt. Damit hat sich der Service für die Fahrgäste erheblich verbessert. Die prinzipielle Richtung, in welcher sich Erfurts Straßenbahn zukünftig entwickeln wird, zeigt der aktuelle Verkehrsentwicklungsplan der Stadt auf. In diesem Plan wird davon ausgegangen, alle Verkehrsverbindungen, die straßenbahnwürdig sind, auch mit der Straßenbahn zu betreiben. Der Schwerpunkt des öffentlichen Personalnahverkehrs in Erfurt wird damit auch zukünftig auf der Straßenbahn liegen; der Bus erhält im Stadtgebiet im wesentlichen Zubringerfunktionen. Wie sich das Strecken- und Liniennetz der Straßenbahn zukünftig gestalten wird, hängt zum einen von den Verkehrsbedürfnissen und ihrer Entwicklung, zum anderen aber auch davon ab, wie schnell sich die im Westen der Stadt entsprechend dem Flächennutzungsplan zu schaffenden großen Gewerbegebiete herausbilden werden. Bei der künftigen Gestaltung des Strecken- und Liniennetzes der Straßenbahn ist es dabei möglich, an bereits Vorhandenes anzuknüpfen, wobei Fehler der Vergangenheit zu korrigieren sind. Als wesentlicher Faktor spielt hierbei die Rentabilität der Verkehrsverbindungen eine Rolle. Sie wird letztlich darüber entscheiden, welche Verbindungen weiterbetrieben werden, welche Netzergänzungen nötig sind, aber auch, welche Strecken gegebenenfalls auf Busbetrieb umgestellt oder gänzlich eingestellt werden. In Übereinstimmung mit der im Februar 1991 von der EVAG erarbeiteten „Zielstellung zur Weiterentwicklung des ÖPNV in der Landeshauptstadt Erfurt" und unter Berücksichtigung bereits erfolgter Konkretisierungen zeichnen sich folgende Entwicklungsrichtungen ab:

- Der ÖPNV garantiert ein leistungsstarkes und dichtfrequentiertes Angebot zu den Haupt- und Normalverkehrszeiten sowie eine Mindestbedienung zu verkehrsschwachen Zeiten.
- Der ÖPNV wird zunehmend gegenüber dem übrigen Verkehr bevorrechtet (Lichtsignalisierung, Verkehrskaps usw.). Behinderungen werden damit weitestgehend ausgeschlossen.
- Linienverläufe und Verknüpfung der Linien untereinander sind entsprechend den Verkehrsströmen und der Nachfragestruktur zu optimieren.
- Alle Streckenabschnitte der Straßenbahn, die außerhalb der Neubaugebiete und der Fußgängerzone der Innenstadt liegen, sind in ihrer baulichen Gestaltung und Verkehrsorganisation so zu überarbeiten, daß ein im Individualverkehr weitgehend behinderungsfreier Betrieb möglich ist.

Daraus abgeleitet wurden unter anderem folgende Vorhaben:

- In der Innenstadt wird ein zentraler Umsteigeknoten zwischen Straßenbahn und Stadtbus geschaffen. Die Straßenbahnhaltestelle Hauptbahnhof wird an der Unterführung der Reichsbahn in optimaler Form neu errichtet.
- Die ehemals bestehende Straßenbahnverbindung nach der Oststadt wird auf geeigneter Trasse wiederhergestellt. Eine Anbindung des Wohngebietes Daberstedt wird dabei in Betracht gezogen.
- Querverbindungen sollen sowohl zwischen den Straßenbahnstrecken im Norden der Stadt (Nordhäuser Straße bzw. Strecke zum Roten Berg) als auch im Süden der Stadt (Thüringenhalle bzw. Melchendorfer Straße) entstehen. Diese Verbindungen könnten eine bessere Anpassung an die Verkehrsströme, eine größere Flexibilität bei außergewöhnlichen Situationen und unter bestimmten Voraussetzungen auch eine Verkürzung der Reisezeit ermöglichen.

Demgegenüber steht jedoch eine Planungsvariante, die die Stillegung der Südäste der Linie 4 und 5 zur Thüringenhalle bzw. zur Steigerstraße und ihre Umstellung auf Busbetrieb vorsieht. Welche der Varianten sich durchsetzen wird, müssen Verkehrsbedürfnis, Nachfrage und Rentabilität entscheiden. Weiterhin ist beabsichtigt, im Norden der Stadt die Straßenbahnlinien 3 von der gegenwärtigen Endstelle Ulan-Bator-Straße bis hinein nach Gispersleben zu führen und hier am zukünftigen Gewerbegebiet enden zu lassen. Demgegenüber wird es im Süden bei der Endstelle in Windischholzhausen bleiben, womit die Ende der 80er Jahre noch in Erwägung gezogene Verlängerung bis Urbich oder Niedernissa gegenstandslos geworden ist. Schließlich bestehen Vorstellungen, die Linie 1 über den Hauptfriedhof hinaus nach Bindersleben und die Linie 2 über die Endstelle iga hinaus bis nach Schmira zu verlängern. Von allen genannten Vorhaben, die nach 1995 verwirklicht werden sollen, ist das Projekt der Verlängerung nach Bindersleben am weitesten fortgeschritten. Für die Errichtung der 2.350 m langen Strecke zwischen Hauptfriedhof und Bindersleben liegen drei unterschiedliche Varianten vor: 1. Zweigleisiger Ausbau in Nordlage der Binderslebener Landstraße; 2. Eingleisiger Ausbau in Südlage der Bindeslebener Landstraße; 3. Eingleisiger Ausbau in Nordlage der Bindeslebener Landstraße. Gleich, welche Variante zur Ausführung gelangt, in jedem Fall wird die Strecke in der Ortsteillage Bindersleben in einer Wendeschleife enden. Für die Anbindung des Flughafens ist eine Zwischenwendeschleife geplant; auch hierfür existieren 2 Varianten: eine engere Schleife vor dem Flughafengelände und eine mit bedeutend größerem Radius für den Fall, daß die Haltestelle Flughafen unmittelbar beim Empfangsgebäude angelegt wird. Die Verlängerung nach Bindersleben soll bis zum Jahre 2000 in Betrieb genommen werden. Für die Verlängerung der Linie 2 bis Schmira bestehen gegenwärtig zwar noch keine detaillierten Pläne, jedoch ist im Flächennutzungsplan der Stadt Erfurt eine Trasse in Nordlage der Gothaer Straße freigehalten. Auch diese Strecke wird voraussichtlich in einer Wendeschleife enden. Im folgenden sollen noch einige Eckwerte genannt werden, die als verbindlich in der oben erwähnten „Zielstellung" aufgeführt sind:

Haltestellen - Einzugsbereiche: Innenstadt 300 bis 400 m
übrige Stdt 400 bis 500 m
Mindestbeförderungsqualität in der Hauptverkehrszeit (HVZ):
Sitzplatzanteil Straßenbahn 55 % Bus 65 %
Zulässiger Stehplatzfaktor 4 Personen/m² = 0,25 m² pro Person
(vgl. dazu BOStrab der DDR von 1976: Stehplatzfaktor = 8 Personen/m² = 0,125 m² pro Person!)
Mindestbedienhäufigkeit im Stadtgebiet mit der Straßenbahn:
HVZ: 6 Fahrten pro Std., = 10-min.-Wagenfolge
NVZ: 4 Fahrten pro Std., = 15-min.-Wagenfolge
SVZ: 2 Fahrten pro Std., = 30-min.-Wagenfolge
Beförderungsgeschwindigkeit: ca. 23 km/h.

Mit der angebahnten Entwicklung wird Erfurts Straßenbahn zu einem modernen, attraktiven Verkehrsmittel werden. Sie wird für die Bürger und Gäste der Blumenstadt aber auch das bleiben, was sie von Anbeginn war: Rückgrat und unverzichtbarer Bestandteil des öffentlichen Personennahverkehrs. Dem Chronisten bleibt an dieser Stelle nur noch übrig, der Erfurter „Elektrischen" alles Gute und freie Fahrt ins dritte Jahrtausend zu wünschen.

Wagenhalle Nordhäuser Straße mit Wartungsständen 1977.

Der Fahrzeugpark der Erfurter Straßenbahn

In den vorangegangenen Kapiteln wurden dort, wo es notwendig erschien, bereits einige Angaben zu den beim Erfurter Nahverkehrsbetrieb eingesetzten Fahrzeugen gemacht. An dieser Stelle soll nunmehr einÜberblick über alle eingesetzten Typen und Bauarten von Straßenbahnwagen folgen. Aus Umfangsgründen kann dies jedoch nur ein kurzgefaßter Abriß sein.

Vierfenstriger Pferdebahnwagentyp von 1883

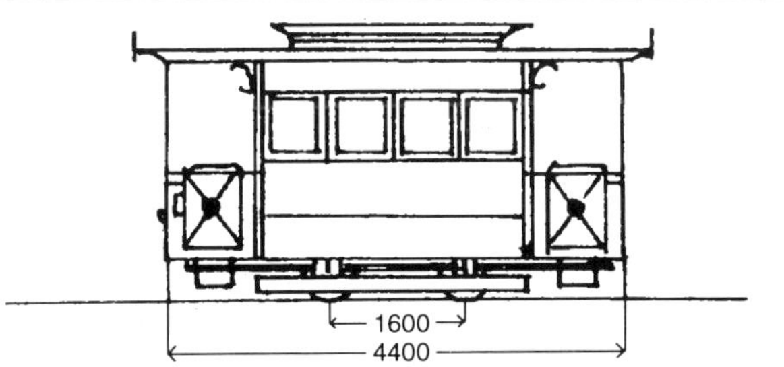

Pferdebahnwagen

In den Jahren 1883 bis 1893 beschaffte die Erfurter Straßen-Eisenbahn-AG insgesamt 31 Pferdebahnwagen für den Personenverkehr sowie 2 Salz- und Sandstreuwagen und 2 Lastwagen. Ob die 4 Arbeitsfahrzeuge schienengebunden waren, ist nicht überliefert. Bei den Personenfahrzeugen handelt es sich im wesentlichen um zwei Bauarten: einen fünffenstrigen Typ mit 12 Sitz- und 12 Stehplätzen und einem vierfenstrigen Typ mit 10 Sitz- und ebenfalls 12 Stehplätzen. Das Gewicht der fünffenstrigen Ausführung betrug 1.100 kg. Lieferer war die Waggonfabrik Scandia in Randers auf Jütland. Die in der Literatur teilweise genannten Bezeichnungen "Zweispänner" und "Einspänner" sind unzutreffend; denn jede der beiden Bauarten wurde bei Bedarf von einem oder zwei Pferden gezogen. Die genaue Einnummerung der Wagen ist heute nicht mehr zu ermitteln; es steht nicht fest, ob die Fahrzeuge in der Reihenfolge ihrer Beschaffung eingenummert wurden, jede Bauart eine Nummerngruppe für sich bildete oder die Bauarten "wild" eingenummert wurden. Absolut sicher ist nur, daß die Wagen mit den Nummern 9 bzw. 13 (beide Baujahr 1883) fünffenstrig waren. Einige Pferdebahnwagen waren von abweichender Bauart; es waren Sommerwagen mit halbhohen Seitenwänden aus Korbgeflecht. Auf jeden Fall waren zwei derartige Wagen vorhanden (Nr. 20 und 21); möglich ist jedoch auch die Existenz zweier weiterer derartiger Fahrzeuge, denn eine Quelle nennt für 1891/92 die Beschaffung zweier weiterer "offener Einspänner". Ob es in der Pferdebahnzeit zu Doppelbelegungen von Nummern oder zur Vergabe von Ersatznummern kam, bleibt ebenfalls unklar. Am wahrscheinlichsten ist jedoch, daß insgesamt 29 geschlossene und 2 offene Pferdebahnwagen vorhanden waren, denn ab 1894 wurden 14 Wagen zu elektrischen Triebwagen und 15 zu Beiwagen umgebaut.

Alle Pferdebahnwagen im Überblick

Nr.	Hersteller	Baujahr	Sitzplätze/ Stehplätze	Länge mm	Achsstand mm	
1-19	Scd	1883	12/12	6100	1600	1)
			10/12	4400	1600	
20-21	Scd	1885	12/-	6000	1600	2)
22-25	Scd	(1886)	12/12	6100	1600	1) 3)
			4400	1600		
26-28	Scd	(1888/89)	12/12	6100	1600	1) 3)
			10/12	4400	1600	
29-31	Scd	(1891/92)	12/12	6100	1600	1) 3)
			4400	1600		

Anmerkungen:
1) Zwei unterschiedliche Bauarten, die mit längerem Wagenkasten fünf-, die mit kürzerem vierfenstrig. Genaue Einnumerierung ist nicht mehr zu ermitteln.
2) Sommerwagen mit halbhohen Seitenfenstern aus Korbgeflecht. Zumindest zeitweilig könnten 2 weitere derartige Wagen als Nr. 29 und 30 vorhanden gewesen sein.
3) Ein Teil der Wagen wurde wahrscheinlich gebraucht erworben, eventuell von der Mecklenburgischen Straßen-Eisenbahn-AG. Ob Neubelegungen von Nummern erfolgten, ist nicht bekannt. Im Geschäftsjahr 1892/93 waren insgesamt 31 Wagen vorhanden. Davon wurde ab 1894 der größte Teil zu Trieb- und Beiwagen für den elektrischen Betrieb umgebaut.

Tw. 8, Baujahr 1894, in der Gothaer Str. Foto: Unruh

Die elektrischen Triebwagen mit offenen Plattformen

Triebwagen 1-30 der Baujahre 1894 und 1896

Im Jahre 1894 stellte die *Erfurter Elektrische Straßenbahn* insgesamt 29 Triebwagen in Dienst. 15 Wagen lieferte die Waggonfabrik Falkenried, die übrigen entstanden durch den Aufbau von Pferdebahnwagenkästen auf zugelieferten UEG-Fahrgestellen Bauart McGuire. Gleichzeitig erhielten diese Wagen neue, verlängerte Plattformen. 1896 folgte ein gleichartiger Triebwagen (Nr. 30) als Nachlieferung von Falkenried. Alle Triebwagen waren einmotorig; sie besaßen einen Fahrmotor vom Typ GE 800 mit 13,2 kW Leistung sowie Schleifringfahrschalter mit 9 Fahrstufen. Gebremst wurde nur mit der Handbremse. Die Triebwagen 16-29 entstanden aus fünffenstrigen Pferdebahnwagen. Nur Nr. 28 wurde unter Verwendung eines vierfenstrigen Wagens aufgebaut. Ab 1899 erhielten fast alle Triebwagen der Nummern 16-29 neue Wagenkästen, so daß sie von den bereits als Motorwagen gelieferten Wagen 1-15 nicht mehr zu unterscheiden waren. Soweit nicht ausgemustert, erfolgte ab 1925 der Umbau zu Beiwagen.

Wagen 18, der sich auf diesem Foto bereits als elektrischer Triebwagen präsentiert, ist 1894 durch Umbau aus einem Pferdebahnwagen hervorgegangen. Die Aufnahme (vor 1914) entstand in der Gothaer Str. Foto: Unruh

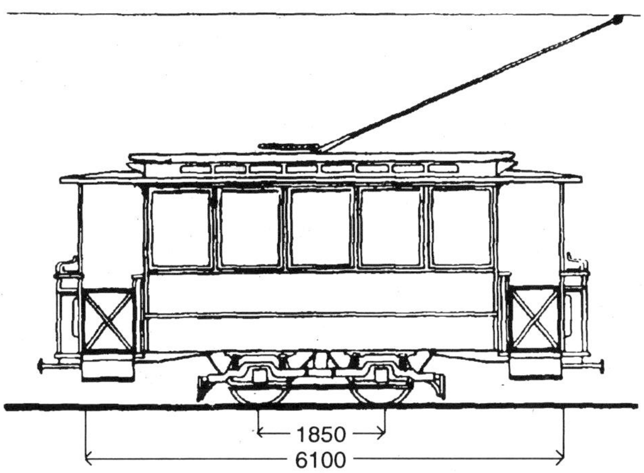

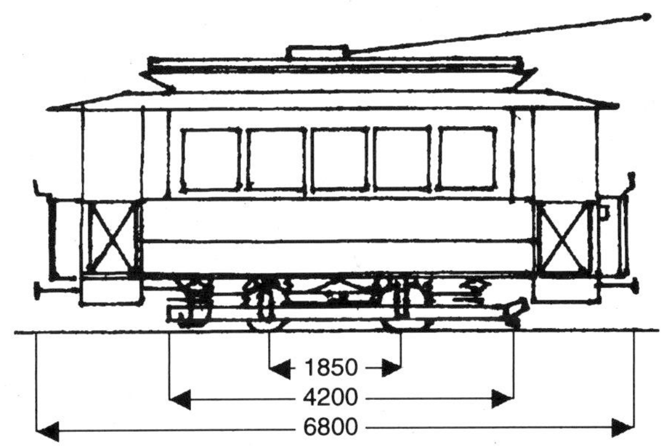

Die drei Typenskizzen zeigen die Tw. 1-15, Baujahr 1894, (Mitte links) sowie Tw. 16-29, die 1894 aus Pferdebahnwagen umgebaut wurden (Mitte rechts) und Tw. 31-42, Baujahr 1899, (unten rechts)

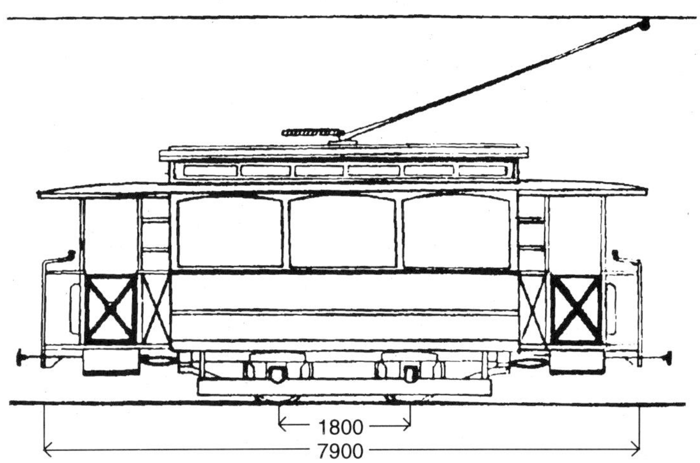

Elektrische Triebwagen, Baujahr 1899

Zwölf Triebwagen lieferte im Jahre 1899 die Waggonfabrik Lindner in Ammendorf bei Halle. Die Wagen 31-42 waren die ersten zweimotorigen Fahrzeuge. Der Motortyp GE 800 wurde beibehalten. Sie konnten 36 Personen befördern (bei je 18 Sitz- und Stehplätzen). Die Wagen besaßen das typische Union-Fahrgestell, Grobstufenfahrschalter und im Lieferzustand nur Handbremse. Die elektrische Bremse wurde später nachgerüstet. Ab 1908 erhielten die Wagen Fangvorrichtungen, und ab 1926 wurden die Plattformen verschlossen. Das Gewicht der Wagen betrug danach 9.500 kg. Von 1936 bis 1946 wurden alle Wagen verkauft oder ausgemustert, lediglich Tw. 39 blieb als ATw. 3 bis 1967 erhalten.

Tw. 40, Baujahr 1899 am Bf. Erfurt-Nord. Im Hintergrund sind die Gleisanlagen der Reichsbahn zu erkennen. Aufnahme um 1908.
Foto: Unruh

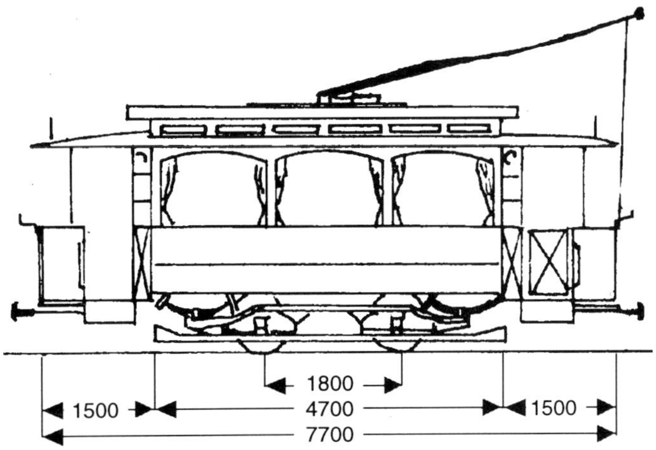

Triebwagen 43-49, 53-56 der Baujahre 1904 und 1908

In den Jahren 1904 und 1908 beschaffte die Erfurter Elektrische Straßenbahn insgesamt 11 Triebwagen von der Waggonfabrik Düsseldorfer Eisenbahnbedarf, vorm. C. Weyer, Düsseldorf-Oberbilk. Die zwei Lieferlose des Jahres 1904 umfaßten die Wagen 43-45 und 46-49; 1908 folgten die Tw. 53-56. Abmessungen und technische Daten stimmten mit denen der Lindner-Triebwagen von 1899 überein; lediglich das Fahrgestell war anders ausgeführt. Die Düsseldorfer Fabrik hatte das von ihr entwickelte typische Gestell mit an den Rahmenenden S-förmig gekröpften Längsträgern verwendet. Ab 1926 erhielten die Wagen geschlossene Plattformen; ab 1934 wurde die elektrische Bremse nachgerüstet. Tw. 53 wurde 1935 zum Schleifwagen 1 umgebaut, Tw. 44 im Jahre 1938 zum Schweißwagen Nr. 4. Die Triebwagen 43, 45 und 46 wurden 1943 nach Essen ausgeliehen. Von den Triebwagen der Baujahre 1904

Tw. 54 ist auf diesem Foto bereits mit geschlossenen Plattformen zu sehen (vgl. mit Typenskizze in Seitenmitte). Das Foto ist um 1930 an der Steigerstr. entstanden. Foto: Unruh

Aus Remscheid 1905 übernommen und als Tw. 50-52 in den Wagenpark eingereiht: drei fünffenstrige Herbrand-Triebwagen mit dem charakteristischen AEG-Aussehen. Die Aufnahme (um 1905 entstanden) zeigt Tw. 50 am Mainzerhofplatz.

Die beiden Typenskizzen zeigen die Tw. 50-52 ex Remscheid (links) und Tw. 57-65 im Lieferzustand (rechts)

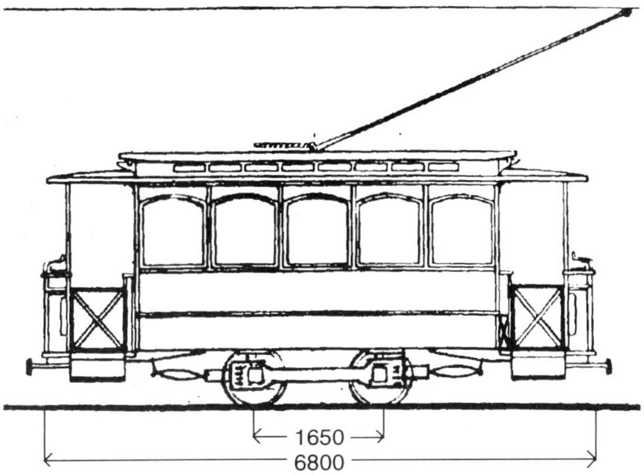

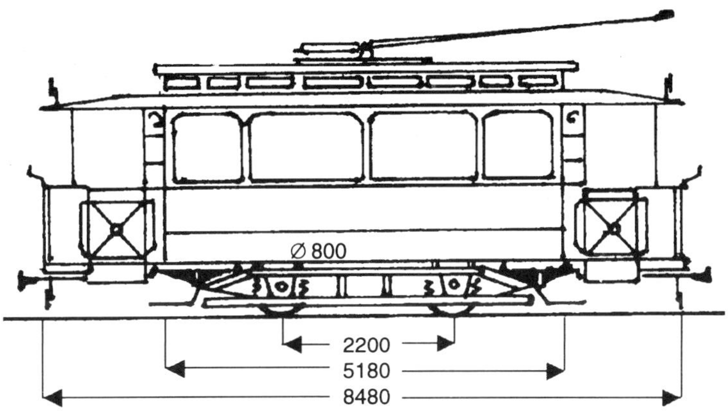

und 1908 wurden 1948/49 insgesamt 8 Stück (Nr. 43, 45-49, 54 und 56) bei LOWA Gotha mit neuen Fahrgestellen versehen und zu Einrichtungs-Beiwagen umgebaut (siehe Bw. 235^{II}-242^{II}).

"Alte Remscheider" Triebwagen der Baujahre 1893/94

Im Jahre 1905 übernahm die Erfurter Elektrische Straßenbahn drei Triebwagen aus Remscheid, die dort die Nummern 2, 12 und 13 getragen hatten. Ursprünglich von der Firma Herbrand, Köln, gebaut und mit St.-Louis-Car-Fahrgestell ausgerüstet, hatten sie noch in Remscheid das Preßrahmenfahrgestell der dortigen Firma H. H. Böker erhalten.
Die einmotorigen Triebwagen (GE 800 mit 13,2 kW Leistung) besaßen 16 Sitz- und 16 Stehplätze. Auch sie hatten nur Handbremse. Es waren typische "AEG-Triebwagen" mit 5 Bogenfenstern. 1928 wurden die als Tw. 50 bis 52 eingereihten Fahrzeuge verschrottet. 10 Jahre später wurde die Nummer 50 mit einem Neubaufahrzeug zum zweiten Mal besetzt.

Triebwagen 57-65 des Baujahres 1912

Speziell für die "Braune Linie" Blücherstraße - Kavalleriekaserne beschaffte die "Erfurter Elektrische Straßenbahn" im Jahre 1912 insgesamt 9 neue Triebwagen mit den Nummern 57-65. Lieferant war die Waggonfabrik Weimar. Die Wagen besaßen offene Plattformen; ab 1926 wurden die Perrons geschlossen und die Radstände vergrößert. Die Triebwagen boten 20 Sitz- und 18 Stehplätze. Sie besaßen 2 Fahrmotoren vom Typ US 253 mit je 32 kW Nennleistung. Die E-Bremse wurde später nachgerüstet. Die Dachwiderstände, ursprünglich nur über einer Plattform angeordnet, wurden zeitgleich mit dem Plattformverschluß vor und hinter dem Stromabnehmer verteilt. Anläßlich der Umrüstung auf Scherenstromabnehmer erhielten die Triebwagen solche der AEG-Bauform 1936. Das Gewicht der Wagen betrug nach dem Plattformverschluß 9.750 kg. 1934 brannte Triebwagen 57 ab und erhielt bei der Karosseriebaufirma Krüger in Erfurt einen neuen Wagenkasten, der bis auf geringfügige Unterschiede dem der 1926 nach Erfurt gelieferten Triebwagen glich. Die Triebwagen 58, 60, 61 und 63 wurden 1943

Diese Aufnahme (um 1924) am Alten Depot zeigt den Tw. 64 in einem Zustand vor dem Umbau zum Lenkdreiachser. Foto: Unruh

Die 1925 beschafften Triebwagen wurden als Zweitbesetzung der Nummern 16-25 eingereiht. Tw. 17 am städtischen Krankenhaus, etwa 1930. Foto: EVAG

nach Essen verliehen. Nach ihrer Rückkehr wurden sie 1948 bei LOWA Gotha umgebaut, erhielten Schleppdächer und stärkere Fahrmotoren (Typ USL 253 mit 34 kW Leistung). 1963 wurden die letzten Wagen dieses Typs ausgemustert bzw. verkauft.

Triebwagen 16^{II}-25^{II} des Baujahres 1925

Als erste Neubeschaffung nach dem Ersten Weltkrieg kamen 1925 10 Triebwagen von der Waggonfabrik Weimar. Sie erhielten die Nummern 16-25 in Zweitbesetzung. Es waren die letzten offenen Triebwagen, die nach Erfurt gelangten. Immerhin besaßen sie bereits ab Werk die E-Bremse. Sie hatten 18 Sitz- und 18 Stehplätze, 2 Fahrmotoren mit 9 Fahr- und 6 Bremsstufen. Ihr Leergewicht betrug 9.500 kg. Ursprünglich besaßen sie Fallfenster. Diese Fensterbauart wurde übrigens für alle Wagen, die bis Ende des 2. Weltkrieges

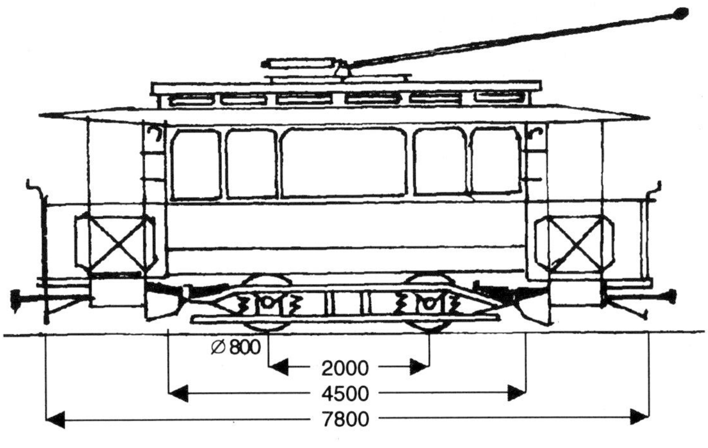

noch geliefert wurden, beibehalten. Die Triebwagen 16^{II}-25^{II} waren im März 1925 geliefert worden; bereits im Herbst 1925 wurde beim Tw. 25^{II} eine Plattform probeweise verglast. Ab 10.11.1925 fuhr der Tw. 25^{II} in dieser Gestalt durch Erfurt, und ab Februar 1926 wurden alle bisher gelieferten Triebwagen sowie 3 Beiwagen mit geschlossenen Perrons versehen. Gleichzeitig wurden die alten Umsetzgitter gegen Schiebetüren getauscht. Auch bei den Tw. 16^{II}-25^{II} wurden die Radstände vergrößert. Die ursprünglichen Quersitze wichen Längsbänken. Mitte der 30er Jahre erhielten die Wagen Scherenstromabnehmer und Rollband-Richtungsschilder an den Stirnfronten. Nach der Lieferung fuhren sie auf der Braunen Linie, später auch auf der Blauen und Grünen Linie (bzw. Linien 4,2,3). Nach dem Zweiten Weltkrieg waren sie meist als E-Wagen zu sehen. Mit einer größten Geschwindigkeit von 30 km/h entsprachen sie nicht mehr den Anforderungen. Bis 1965 wurden alle ausgemustert und verkauft.

Die Triebwagen 1-65 im Überblick

Nr.	Herst.	Baujahr	Sitz-/ Stehplätze	Bemerkungen
1-15	Falk/ UEG	1894	16/12	1925: Tw 1-3 a; Tw 4-9, 11-15 U: Bw 110-120; 1935. Tw 10 a
16-25	Egb/ UEG	(1894)	12/18	1894 U ex Pferdebahnwagen, ab 1899 neue Wagenkästen 1925: Tw 16-24 a; Tw 25 in 15^{II}
15^{II}	Egb/ UEG	(1894)	12/18	1925 ex Tw 25, 1930 a
16^{II}-25^{II}	Wei/ AEG	1925	18/18	1952: 18^{II} U in ATw; 1957: 20^{II} und 21^{II} nach Mühlhausen als Tw 40, 41^{II}; 1961: 16^{II} a, 17^{II} und 22^{II} ATw; 1962: 18^{II} a,19^{II} ATw; 1963: 23^{II} a, 24^{II} a, 1965: 25^{II} a
26-29	Egb/ UEG	(1894)	16/12 12/18	1894 ex Pferdebahnwagen, Tw 28 ursprünglich vierfenstrig 1899 neue Wagenkästen, 1925: Tw 26 U in Bw 121; 1935: Tw 27-29 U in Bw 107^{II}-109^{II}
30	Falk/ UEG	1896	16/12	1935: U in Bw 110^{II}
31-42	Adf/ AEG	1899	18/18	1935: Tw 39 U in ATw, 1939: Tw 31 a, 32, 37, 38 nach Mühlhausen: Tw 53-55; 1940: Tw 36 nach Mühlhausen als Tw 56, 1942: Tw 33, Tw 35 a; 1943: Tw 40,41 a; 1944: Tw 42 a; 1946: Tw 34 a
43-45	Düss/ AEG	1904	18/18	1938: Tw 44 U in ATw, 1943: Tw 43, 45 leihw. n. Essen 1948. Tw 43,45 U in Bw 242^{II}, 238^{II}
46-49	Düss/ AEG	1904	18/18	1943: Tw 46 leihw. nach Essen; 1948 U in: Bw 237^{II}, 236^{II}, 239^{II}, 240^{II}
50-52	Herbrand AEG	1893/ 1894	16/16	1905 ex Remscheid Tw 2, 12, 13; Böker-Fahrgestell, 1928 a
50^{II} ¹⁾	Erf/ AEG	1938	20/40	Wagenkasten nach Gotha-Zeichnung; 1963 n. Eisenach: Tw 29
53-56	Düss/ AEG	1908	18/18	1935: Tw 53 ATw; 1942: Tw 55 a; 1948: Tw 54 und 56 U in Bw 235^{II}, 241^{II}
57-65	Wei/ AEG	1912	20/18	1934: Tw 57 neuer Wagenkasten; 1938: Tw 64 U in Lenkdreiachser; 1943: Tw 58, 60, 61, 63 leihwese nach Essen, 1948 Neuaufbau von Tw 58, 60, 61, 63; 1959/60: Tw 65 u. 62 nach Eisenach, dort Nr. 25, 26; 1961: Tw 57, 63 nach Mühlhausen, dort Nr. 57 u. 58; 1962: Tw 64 a; 1963: Tw 58, 59, 61 nach Jena als 36^{II}, 38, 37; Tw 60 als ATw n. Halberstadt

¹) Anmerkung:
Tw 50^{II} ist der Numerierung nach in dieser Tabelle aufgeführt, gehört aber zum Typ Standardwagen und nicht zu den Triebwagen mit offenen Plattformen, Beschreibung siehe Seite 79.

Tw. 60 im Umbauzustand von 1948, aufgenommen am Stadtpark.

Die Erfurter Triebwagen der Baujahre ab 1926

Triebwagen des Baujahres 1926

Im Jahre 1926 erhielt die Erfurter Elektrische Eisenbahn die Triebwagen 66-75 aus der Waggonfabrik Weimar. Sie besaßen ab Werk geschlossene Plattformen und erstmals ein Tonnendach. Die 10 Triebwagen boten 20 Sitzplätze auf Längsbänken sowie 25 Stehplätze. Das Leergewicht betrug 11.250 kg. die 10 Triebwagen hatten je 2 Fahrmotoren vom Typ US 253 mit 32 kW Nennleistung, Grobstufenfahrschalter und ab Werk elektrische Bremse. Wie alle anderen bis dahin gelieferten Fahrzeuge auch, erhielten sie ab Mitte der 30er Jahre elektrische Fahrtrichtungsanzeiger, Rollenachslager und Scherenstromabnehmer Bauform 1936 der AEG. Eingesetzt wurden die Triebwagen 66 bis 75 vorwiegend auf der Roten Linie (später Linie 1). 1951/52 wurden insgesamt 4 Wagen aus dieser Serie umgebaut und modernisiert. In eigener Werkstatt bauten die EVB 1951 den Tw. 66 um; er erhielt abgeschrägte Stirnfronten und Fahrersitze. Nach dem Muster des Tw. 66 baute der VEB Waggonbau Gotha 1952 die Triebwagen 71 und 72 um. Abweichend vom Tw. 66 erhielten Tw. 71 und 72 beim Umbau jedoch abgerundete Fenster und dreiteilige Tasterbretter, die später wieder gegen einteilige ausgetauscht wurden. Der Tw. 69, in eigener Werkstatt der EVB modernisiert, erhielt keinen Fahrersitz und behielt seine geraden Stirnfronten. Er bekam aber abgerundete Fenster sowie im Fahrgastraum zusätzliche, quer zur Fahrtrichtung unter dem Dach angeordnete Haltestangen. Nach dem Zweiten Weltkrieg liefen die Triebwagen 66-75 vorwiegend als E-Wagen auf der Linie 1E, zum Teil auch als Tourenwagen auf der Linie 4. Der Tw. 69 fuhr nach seiner Modernisierung längere Zeit auf der Linie 5. Tw.66 wurde des öfteren vor dem Reklamebeiwagen Nr. 5 eingesetzt. Bei den Tw. 68 und 69 wurde seit den 50er Jahren regelmäßig die Albertkupplung gegen die alte Schlitzpufferkupplung getauscht, um einen Schneepflug anbringen zu können. 1963 wurden sie endgültig zu Winterdienstwagen und erhielten die ATw- Nummern 4^{III} und 6. Die übrigen Wagen wurden zwischen 1961 und 1963 verkauft, bis auf den Tw. 67, der verschrottet wurde.

Originalzustand der Triebwagenserie 66-75 (oberes Foto) und Umbauzustand von 1951 (unteres Foto).

Tw. 74 am Anger 1927.
Foto: Unruh

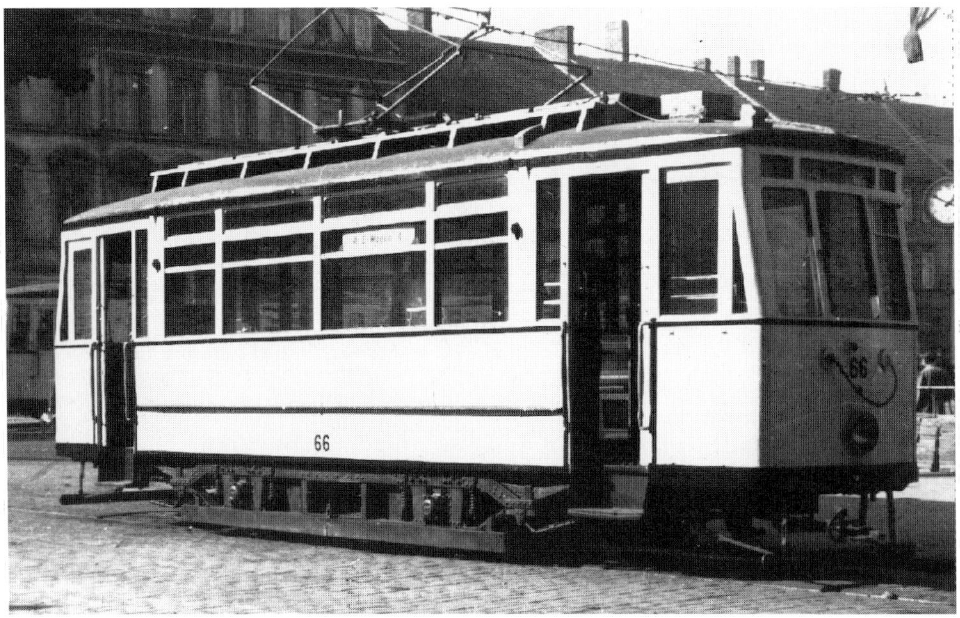

Tw. 66 am Depot Breitscheidstr. 1951.

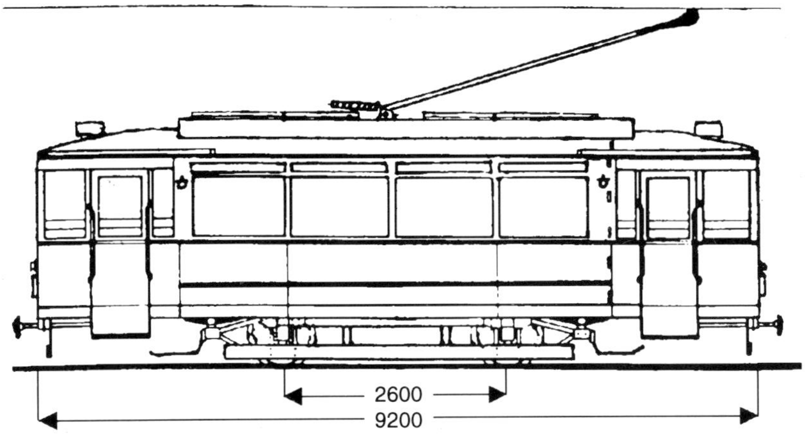

Typenskizze Serie 66-75 im Lieferzustand

Tw. 78 vor dem Umbau, an der Thüringenhalle aufgenommen

Triebwagen 76-81 des Baujahres 1930

Sechs Triebwagen lieferte die Waggonfabrik Lindner, Ammendorf, 1930 nach Erfurt. Sie erhielten die Nummern 76-81. In Dienst gestellt wurden die Fahrzeuge am 2.8.1930. Bis auf kleine Abweichungen entsprachen sie einer Bauart, die bereits bei der Straßenbahn in Halle in größerer Stückzahl eingesetzt war. Der Wagenkasten war in Nietbauweise hergestellt; das Dach war über dem Fahrgastraum als Tonnendach, über den Plattformen als Schleppdach ausgeführt. Die Wagen hatten 24 Sitz- und 32 Stehplätze. Das Gewicht betrug 11.120 kg. Die Fahrmotoren waren vom Typ USL 253 mit je 34 kW Leistung; der Fahrschalter war ein AEG-Grobstufer vom Typ FB3. Die Bremsausrüstung bestand aus E-Bremse und Handbremse System Ackley. Eingesetzt wurden die Triebwagen anfangs auf der Linie 1, zusammen mit gleichzeitig gelieferten Beiwagen, und auf der Linie 4. Sie hatten anfangs noch den Stangenstromabnehmer, ab 1936 dann Scherenstromabnehmer. Zwischen 1954 und 1957 wurden alle Wagen in eigener Werkstatt der EVB grundlegend modernisiert. Sie erhielten abgeschrägte Stirnfronten, Fahrersitze und Innenbeleuchtung mit Leuchtstoffröhren. Weiterhin wurden Fahrmotoren vom Typ EM 60/600, Fahrschalter VNFB 3.85, neue Überstromausschalter sowie Schienenbremsen eingebaut. Als erster war Tw. 76 ab 27.5.1955 im Umbauzustand eingesetzt; als letzter wurde Tw. 78 im Sommer 1957 umgebaut. Die Tw. 76 und 77 blieben Zweirichtungswagen. Die anderen wurden in der Reihenfolge Tw. 80, 81, 79 und 78 zu Einrichtungswagen umgebaut. Nach dem Umbau liefen die Fahrzeuge vorwiegend auf der Linie 4, auch auf der Linie 1 E. Die Wagen, deren Höchstgeschwindigkeit 40 km/h betrug, bewährten sich gut. 1971 begann die Ausmusterung. Die letzteren beiden Wagen aus dieser Serie (Tw. 79 und 80) dienten ab 1978/79 noch eine Zeitlang als ATw, ehe sie den Weg alles alten Eisens gingen.

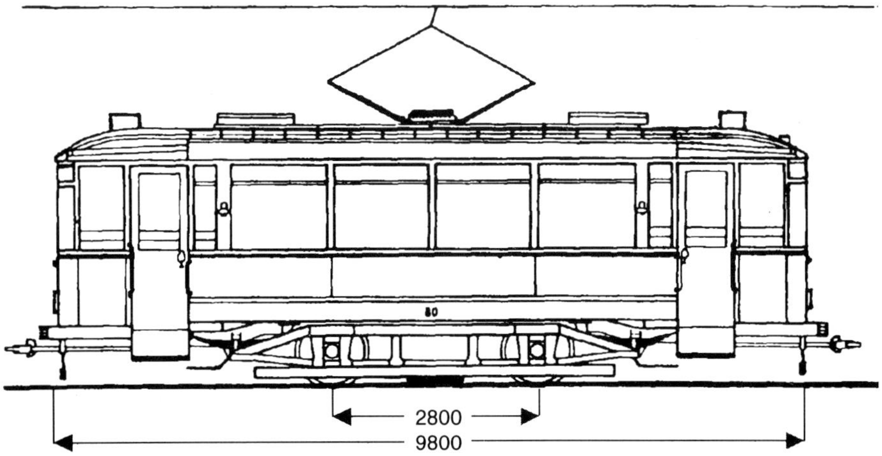

Typenskizze Tw 76-81

Zug der Linie 1 aus Tw 80 der Serie 76-81 und dazu passendem Bw. der Serie 122-131 (Baujahr 1930), Weihnachten 1931 an der Hochheimer Str. Foto: Unruh

Standard-Tw 86, Baujahr 1936, am Stadtpark. Foto: Unruh

Standardtriebwagen 82-87, Baujahr 1936

Im Juni 1936 erhielt die Erfurter Elektrische Straßenbahn sechs neue Triebwagen (Nr. 82-87) von der Gothaer Waggonfabrik. Sie waren noch in Gemischtbauweise ausgeführt, aber erheblich moderner, als die bisher gelieferten Fahrzeuge. Ab Lieferwerk besaßen sie Scherenstromabnehmer, Albertkupplung, Rollenachslager Bauart Fischer, Schienenbremsen Bauart Jores - Müller, Linien- und Richtungsanzeigen mit Filmband und elektrische Fahrtrichtungsanzeiger. Der Fahrschalter, auf jeder Plattform einer, entsprach der AEG - Bauform VNFB 2.98 mit Vorgelege und war ein Nocken-Vielstufer. Die zwei Fahrmotoren vom Typ USL 263 hatten eine Nennleistung von je 46 kW. Das Gewicht der Wagen betrug 12.300 kg, die Höchstgeschwindigkeit 50 km/h. Sie hatten 24 Sitz- und 42 Stehplätze; auf jedem der Perrons befanden sich noch zwei ausklappbare Notsitze. Die Wagen wurden nach ihrer Lieferung sofort auf der Linie 5 eingesetzt, welche bis zur Ausmusterung ihre angestammte Linie blieb, von seltenen Ausnahmen abgesehen. Die sechs Triebwagen besaßen noch einige "Kinderkrankheiten", wie Mängel in der Formgebung, vor allem aber schwergängige Fahrschalter. Bis zur Ausmusterung fuhren Tw. 82-87 stets als Solotriebwagen. 1946 brannte Triebwagen 83 ab und wurde bei der Gothaer Waggonfabrik wiederaufgebaut. Dabei wurde er weitgehend den späteren Lieferserien angeglichen - er erhielt ein durchgehendes Tonnendach und Fahrschalter vom Typ VNFB 2.98, Bauform 8, ohne Vorlege. Triebwagen 85 bekam 1956 anläßlich einer Hauptuntersuchung Polstersitze und abgerundete Fenster. Bis 1964 war das Baulos vollständig im Bestand der EVB; dann begann die Aussonderung. Tw. 87 wurde verschrottet, die anderen Wagen verkauft.

Das Negativ ist zwar arg mitgenommen, aber es ist Beleg dafür, daß 1936 tatsächlich eine Linie 7 zum Flughafen geplant war.
Foto: Unruh

Standardtriebwagen 88-99, Baujahr 1938

Im Jahre 1938 erhielt die EVAG insgesamt 12 Standardtriebwagen von der Gothaer Waggonfabrik, die in zwei Baulosen geliefert wurden. Das erste Baulos (Kommissions-Nr. 2566) trug die Nummern 88-93, das zweite die Nummern 94-99. Die Wagen beruhte konstruktiv auf dem Vorläufertyp von 1936, waren jedoch in vielen Einzelheiten verändert und verbessert. Geblieben war das Fahrgestell mit 3.200 mm Achsstand; der Wagenkasten besaß jedoch ein durchgehendes Tonnendach. Die Beschlagteile bestanden nicht mehr aus Messing, sondern aus Aluminium. Die Wagen 88-93 besaßen Fahrmotoren USL 263a mit 46 kW bei 760 U/min, die Wagen 94-99 Motoren vom Typ USL 513 mit 56 kW bei 650 U/min. Unterschiedlich war auch der Raddurchmesser: 720 mm bei Wagen 88 bis 93, 830 mm bei Wagen 94 bis 99. Als Fahrschalter dienten Nocken-Vielstufer der AEG, Typ VNFB 2.98 Form 8 mit 25 Fahr- und 16 Bremsstufen. Die Höchstgeschwindigkeit betrug 50 km/h. Das Wagengewicht war bei Lieferung mit 11.400 kg angegeben, wurde jedoch nach dem Krieg auf 12.300 kg korrigiert. Der Triebwagen 93 aus dem ersten Baulos 1938 wich in einigen Details von den übrigen ab. Sein Fahrschalter besaß ursprünglich einen verlängerten Kurbelweg (342° statt 205° von der Nullstellung bis zum letzten Fahrkontakt; 355° statt 138° bis zum letzten Bremskontakt). Außerdem hatte er für Schnellfahrversuche bis 60 km/h umgewickelte Fahrmotoren. Die Frischstrom-Schienenbremsen Bauart Jores-Müller waren bei allen Triebwagen mit dem Sandstreuer gekuppelt. Die Triebwagen boten Platz für 66 Personen bei 24 Sitz- und 42 Stehplätzen. Die Sitze waren ledergepolstert; Tw. 90 erhielt indessen nach einem Unfall Holzlattensitze. Tw. 88-93 wurden zunächst überwiegend auf der Linie 5 eingesetzt, Tw 94-99 auf der Linie 4, ab 1942/43 auf der Linie 3. Tw. 93 war 1938 auf der Düsseldorfer Reichswagenschau zu sehen. Alle Wagen waren für den Beiwagenbetrieb zugelassen, bevorzugt wurden dafür jedoch die Triebwagen mit den 56 kW-Motoren verwendet.

Nach dem Zweiten Weltkrieg liefen aus dem ersten Baulos von 1938 nur noch Tw. 91 und 92 eine Zeitlang mit Beiwagen: Tw. 91 auf Linie 4, Tw. 92 auf Linie 3. 1964 fuhr auch Triebwagen 93 auf der Linie 1 mit Beiwagen, nachdem er USL-263a-Fahrmotoren der Normalbauart erhalten hatte. 1965 wurde das gesamte erste Baulos verkauft; ab 1967 wurden auch die Wagen 94-99 aus dem Betrieb gezogen. Nr. 94-96 erhielten 1967 noch die Nummern 114, 116 und 110 in Zweitbesetzung, ehe sie verkauft wurden. Die Wagen 97 und 98 dienten noch längere Zeit als ATw, Wagen 99 wurde nach einem Unfall verschrottet. Bemerkenswert ist noch, daß Tw. 97 in den Jahren 1943 und 1944 mit einem Einheitsstromabnehmer Typ ESS 43 fuhr, danach mit einem AEG-Bügel der Bauform 1936, jedoch ohne Unterstellböcke. Einen SS 36-Stromabnehmer erhielt in den 50er Jahren auch Tw. 92; später fuhr er wieder, wie die anderen Standardtriebwagen ab Baujahr 1938 auch, mit dem angestammten Stromabnehmer der Bauform 1938.
Triebwagen 92 aus der ersten Lieferserie von 1938 blieb erhalten und ist seit 1983 Traditionswagen der EVB, heute der EVAG.

Triebwagen 50^{II} - der "verkleinerte" Standardwagen

Im Jahre 1938 entstand ein weiterer Standardtriebwagen, der jedoch gegenüber den anderen einige Abweichungen aufwies. Der Einzelgänger mit der Nummer 50 (Zweitbesetzung) hatte eine Wagenkastenlänge von nur 9.600 mm (gegenüber 10.540 mm bei den anderen), einen verkürzten Achsstand und Schraubenfedern als Achsbuchsfedern, die neben den Achslagern frei sichtbar angeordnet waren. Statt vier seitlichen Fahrgastraumfenstern hatte der Triebwagen 50^{II} nur drei; er bot 20 Sitz- und 40 Stehplätze. Die Fahrmotoren waren vom Typ USL 253 mit 34 kW Nennleistung. Der Zeichnungssatz für diesen Wagen entstand bei der Gothaer Waggonfabrik, montiert wurde das Fahrzeug jedoch bei der Firma Krüger in Erfurt. Die elektrische Ausrüstung lieferte die AEG. Der Tw. 50^{II} war vorwiegend auf der Linie 1, nach dem 2. Weltkrieg auf den Linien 1E (hier auch mit Beiwagen), 2 und 5 E zu sehen. 1963 wurde er nach Eisenach verkauft.

Triebwagen 92 nach der Ablieferung 1938 im Neuen Depot Nordhäuser Straße.

Typenskizzen der Standardtriebwagen, Serie 82-87 oben, Serie 88-93 unten.

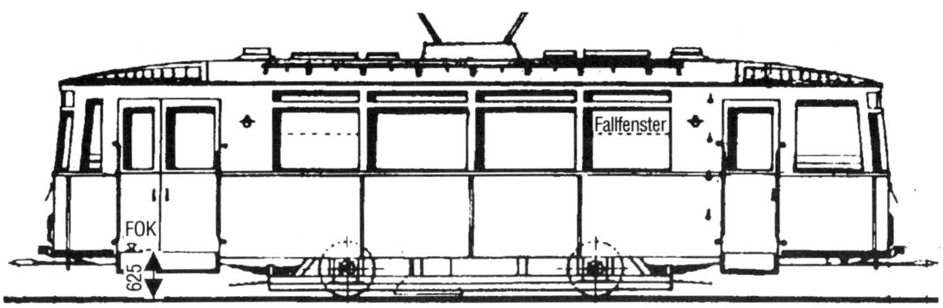

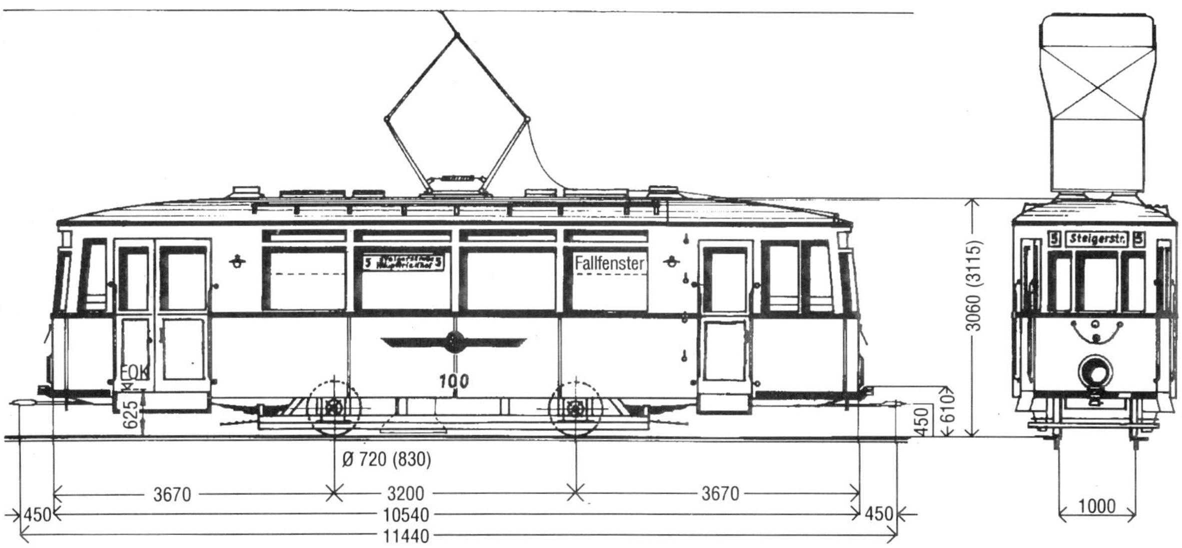

Klammermaße für Tw 94-117

Triebwagen 92 nach der Wiederherstellung als Traditionstriebwagen im Jahre 1983.

Triebwagen 50^{II} am Stadtpark im Jahre 1961.

Triebwagen 50^{II}

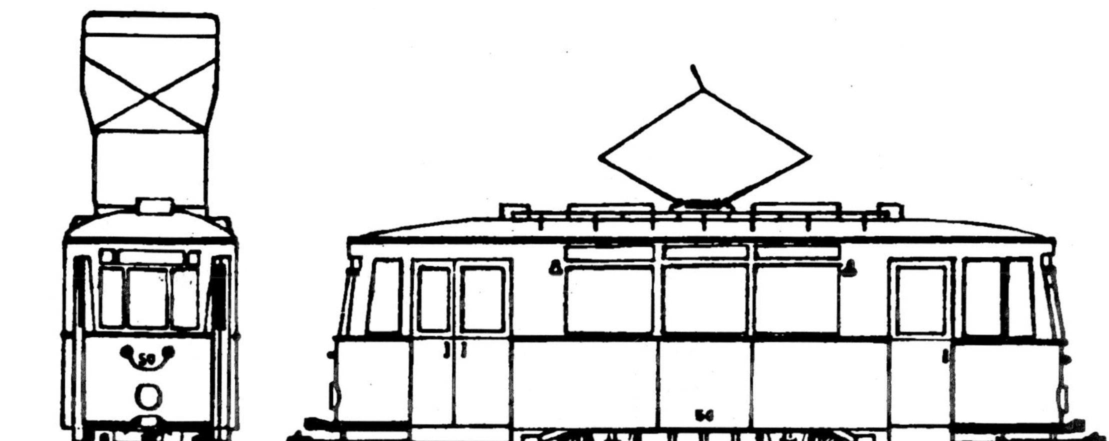

Standardtriebwagen 100-105, Baujahr 1939

Im Jahre 1939 beschaffte die EVAG weitere sechs Standardtriebwagen von der Gothaer Waggonfabrik (Kommissions-Nr. 2586). Die Wagen mit den Nummern 100-105 stimmten weitgehend mit dem zweiten Baulos von 1938 überein. Ihr Gewicht war mit 12.300 kg angegeben. Gegenüber den Wagen von 1938 wurde geändert: kürzere Haltegriffe an den Einstiegstüren, an den Stirnfronten je ein Bremslicht über dem Kletterpuffer und je ein Kupplungsstecker über dem Scheinwerfer für die Betätigung der Schienenbremse des Beiwagens. Diese Stecker wurden jedoch bald entfernt und erst in den 50er Jahren bei Tw. 100 und 104 wieder angebracht.
Mit Tw. 104 und 105 wurden 1941 umfangreiche Versuche für die Entwicklung neuer Bauteile durchgeführt. Triebwagen 104 erhielt eine Kleinspannungsanlage und zusätzliche Notbeleuchtung, Tw. 105 einen Öldruckfahrschalter und Fahrersitz. Der Öldruckfahrschalter wies jedoch Funktionsmängel auf, so daß Tw. 105 abgestellt werden mußte. 1945/46 nochmals kurzfristig auf Linie 4 eingesetzt, stand er schließlich bis 1952 im Betriebshof "Altes Depot". Dann wurde er zum Einrichtungswagen umgebaut, erhielt bis knapp über SO reichende Schürzen, einen neuen Fahrersitz und Einzelsitze im Fahrgastraum sowie Schaffnersitzplatz. Nach dem Umbau hatte er 16 Sitz- und 48 Stehplätze. Ab 1.11.1952 verkehrte Tw. 105 als erster Erfurter Straßenbahnzug mit Fahrgastfluß zusammen mit dem Beiwagen 234 auf der Linie 1 E. Die Fahrmotoren waren anläßlich des Umbaus gegen solche des Typs EM 60/600 getauscht worden. 1954 wurde anstelle des Öldruckfahrschalters ein normaler Nockenfahrschalter vom Typ VNFB 3.85 installiert.
Ursprünglich waren die Tw. 100-105 auf den Linien 1 und 4 im Einsatz, ab 1943 liefen Tw. 101-104 auf der Linie 3. Bereits ab 1950 fuhr Tw. 104 wieder auf den Linien 1 und 4. Tw. 105 war von 1954 bis 1961 auf der Linie 3 eingesetzt, dann wieder auf den Linien 4 und 1E. Mehrfach wechselte der Anstrich des Wagens 105: 1952 erhielt er einen Anstrich in Dunkelelfenbein mit brauner "Bauchbinde", 1956 einen in Hellelfenbein mit schwarzem Absetzstreifen, 1958 eine Neulackierung in Elfenbein mit breiter blauer "Bauchbinde", 1961 eine Lackierung mit schmalem blauem Streifen, und Ende 1969 schließlich einen roten, breiten Absetzstreifen. 1974 wurde er außer Dienst genommen und 1975 verschrottet. Die anderen Wagen fuhren in ihren letzten Betriebsjahren wieder auf den Linien 1 bzw. 1E oder 5E. Die Ausmusterung begann 1965. Während Tw. 100 nach einem Unfall verschrottet wurde, dienten Tw. 103 und 104 noch eine Zeitlang als ATw, und aus dem Tw 102 entstand ein Beiwagen. Tw. 101 wurde 1971 ausgemustert.

Standardtriebwagen 106-117 der Baujahre 1943/44

Im Jahre 1943 baute die Gothaer Waggonfabrik 12 weitere Standardtriebwagen für die EVAG; die Auslieferung der letzten Wagen erfolgte erst im Frühjahr 1944. Die Triebwagen mit den Nummern 106-117 entsprachen der Lieferserie 1939 bis auf folgende Unterschiede: Die Deckenbeleuchtung im Fahrgastraum war nicht mehr mittig, sondern in zwei Reihen seitlich angeordnet. Zwischen den Fensterholmen befanden sich Sofitten für Notlicht mit separater Abschaltung. Statt Winkerlampen als Fahrtrichtungsanzeiger dienten nunmehr Blinkleuchten. Die Tw. 106-117 wurden auf der Linie 1, zum Teil auch auf der Linie 4 eingesetzt. Ab 1961 waren sie auch auf der Linie 5 E zu sehen. Von April bis Oktober 1961 fuhren 9 Triebwagen aus diesem Baulos auf der Linie 3, da für die Zeit der iga von dieser Linie fast alle Neubauwagen abgezogen wurden. Tw. 112 und 117 wurden 1966/67 zu Einrichtungswagen umgebaut, jedoch in einfacherer Form als Tw. 105. Die Tw. 106, 107, 108, 111, 112 und 115 wurden 1967 verkauft. Tw. 117 wurde abgestellt und später als Beiwagen hergerichtet. Als letzter schied am 1.5.1978 Triebwagen 109 aus dem Betriebsstand aus. Triebwagen 114, 116 und 110 trugen bei der Ausmusterung nicht mehr diese Nummern, sondern wurden unter den Nummern 94, 95 und 96 außer Dienst gestellt. Tw. 113 wurde nach einem Unfall verschrottet. Die 1941 bestellten Triebwagen 118-123 wurden nicht mehr geliefert; lediglich die elektrische Ausrüstung wurde von der AEG fertiggestellt und nach dem Krieg für die Modernisierung der Triebwagen des Baujahres 1930 (Fabrikat Lindner) verwendet.

Ehemalige Leipziger Triebwagen "Typ 27", Nr. 118-120

1955 erwarben die EVB drei alte Leipziger Triebwagen des Typs 27. Erbaut wurden sie zischen 1909 und 1913. Genaue Herstellerangaben sind nicht möglich, da die Große Leipziger Straßenbahn diesen ursprünglich offenen Wagentyp bei verschiedenen Herstellern fertigen ließ und später in eigener Werkstatt zu geschlossenen Triebwagen umbaute. Die drei Triebwagen wurden in Erfurt umgespurt und erhielten Fahrmotoren vom Typ USL 253 mit 34 kW Dauerleistung. Ihnen wurden die Nummern 118-120 zugeteilt. Sie fuhren stets nur als Solo-Triebwagen auf der Linie 4. Bereits 1956 wurden die Wagen 118 und 120 wieder verkauft, 1957 auch Wagen 119. Die EVB waren letztlich froh, die altmodischen, schwerfälligen Fahrzeuge wieder los zu sein.

Ein Zug aus Tw. 105 und Einrichtungs-Bw der Nummernserie 257-262. Tw. 105 war 1954 zum Einrichtungswagen umgebaut worden, die Aufnahme am Hauptbahnhof datiert aus 1963.

Oben: Standard-Zug aus Tw 108 mit Bw 247 1964 am Dalbergsweg.

Unten: Ebenfalls ein Zug aus Standard-Wagen (Tw 103, Bw 246) 1943 am Stadion. Foto: Unruh

Die Triebwagen 66-120 in tabellarischer Übersicht

Nr.	Herst.	Baujahr	Sitz-/ Stehplätze	Bemerkungen
66-75	Wei/ AEG	1926	20/25	1951: 66 U: modernisiert, Fahrersitze, 1952: 71, 72 U; 1961: Tw 74 n. Mühlhausen, dort a; 1961: Tw 73, 75 nach Eisenach Nr. 27 und 28; Tw 67 a; 1963: Tw 68, 69 U zu ATw, Tw 70 a, Tw 66, 71, 72 n. Gera, dort Nr. 115-117
76-81	Adf/ AEG	1930	24/32	1954: Tw 76, 77 U: modernisiert, neue E-Ausrüstung, Fahrersitze; 1955: Tw 80 U zu ER-Tw; 1956: U Tw 81, 79 zu ER-Tw; 1957: U Tw 78 zu ER; 1971/74: Tw 76, 77 a; 1978/79: Tw 80, 79 ATw; 1979: Tw 78, 81 a
82-87	Got/ AEG	1936	24/42	1946: Tw 83 neu aufgebaut, 1964: Tw 87 a, Tw 82-84 nach Gotha, dann Mühlhausen unter gleichen Nummern; 1965: Tw 85 n. Mühlhausen: Tw 58^{II}, Tw 86 nach Nordhausen als Nr. 29
88-93	Got/ AEG	1938	24/42	1965 nach Eisenach als Tw 40, 43, 42, 44, 45
94-99	Got/ AEG	1938	24/42	1967: Tw 94-96 in 114^{II}, 116^{II}, 110^{II}; Tw 97 und 98 U in ATw, Tw 99 a
94^{II}-96^{II}	Got/ AEG	1943/ 1944	24/42	1967 ex Tw 114, 116, 110; nach Umzeichung a
100-105	Got/	1939	24/42	1941: Tw 104 versuchsweise Kleinspannungsanlage; Tw 105 Fahrersitz und Öldruckfahrschalter; 1952: Tw 105 U in ER-Tw, 16 Sitz-, 48 Stehplätze; 1954: Tw 105 neuer Fahrschalter; 1963: Tw 100 leihweise n. Gotha, 1965: Tw 100 a; 1968: Tw 102 U in Bw 244^{II}; 1971: Tw 101 a; 1970/73: Tw 103, 104 ATw; 1975: Tw 105 a
106-111	Got/ AEG	1943	24/42	1967: 106-108,111 n. Dresden (Linie 31) als Tw 856, 854, 850, 852; Tw 110 umgezeichnet in 96^{II}; 1978: Tw 109 abgestellt, 1979 a
112-117	Got/ AEG	1943/ 1944	24/42	Tw gehören zum gleichen Baulos wie 106-111, Lieferung Anfang 1944; 1967: 115 an Nordhausen: Tw 29^{II}, Tw 114, 116 neue Nr. 94^{II}, 95^{II}; Tw 112 an Dresden, dort Tw 853; 1976: 113 abgestellt, 1978 a; 1971-77: Umbau Tw 117 zu Bw 254^{II}
110^{II}, 114^{II}, 116^{II}	Got/ AEG	1938	24/42	1967 ex Tw 96, 94, 95; Wagen fuhren noch mit neuen Nummern in Erfurt; Herbst 1967 an Dresden als Tw 851, 855, 857
118-123	AEG	(1943)	-/-	Wagennummern waren bereits vergeben, von AEG nur E-Ausrüstung fertiggestellt
124-129	-/-	-	-/-	Einheits-Tw des Typs ET 2m, 1941 bestellt, nicht geliefert
118-120	?/AEG	1913	16/32	Hersteller vermutlich WF Werdau, 1955 ex Leipzig Tw Nr. 987, 988, 986; 1956: Tw 118 n. Eisenach Tw 28; Tw 120 nach Eisenach, weiter nach Mühlhausen Tw 38; 1957: Tw 119 n. Mühlhausen, dort Tw 39

Nachtrag (wiederholt von Seite 75)
"Kleiner Standard-Triebwagen"

Nr.	Herst.	Baujahr	Sitz-/ Stehplätze	Bemerkungen
50^{II}	Erf/ AEG	1938	20/40	Wagenkasten nach Gotha-Zeichnung; 1963 n. Eisenach: Tw 29

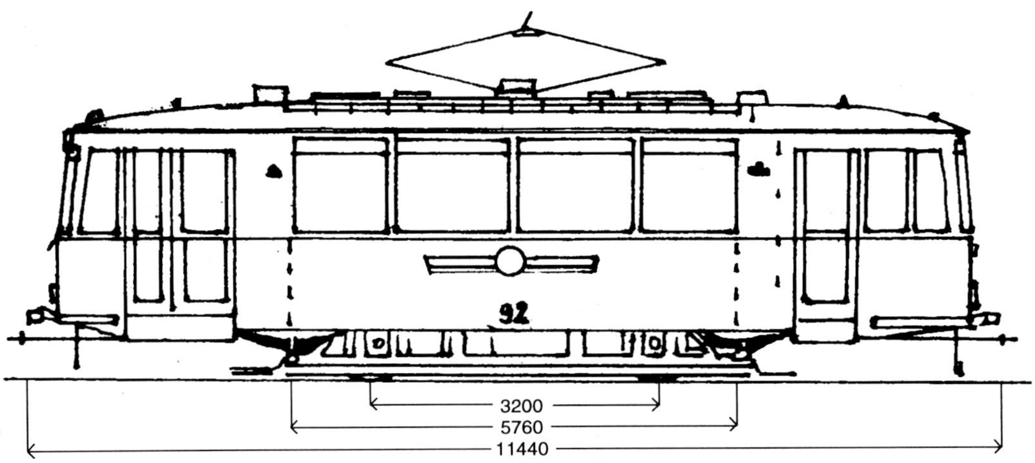

Typenskizze Serie 88- 93

Gotha-Triebwagen 121 vor der Indienststellung 1957 im Neuen Depot *Foto: EVAG/Zille*

Die Triebwagen der Nachkriegsbauart

Triebwagen 121-124, Bauart Gotha, Typ Erfurt 57, Baujahr 1957

Im Herbst 1957 erhielten die EVB 4 Einrichtungstriebwagen aus dem VEB Waggonbau Gotha, die die Nummern 121-124 bekamen. Bis auf die Sitzplatzanordnung (1 + 1) entsprachen sie dem DDR-Einheitstyp T57E. Bei einem Gewicht von 12.000 kg hatten sie 15 Sitz- und 75 Stehplätze, geschlossene Fahrerkabine und Schaffnersitzplatz. Die Fahrmotoren waren Einheitsmotoren EM 60/600, die Fahrschalter des Typs StNFB 1 besaßen 18 Fahr- und 13 Bremsstufen. Der Türenverschluß erfolgte elektromechanisch. Die Triebwagen wurden mit Albertkupplung geliefert, um mit den bei den EVB vorhandenen Beiwagen kuppelbar zu sein. 1960 wurden sie auf Scharfenbergkupplung umgerüstet. Eine Lautsprecheranlage war vorgesehen; die zugehörigen Mikrofone konnten jedoch erst 1958 installiert werden. Die Tw. 121-124 wurden mit AEG-Stromabnehmer der Bauform 1938 in Dienst gestellt; in den 60er Jahren erhielten sie Einheitsstromabnehmer vom Typ ESS 48, beginnend mit dem Tw. 124. Mitte der 60er Jahre wurden Taster und Fangnetz nachgerüstet, denn ursprünglich hatten die Wagen nur vordere und seitliche hölzerne Bahnräumer. Ab 30. Januar 1958 waren alle 4 Triebwagen auf der Linie 3 im Einsatz; später fuhren sie auch auf den Linien 5 E, 4 und 1 E. Ab 1973 fuhren die Wagen wieder auf der Linie 3. Zwischen 1970 und 1973 erhielten die Triebwagen im Raw Schöneweide eine Generalreparatur und wurden dabei auf Sitzplatzanordnung 2 + 1 umgebaut. 1980 wurden die Wagen verkauft.

Triebwagen 125-130, Bauart Gotha, Baujahr 1958

Eine zweite Serie neuer Einrichtungs-Triebwagen kam 1958 aus dem Gothaer Werk nach Erfurt. Diese Wagen erhielten die Nummern 125-130 und unterschieden sich geringfügig von der Lieferung des Jahres 1957. Die Triebwagen besaßen ab Lieferung komplette Sprechanlagen und sogleich Stromabnehmer vom Typ ESS 48. Auch diese Wagen wurden zuerst auf der Linie 3 eingesetzt. Zwei der Triebwagen (128 und 129) fuhren ab 1960 jahrelang auf der Linie 4. Zur iga 1961 verblieb als einziger Neubauwagen Tw. 127 auf der Linie 3. 1961 bekamen die Triebwagen 125, 126 und 130 die Scharfenbergkupplung, 1962 folgte Triebwagen 127. 1968 bekam Triebwagen 128 ebenfalls die Scharfenbergkupplung, 1969 aus Gründen des Wageneinsatzes aber wieder die Albertkupplung. Zwischen 1971 und 1974 erhielten alle 6 Triebwagen eine Generalreparatur im Raw Schöneweide und Sitzplatzanordnung 2 + 1. Dabei wurden auch Tw. 128 und 129 auf Scharfenbergkupplung umgerüstet. 1983

Fahrzeugparade im Jahr 1957 am Städtischen Krankenhaus mit den frisch abgelieferten Tw 122, 124 und 121. *Foto: EVAG/H. Zille*

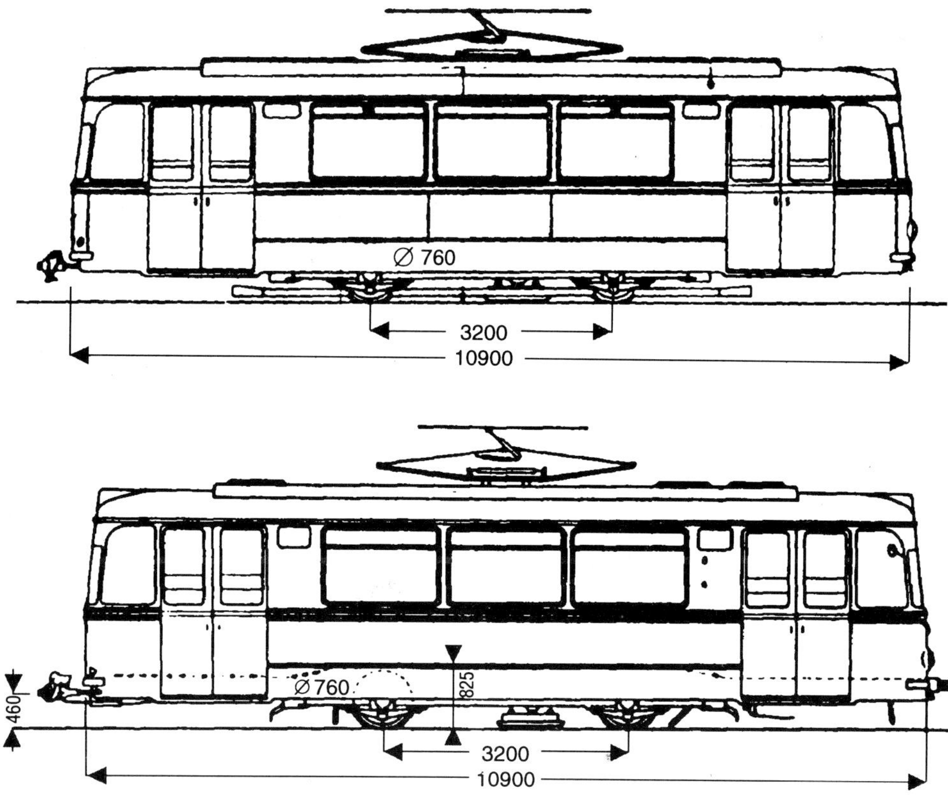

Triebwagen-Serie 121-130 (Mitte) und 131-134 (unten)

wurden Tw. 125 und 126 verkauft, die übrigen bis 1989 außer Dienst gestellt.

Triebwagen 131 und 132, Bauart Gotha, Typ T2-60

Im Herbst 1960 beschafften die EVB zwei Triebwagen (Nr. 131 und 132) eines weiterentwickelten Einheitstyps vom VEB Waggonbau Gotha und sieben dazu passende Beiwagen. Mit Lieferung der Fahrzeuge hielt die Scharfenbergkupplung in Erfurt Einzug. Die Wagen vom Typ T2-60 waren eineÜbergangsbauart zwischen dem Typ T57E, dem Typ T59E (in Erfurt nicht vorhanden) und dem ein Jahr später in Gotha entwickelten Typ T2-61. Die Hauptabmessungen und die Parameter der elektrischen Ausrüstung waren im wesentlichen unverändert.
Die Wagen besaßen 15 Sitz- und 75 Stehplätze; ihr Gewicht betrug 13.200 kg. Sie wurden auf der Linie 3 in Dienst gestellt. 1973 (Nr. 132) und 1974 (Nr. 131) erhielten beide Wagen im Raw Berlin-Schöneweide eine Generalreparatur und Sitzplatzanordnung 2 + 1. Tw. 132 schied nach einem Unfall 1986 aus dem Bestand, Tw. 131 wurde 1989 ausgemustert.

Die zwei Gesichter des ER Tw 130: die linke Abbildung zeigt das ursprüngliche Aussehen 1958 mit erhabenen Zierleisten. Der Triebwagen zeigt seine türlose linke Seite auf einer Probefahrt in der Neuwerkstr. (Foto: Unruh). Nach der Generalreparatur in den 70er Jahren zeigte er sich in völlig verändertem Zustand (rechtes Bild). Die rechte Fahrzeugseite mit den Einstiegtüren verlor nicht nur die erhabenen Zierleisten an der Bauchbinde, auch das rechtsseitige Liniensignal ist weggefallen.

Triebwagen 133, 134, Bauart Gotha, Typ T2-61

1961 erhielten die EVB zwei Triebwagen vom Typ T2-61 (Nr. 133 und 134) und 5 dazu passende Beiwagen vom Typ B2-61. Diese Triebwagen hatten 18 Sitz- und 73 Stehplätze. Ein Schaffnersitzplatz war ab Lieferung nicht vorhanden, er wurde erst 1962 beim Tw 133 nachgerüstet. Die technischen Daten entsprachen denen der Vorläufertypen, das Gewicht betrug 13.200 kg. Die Fahrerkabine war gegenüber den Lieferungen von 1957, 1958 und 1960 vergrößert, die Aufteilung der Fensterflächen etwas verändert. Alle Seitenfenster auf der linken Fahrzeugseite besaßen nunmehr klappbare Oberteile. 1966, zur Einführung des OS-Systems, wurde der Schaffnerplatz aus dem Tw. 133 wieder ausgebaut, wie bei allen mit Schaffnersitz gelieferten Wagen auch. Tw. 133 und 134 fuhren zunächst auf der Linie 2, ab November 1961 auf der Linie 3. Tw. 134 wurde 1964 verkauft; die Nummer wurde 1968 zum zweiten Male besetzt. Tw. 133 erhielt 1973 eine Generalreparatur im Raw Schöneweide, fuhr danach zuerst auf Linie 1E, dann wieder auf der Linie 3, zuletzt auf den Linien 2 und 5. 1989 wurde er ausgemustert.

Triebwagen 134^{II}, 135-141 vom Typ T2D

In den Jahren 1967 und 1968 fertigte CKD Prag die meterspurigen Fahrzeuge der Bauart Gotha in Lizenzproduktion. Von diesen Nachbauten erhielten die EVB als Neulieferung sechs Triebwagen und zwei Beiwagen. Im Frühjahr 1968 kamen 4 Triebwagen an, im Herbst zwei weitere. Die ersten vier Wagen wurden als Tw. 134^{II} und 135-137, die beiden anderen als Tw. 138 und 139 eingereiht. Es waren Nachbauten des Gothaer Typs T2-62, Bauform 1965. Das Wagengewicht betrug 12.500 kg; die Wagen hatten 20 Sitz- und 62 Stehplätze in Platzanordnung 2 + 1. Als Fahrschalter diente - wie bei den Triebwagen Gothaer Produktion ab Baujahr 1962 - der Unterflurfahrschalter StNFB4 mit 22 Fahr- und 18 Bremsstufen. Gegenüber den Original-Gotha-Fahrzeugen wiesen die Nachbauwagen einige Veränderungen und Vereinfachungen auf. Ihren ersten Einsatz erlebten die Triebwagen 134^{II}-137 auf der Linie 4, gekuppelt mit Beiwagen Bauart Gotha; nach Lieferung der Tw. 138 und 139 fuhr das gesamte Baulos auf der Linie 1 und seit 1974 auf der Linie 3. 1972 bzw. 1975 kamen 2 weitere T2D nach Erfurt. Sie waren gebraucht von den VB Halle erworben worden und erhielten die Nummern 140 und 141. Tw. 140 erhielt nach einem schweren Unfall (1973 Zusammenstoß auf Anger mit Tw. 139) 1975 eine Generalreparatur im Raw Schöneweide und war danach bis 1978 mit dem Beiwagen 270 als "Kinderwagenzug" im Einsatz. 1979 wurden drei T2D als ATw hergerichtet; aus Tw. 138 entstand ein Schleifwagen (ATw 1^{II}), aus Tw. 139 und 141 je ein Werkstatt- und Winterdienstwagen. Im August 1989 wurde auch der Triebwagen 140 als ATw hergerichtet, als Ersatz für den inzwischen ausgemusterten ATw 2^{II} (ex Tw. 139). Die übrigen Triebwagen schieden bis 1989 aus dem Betriebspark aus. 1969 hatten die EVB noch einen weiteren T2D aus Halle erhalten; dabei handelte es sich jedoch um kein Personenfahrzeug, sondern um einen Fahrschulwagen.

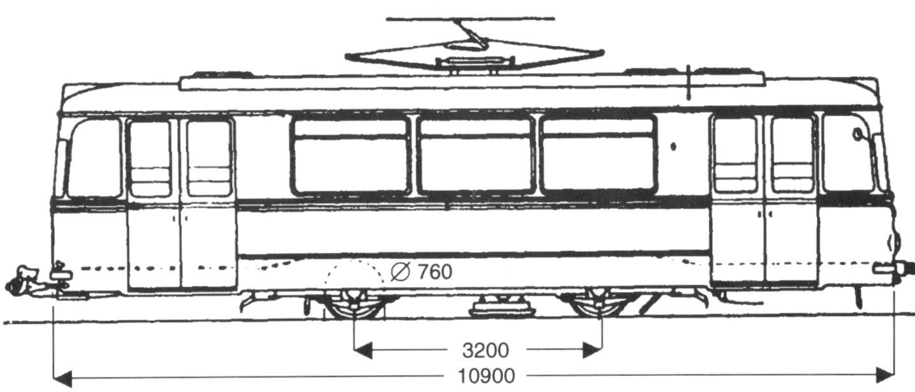

Serie Tw 134-141

Tw 126 mit zwei Reko-Beiwagen an der Endstelle Straße der Völkerfreundschaft.

Tw 140 mit Bw 270 als "Kinderwagenzug" am Fischmarkt 1978.

Tw 140 mit Bw 270 im Linienverkehr auf der Linie 2 in der Bahnhofstr. 1978.

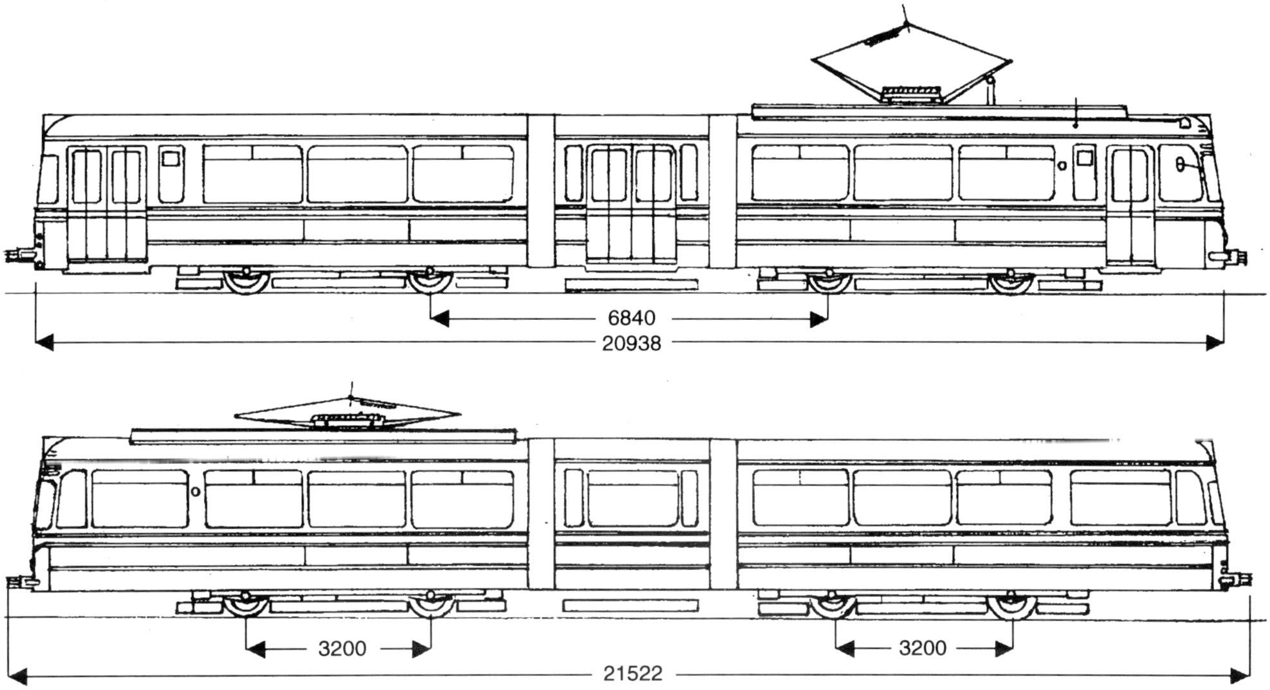

Tw 151

Gelenktriebwagen 151, Bauart Gotha, Typ EGT 59/2, Baujahr 1959

Das erste Fahrzeug einer neuen Bauart - einen Gelenkwagen mit schwebendem Mittelteil - erhielten die EVB im September 1959. Entwickelt wurde der Wagen im Konstruktionsbüro des VEB Waggonbau Gotha, im März 1959 war der Vorentwurf, im Frühsommer des gleichen Jahres der Zeichnungssatz fertig. Der Gelenkwagen entstand unter Verwendung der Konstruktionen der zweiachsigen Fahrzeuge T57E und B57E sowie Bauelementen des 1958 für Berlin gefertigten vierachsigen Großraumzuges. Am 30.09.1959 wurde der Wagen, der bei den EVB die Nr. 151 erhielt, am Hauptbahnhof und am 5.10.1959 auf dem Anger der Öffentlichkeit vorgestellt. Am 7.10.1959 erfolgte der erste Einsatz auf der Linie 3.
Der Wagen wog 20.900 kg und bot 35 Sitz- und 144 Stehplätze (in Sitzanordnung 1 + 1). Der Wagenkasten war insgesamt 20.938 mm lang (Typenskizze siehe oben). Die Endwagen ruhten auf je einem Fahrgestell des Typs T57, das Mittelteil war über kugelgelagerte Drehkränze mit den Endwagen verbunden. Als Verbindungselemente zwischen den Wagenkastenteilen dienten Gummiringfedern, die 1961 gegen Faltenbälge getauscht wurden. Der Wagen besaß zwei Einheitsmotoren vom Typ EM 60/600 sowie den neuentwickelten Unterflurfahrschalter StNFB4 mit je 20 Fahr- und Bremsstufen sowie zwei zusätzlichen Feldschwächungsstufen. Die Einstiegstüren waren Falttüren mit elektromotorischem Antrieb und Kraftübertragung über Rollenketten. Je eine Sprechanlage in der Fahrerkabine und am Schaffnerplatz dienten der Fahrgastinformation. Tw. 151 wurde auf der Leipziger Frühjahrsmesse 1960 gezeigt. Nach Erfurt zurückgekehrt, war er bis 1982 im Einsatz. Am 7. August 1982 wurde Tw. 151 durch Brandstiftung zerstört.

Gelenktriebwagen 152, 153, Typ G4-61, Nullserie, Baujahr 1961

Zwei Nullserienfahrzeuge des vierachsigen Gelenktriebwagens, nunmehr mit der Typenbezeichnung G4-61, erhielten die EVB Anfang 1961. Die Wagen 152 und 153 waren im Vergleich zum Vorauswagen 151 nur wenig verändert. Zwischen Mittel- und Endwagen waren Faltenbälge angeordnet, die seitlichen Bahnräumer entfielen, und die Fensteroberteile waren vereinheitlicht. Der Fahrschalter war verbessert und hatte nunmehr 22 Fahr- und 18 Bremsstufen. Verändert war auch die Pedalanordnung in der Fahrerkabine. Die Wagen hatten 35 Sitz- und 143 Stehplätze. Sie verkehrten auf der Linie 3, zur iga 1961 auf der Linie 2, später auch auf der Linie 5. Tw. 153 wurde 1980 ausgemustert, Tw. 152 1981 nach Nordhausen verkauft, nachdem er bereits 1980 das Mittelteil des Tw. 153 erhalten hatte.

Gelenktriebwagen 154-160, Typ G4-61, Lieferung 1962

Im Januar 1962 trafen sieben Gelenkwagen der Serienausführung in Erfurt ein. Sie erhielten die Nummern 154-160. Die Wagen besaßen gegenüber den Tw. 151 bis 153 verschiedene Veränderungen, so veränderte Armaturentafeln, Schaltschränke, vergrößerte Rückspiegel, Stangenantrieb der Türen statt Kettenantrieb. Als Schaltrad diente nunmehr das Lenkrad des PKW Wartburg 311; die drei vorher gelieferten Wagen waren mit dem Lenkrad des PKW *Sachsenring* ausgestattet. Die Mittelteile besaßen auf der Nichteinstiegsseite Revisionsklappen. Außerdem waren die Wagen ab Werk mit Taster und Fangnetz ausgerüstet. Die Fahrerkabine war etwas geräumiger. Die Wagen hatte am Heck eine Albertkupplung (als Hilfskupplung zum Abschleppen). Wagengewicht, Antriebsleistung und Platzanordnung waren unverändert. Mit dem Einsatz dieser Wagen konnte die Linie 3 vollständig auf Gelenkzüge umgestellt werden. Ab Frühjahr 1962 waren ständig acht G4-Triebwagen auf der Linie 3 eingesetzt, meist Triebwagen 154-160 und einer der drei Vorauswagen. Mit der Beschaffung der Gelenkwagen 154-160 wurde nach 10-jähriger Pause der Fahrgastfluß wiedereingeführt. Im Sommer 1963 wurden die Wagen von der Linie 3 auf die Linie 5 umgesetzt. Später fuhren sie auf fast allen Linien. 1966 wurden die Schaffnerplätze ausgebaut. 1981 wurden die Wagen bis auf Tw. 155 verkauft. Dieser verblieb bis zur Ausmusterung bei den EVB. 1989 war auch er nicht mehr im Einsatzbestand.

Gelenktriebwagen161-168, Typ G4-61, Baujahr 1963

Im Frühjahr 1963 erhielten die EVB weitere acht Gelenkwagen vom Typ G4-61, die mit den Nummern 161-168 in Betrieb genommen wurden. Gegenüber der Lieferung von 1962 waren sie nicht verändert. Die Wagen wurden zunächst auf der Linie 4 eingesetzt, einige Jahre später auch auf den Linien 2, 3 und 5. Tw. 163 wurde nach schwerem Unfall 1973 ausgemustert. Auf den ursprünglichen Plan, ihn zu einem Gelenkbeiwagen umzubauen, verzichtete man. 1975 wurde Tw. 163 verschrottet. Tw. 162, 165 und 168 wurden ab 1980 ebenfalls ausgemustert, aus dem Mittelteil und dem B-Wagen des Tw. 168 sowie dem B-Wagen des Tw. 153 entstand ein Gelenk-Rungenwagen für Schwerlasttransporte. Die übrigen Wagen wurden 1981 verkauft.

Gelenktriebwagen 169-177 der Ausführung 1964

Neun Gelenktriebwagen einer stark überarbeiteten Version beschafften die EVB im Herbst 1964. Am markantesten waren die Änderungen an den Einstiegstüren, an den Trittstufen sowie an der Bestückung der Armaturentafeln in der Fahrerkabine. Die Türantriebe waren verändert und mit Rutschkupplungen versehen, die Fahrgastraumbeleuchtung bestand aus einem mit Glühlampen statt Leuchtröhren bestücken Leuchtband, und die Liniennummernanzeige erfolgte mittels Filmband anstelle von Milchglasscheiben. Die Getriebeübersetzung betrug nunmehr 5,41:1 (bisher 5,75:1). Die Wagen erhielten Bandtachometer für die Geschwindigkeitsanzeige. Verdoppelt gegenüber den bisherigen Ausführungen war die Anzahl der Haltestangen für stehende Fahrgäste. Das Leergewicht der Wagen betrug 21.900 kg. Nach wie vor hatten sie 35 Sitz- und 143 Stehplätze. Die neun neuen Gelenkwagen lösten die Altbaufahrzeuge auf der Linie 1 ab. Ab 1967 wurden jedoch die Tw. 169-175 auf der Linie 3 eingesetzt, Tw. 175 indessen nur kurzzeitig. Tw. 174 wurde nach schwerem Unfall im Jahre 1975 einige Zeit später wiederaufgebaut. Tw. 175 bestritt am 18.3.1989 die Jubiläumsfahrt "30 Jahre Gelenkwagen in Erfurt". Die anderen Wagen dieser Lieferserie schieden nach und nach aus dem Dienst aus: Tw. 169 wurde 1978 nach Unfall ausgesondert, 1981 folgte Tw. 173. Im September 1989 wurden Tw. 174-177 verkauft. Die Wagen 170-172 verblieben in Erfurt, gehören aber seit Ende 1989 nicht mehr zum Einsatzbestand.

Gelenktriebwagen 178-184, Typ G4-65, Lieferung 1965

Ab 1965 fertigte der VEB Waggonbau Gotha die Gelenkzüge nach einem neuen Zeichnungssatz und bezeichnete sie nunmehr als G4-65. Von diesem Typ beschafften die EVB zunächst 7 Fahrzeuge, die im Sommer 1965 geliefert wurden. Die Version für Erfurt besaß noch einen Schaffnerplatz, Albertkupplung und 35 Sitz- sowie 143 Stehplätze. Auffällig waren die fehlenden Aluzierleisten. Mit den Nummern 178-184 versehen, wurden die neuen Wagen zunächst auf den Linien 1 und 4 eingesetzt. Bereits 1968 erhielt Tw. 184 Scharfenbergkupplung für den Betrieb mit Beiwagen, 1975 bekamen auch die Tw. 180-183 diese Kupplung. Bis 1978 waren die Wagen meist ständig auf der Linie 1 mit Beiwagen der Bauart Gotha

Tw. 151 im Oktober 1959 im Betriebshof Karl-Marx-Allee *Foto: EVAG*

Tw. 180 fährt von der Domstr. in Richtung Brühler Str./ega.
Foto: Heinrich

Tw. 182 an der Endhaltestelle Dalbergsweg der Linie 1.
Foto: Heinrich

Tw. 189 mit Bw. 266 vor dem Centrum-Warenhaus 1978.

oder Schöneweide-Reko anzutreffen. Die nicht mit Schaku ausgerüsteten Wagen 178 und 179 fuhren des öfteren auf der Linie 2. Triebwagen 178 diente übrigens 1975 als Erprobungsträger für den Scherenstromabnehmer mit Doppelschleifstück, mit dem die ersten KT4D-Lieferungen dann ausgestattet wurden. Tw. 180 wurde im September 1989 verkauft, die anderen Wagen dieser Serie wurden ausgemustert.

Gelenktriebwagen 185-190, Typ G4-65, Baujahr 1967

Die letzten sechs Gelenkzüge vom Typ G4-65 erhielten die EVB im Jahre 1967. Sie besaßen keinen Schaffnerplatz mehr, jedoch die Scharfenbergkupplung ab Werk. Die Fahrzeuge, als Tw. 185-190 eingenummert, hatten 36 Sitz- und 145 Stehplätze. Die Wagen wurden auf der Linie 1 eingesetzt, fast stets mit Beiwagen gekuppelt. Mit Tw. 185 wurden eine Zeitlang Versuche mit neuen Radsätzen, deren Radkörper aus Plastmaterial (Kunststoff) bestanden, unternommen. Tw. 188 erlitt unmittelbar nach Indienststellung einen Unfall; das beschädigte Vorderteil wurde beim Hersteller repariert. Tw. 185 wurde 1982 zum Güter-Gelenktriebwagen umgebaut, 1988 entstand dann aus ihm ein Turmwagen für die Fahrleitungsarbeiten der EVB. Triebwagen 187 wurde 1989 verkauft. Die übrigen Fahrzeuge dieser Serie wurden von Juli bis Oktober 1989 ausgemustert.

Die Gotha-Triebwagen im Überblick

Nr.	Herst.	Baujahr	Sitz-/ Stehplätze	Bemerkungen
121-124	WG/ LEW	1957	15/75	1970/73: Generalreparatur und U auf 22/62 bzw. 20/62 Plätze; 1979: alle Tw nach Frankfurt/Oder als Tw 54^{II}, 56^{III}, 55^{III}, 57^{III}
125-130	WG/ LEW	1958	15/75	1971/74: Generalreparatur und U auf 22/62 bzw. 20/62 Plätze; 1983: Tw 125 und 126 nach Frankfurt/O als Tw 59^{II}, 60^{II}; 1987: Tw 128 a; 1989: Tw 127, 129, 130 a; 1992: Tw 130 +
131-132	WG/ LEW	1960	15/75	1973/74: Generalreparatur und U auf 20/62 Plätze; Tw 132 1986 a, 1987 +; 1989: Tw 131 a
133-134	WG/ LEW	1961	18/73	1964: Tw 134 n. Brandenburg Tw 53^{II}; 1974: Tw 133 U auf 20/62 Pl; 1989: Tw 133 a
134^{II}, 135-141	CKD/ LEW	1968	20/62	1972: Tw 140 ex Halle Tw 827; 1975: Tw 141 ex Halle Tw 808, Tw 140 Generalreparatur; 1979: Tw 138, 139, 141 U in ATw; 1981: Tw 134^{II} a, Tw 135 nach Zwickau ATw; 1989: Tw 136, 137 a, 140 ATw; 1992: Tw 137 +
151	WG/ LEW	1959	35/144	G4-Prototyp; 1982 durch Brand vernichtet
152-153	WG/ LEW	1961	35/143	1981: Tw 152 n. Nordhausen, Tw 56 (mit Mittelteil von Tw 153); Tw 153 1980 a, B-Teil später für ABw verwendet
154-160	WG/ LEW	1962	35/143	1981: Tw 156, 158-160 n. Nordhausen Tw 53, 58, 61, 51; Tw 154, 157 nach Nordhausen, Wagenkästen dort +; 1989: Tw 155 a
161-168	WG/ LEW	1963	35/143	Tw 163 1973 a, 1975 +; 1980: Tw 168 a, Mittel- und B-Teil später für ABw verwendet; 1980: Tw 162 a; 1981: Tw 165 a (1983 +), Tw 161, 164, 166, 167 nach Nordhausen als Tw 54, 62, 52, 55
169-177	WG/ LEW	1964	35/143	Tw 169 1978 a; Tw 173 1981 a; 1989: Tw 174-177 nach Nordhausen, Tw 175 dort Tw 63, der Rest a; Tw 170-172 1989 a, 1991/92 +
178-184	WG/ LEW	1965	35/143	Tw 180 1989 nach Nordhausen, a; 1989: Tw 178,179,181-184 a, Tw 182 1992 +
185-190	WG/ LEW	1967	36/145	Tw 185 U 1982 in ATw (Gütergelenkwagen); 1989: Tw 187 n. Nordhausen, dort a; Tw 186, 188-190 a

Tw 189 in rot-weißer Farbgebung November 1981 am Stadion

Tw 419 noch im Originalzustand 1977 am Hbf

Die KT4D-Triebwagen

Kurzgelenkwagen KT4D 401-420, Lieferung 1976 - Nullserie

Im April 1976 erhielten die EVB von CKD Prag die ersten 20 Kurzgelenktriebwagen vom Typ KT4D. Als Nullserienfahrzeuge wichen sie in verschiedenen Details gegenüber den späteren Lieferungen ab. Die wichtigsten waren: Faltenbälge aus Gummiwülsten, Armaturenbrett ohne Blendschutz, kleinere Linien- und Richtungsanzeigeschilder, anders verlegte Kabelkanäle, nicht abgerundete Stirn- und Heckfenster. Außerdem besaßen sie Bandtachometer statt des später üblichen Rundinstruments sowie Handmikrofone für die Haltestellenansage statt der späteren fest eingebauten Mikrofone. Das Gewicht der Wagen war zunächst mit 23 t angegeben, wurde aber später auf 19,5 t korrigiert. Die Wagen besaßen vier Fahrmotoren vom Typ TE 022 H mit je 40 kW Nennleistung sowie 99-stufige Beschleuniger nach dem PCC-Prinzip vom Typ OA22. Die Ansteuerung erfolgte über Fußpedal in fünf Anfahrstufen; der höchste Anfahrstrom hatte eine Stärke von 600 A. Die Triebwagen erhielten die Nummern 401-420. Die Wagen 401 bis 418 hatten 26 Sitz- und 168 Stehplätze bei Sitzplatzanordnung 1 + 1, die Wagen 419 und 420 im Lieferzustand je 44 Sitz- und 112 Stehplätze bei Sitzplatzanordnung 2 + 1. Die 20 Fahrzeuge wurden mit Einheitsstromabnehmer ESS 48, aber wegen der hohen Stromaufnahme mit Doppelschleifstück ausgerüstet. Das Baujahr laut Fabrikschild war bei Tw. 401-418 1975, bei Tw. 419 und 420 aber 1976. Ab 1. Mai 1976 waren Tw. 403 und 405 auf der Linie 3, allerdings nur zwischen Straße der Völkerfreundschaft und Stadtpark, eingesetzt; die übrigen Wagen folgten bis Juli 1976. Tw. 404 schied bereits 1977 nach Unfall aus; für ihn kam 1978 ein Ersatzwagen von CKD Prag, der keine Fabriknummer trug. Das Fahrzeug erhielt die Nummer 404 in Zweitbesetzung. Im Laufe der Zeit wurden an den Wagen zahlreiche Änderungen vorgenommen, die sich ebenso auch auf die später gelieferten KT4D erstreckten. Die wichtigsten waren: Einbau von Ventilatoren in der Fahrerkabine und Anbringung ausklappbarer Leitbleche an den Fahrerraumfenstern zur besseren Belüftung; Einbau der Mikrofone der Sprechanlage in der Armaturentafel, Ausrüstung mit Stromverbrauchsmessern, Nachrüstung von Havarieschaltern zum Umschalten der Steuerung bei Defekt des steuernden Triebwagens eines Zugverbandes (Doppeltraktion); ab 1983 Aufbau von Einholmstromabnehmern (erster Triebwagen: 417) und ab 1984 Anbau von Stoßdämpfern (erster Triebwagen: 401). Die Anfahrstufen 4 und 5 wurden zur Begrenzung der Anfahrströme mechanisch blockiert. Später wurden sogar die Feldschwächungsstufen entfernt, eine zweifelhafte Maßnahme, die nicht den Stromverbrauch verringerte, wohl aber das Beschleunigungsvermögen der Fahrzeuge verminderte. Tw. 418 wurde 1981 mit Anzapfungen für den Anschluß eines Störungssimulators versehen und konnte danach als Fahrschulwagen genutzt werden. Erprobungsträger für weitere Neuerungen waren Tw. 403 (bereits 1977 mit Textilfaltenbälgen ausgerüstet), 402 (für Versuche mit neuen Bremsbelägen), 406 (zeitweise mit mechanischer Arretiervorrichtung für den Stromabnehmer) und 410 (Ausrüstung mit elektromechanischem Tachometerantrieb). Tw. 405 erhielt 1985 einen zweiten Fahrerstand. Bei allen Wagen wurden später die Gummiwulstbälge gegen Textilfaltenbälge getauscht. 1991 begann die Modernisierung der Fahrzeuge mit Umbau der Sitzplatzanordnung 2 + 1; die Sitze erhielten eine Polsterung. So umgebaut wurden inzwischen Tw. 401, 407, 406, 409, 412, 414 und 417. Ein neuer, verkehrswerbender Anstrich - oben rot, unten weiß - wurde angebracht. Tw. 414 und 417 erhielten jedoch einen gelben bzw. grünen Sonderanstrich mit Vollwerbung. Tw. 420 wurde vollständig weiß lackiert. Tw. 417 erhielt außerdem im Oktober 1991 eine Linien- und Richtungsanzeige System Annax; im März 1992 wurde Tw. 414 ebenfalls mit einer derartigen Einrichtung versehen. Alle Wagen gehören noch zum Einsatzbestand der EVAG. Im Mai 1992 wurde auch Tw. 416 modernisiert, bekam blauen Sonderanstrich und Vollwerbung.

Eröffnung des Tatrabetriebes am 1. Mai 1976 mit KT4D 405 vor dem Betriebshof Nordhäuser Str.
Foto: Unruh

Tw 405 nach dem Umbau als Wendezug 1985

KT4D 421-427, erste Serienausführung, Baujahr 1977

Sieben Kurzgelenktriebwagen vom Typ KT4D trafen im Frühjahr 1978 bei den EVB ein. Sie erhielten die Nummern 421-427 und waren zuerst auf der Linie 4 (Straße der Völkerfreundschaft - Stadtpark) eingesetzt. Gegenüber den Nullserienfahrzeugen wiesen sie folgende Änderungen auf: Textilfaltenbälge, Armaturentafeln mit Blendschutz, etwas größere Linienschilder an der Stirnfront, Rundtachometer mit Kilometerzähler. Stirn- und Heckfenster waren unten abgerundet. Alle Wagen hatten 26 Sitz- und 168 Stehplätze; das Gewicht betrug 19.500 kg. Die bei den Nullserienfahrzeugen noch vorhandenen Kiemenlüfter für Frischluftzufuhr auf der Nichteinstiegsseite der Fahrerkabine außen waren entfallen. Die Serie befindet sich noch vollständig im Bestand der EVAG. 1991/92 begann die Modernisierung; als erster Wagen erhielt Tw. 427 Polstersitze und Sitzplatzanordnung 2 + 1.

KT4D 404^{II}, Baujahr 1978

Im Spätherbst 1978 erhielten die EVB einen Einzelgänger ohne Fabriknummer als Wagen 404^{II}. Konstruktiv entsprach er der ersten Serienausführung, hatte aber ein Bandtachometer. 1988 fuhr er eine Zeitlang mit einem zusätzlichen Drahtsieb über den seitlichen Kiemenlüftern. Diese Einrichtung sollte die Ansaugung von Schmutz vermindern. Der Wagen gehört noch zum Einsatzbestand der EVAG. 1992 wurde er auf Sitzplatzanordnung 2 + 1 umgebaut.

KT4D 428-444, Baujahr 1979

17 Wagen des Typs KT4D erhielten die EVB im Frühjahr 1979. Sie erhielten die Nummern 428-444. Konstruktiv entsprachen sie den Wagen der Baujahre 1977/1978, erhielten jedoch teilweise Scherenstromabnehmer Bauart CKD. Die feststehenden Mikrofone wurden

Tw 401 und 407 nach dem Umbau und mit neuer Farbgebung 1991 im Rieth

bei der EVB entfernt und gegen ins Armaturenbrett eingebaute getauscht. Die Wagen fuhren zunächst auf der Linie 3. Gemeinsam mit den Wagen 421-427 wurden sie als erste Fahrzeuge 1981/82 als Drittwagen für die Dreifachtraktion hergerichtet und mit einem zusätzlichen seitlichen Rückstrahler am Wagenheck versehen. Mit den Wagen 430 und 431 erfolgten die ersten Versuche für die Einführung der Heck-an-Heck-Traktion. Die Wagen 428 und 430 besaßen zeitweise einen Hilfsfahrschalter für Rückwärtsfahrt im Wagenheck. Tw. 434 erhielt einen zweiten Fahrerstand im Jahre 1987 und ein Jahr später einen Einholmstromabnehmer. Alle Wagen gehören noch zum Einsatzbestand der EVAG. 1991 wurde Tw. 432 als erster aus dieser Serie auf Sitzplatzanordnung 2 + 1 umgebaut, 1992 folgte Tw. 429. Tw. 428 wurde 1994 völlig modernisiert.

Tw 444 1980 am Anger

KT4D 445-473, Baujahr 1981

29 KT4D-Triebwagen erhielten die EVB im Jahre 1981 und teilten ihnen die Betriebsnummern 445-473 zu. Ursprünglich waren sogar 31 Fahrzeuge bestellt, 2 erhielt jedoch die Thüringerwaldbahn Gotha, da Erfurt 1976 deren bestellteÜberlandfahrzeuge als Tw. 419 und 420 werksneu übernommen hatte. Die Wagen besaßen 26 Sitz- und 168 Stehplätze. Bei den Wagen 445-473 waren die Abdeckbleche außen über den Türschächten mit Sicken versehen. Tw. 462 wies eine andere Beblechung als die übrigen Wagen auf; bei ihm waren die eingenieteten Zwischenbleche zwischen Seitenwänden und Schürzen entfallen. Diese neue Beblechungsform wurde bei den späteren Lieferungen von CKD generell angewendet. Mit drei Triebwagen aus dieser Serie (471, 465 und 451) erfolgte am 29.7.1981 die erste Erprobung der Dreifachtraktion. Ursprünglich hatten alle Wagen Scherenstromabnehmer; Tw. 451 hat inzwischen einen Einholmstromabnehmer erhalten. Tw. 473 wurde später wie Tw. 418 mit Anzapfungen für einen Störungssimulator versehen, als zweiter Fahrschulwagen eingesetzt, 1986 aus dem Personenfahrzeugpark ausgegliedert, aber 1990 als Fahrzeug für den öffentlichen Verkehr reaktiviert. Alle Wagen der Serie gehören noch zum Einsatzbestand der EVAG.

KT4D 474-479, Baujahr 1982

1982 beschafften die EVB sechs weitere KT4D und versahen sie mit den Betriebsnummern 474-479. Alle Wagen besaßen die neue, von CKD erstmals am Tw. 462 ausprobierte Beblechung. Die Abdeckbleche über den Türschächten waren bei ihnen wieder glatt ausgeführt; ansonsten entsprachen die Wagen der Lieferserie von 1981. Erste Einsatzlinie der Fahrzeuge war die Linie 4. Alle Wagen sind noch im Einsatzbestand der EVAG enthalten.

KT4D 480-493, Baujahr 1983

14 KT4D-Triebwagen kamen 1983 nach Erfurt. Von den im Frühjahr gelieferten Wagen hatten 12 die Sitzplatzanordnung 1 + 1 (26 Sitz- und 168 Stehplätze) und zwei die Sitzplatzanordnung 2 + 1 (ursprünglich 38 Sitzplätze und 133 Stehplätze). Die letzteren Wagen waren ursprünglich für Frankfurt/Oder bestimmt gewesen; der dortige Betrieb übernahm stattdessen aus Erfurt Trieb- und Beiwagen Gothaer Bauart. Die Bauserie 1983 besaß vergrößerte und verbesserte Fahrersitze sowie erneut vergrößerte Linien- und Richtungsanzeigen in der Stirnfront. Die Wagen erhielten die Betriebsnummern 480-493. Tw. 480-483 erhielten Scherenstromabnehmer; Tw. 484-493 Einholmstromabnehmer. Die Linien 3 und 4 erhielten die neuen Triebwagen zuerst zugeteilt. Tw. 481 wurde Anfang 1992 modernisiert und auf Sitzplatzanordnung 2 + 1 umgebaut. Er erhielt auch die neue rot-weiße Farbgebung. Tw. 491 sollte ab Oktober 1991 bei der Waggonbau GmbH Halle-Ammendorf grundlegend umgebaut werden, kehrte aber im Februar 1992 im ursprünglichen Zustand nach Erfurt zurück. Alle Wagen sind noch im Einsatzbestand der EVAG.

KT4D 494-516, Baujahr 1986

23 KT4D erhielten die EVB im Jahre 1986. Sie erhielten die Nummern 494-516. Ursprünglich waren sogar 27 Wagen bestellt; Erfurt mußte jedoch zugunsten anderer Betriebe zurücktreten. Die 23 Wagen erhielten die Nummern 494-516. Sie entsprachen der Lieferserie von 1983, verändert war jedoch die Außenbeleuchtung (neue, größere Begrenzungsleuchten; Schlußleuchten nicht mehr in der hinteren Stirnfront, sondern seitlich eingebaut). Alle Wagen erhielten Einholstromabnehmer. Erste Einsatzlinien waren die Linien 3, 4 und 5. Die Wagen gehören noch vollständig zum Einsatzbestand der EVAG. 1992 begann die Modernisierung (vergl. voriges Kapitel).

KT4D 517-530, Baujahr 1987

14 KT4D beschafften die EVB im Jahre 1987. Für sie wurden die Betriebsnummern 517-530 vergeben. Statt Fangeisen besaßen sie ab Werk Fangseile an den Drehgestellen. Triebwagen 527 besaß ursprünglich einen Scherenstomabnehmer, der später gegen einen Einholmstromabnehmer getauscht wurde. Alle anderen Wagen hatten sogleich Einholmstromabnehmer. Die Wagen besaßen erstmals ein zusätzliches Schiebefenster an der Seite der Fahrerkabine, wodurch eine bessere Belüftung des Fahrerraums möglich wurde. Alle Wagen gehören noch zum Betriebspark der EVAG. Seit 1993 erfolgt die Modernisierung.

KT4D 531-535, Baujahr 1988

Im Jahre 1988 erhielten die EVB fünf weitere KT4D-Triebwagen. Sie wurden in den Betriebspark unter den Nummern 531-535 eingereiht. Bereits ab Werk hatten sie den von den EVB entwickelten Havarieschalter. Alle Wagen erhielten Einholmstromabnehmer. Im wesentlichen entsprachen sie der Lieferserie 1987, auch bezüglich der bereits bei jener Serie verwendeten geradlinig angebauten Türführungslaschen, die ein Herausspringen der Türführungsbolzen vermeiden sollten (Die früheren Lieferungen besaßen schräg angeordnete Führungslaschen). Die bei den Tw. 531-533 (jedoch nicht 534 und 535) unterhalb der Stirnfenster angebrachten Handgriffe wurden von den EVB entfernt. Eingesetzt wurden auch die Tw. 531-535 zuerst auf den Linien 3 und 4. Alle Wagen wurden 1992 nach Görlitz verkauft.

KT4D 536-555, Baujahr 1990

Im November 1990 erhielt die EVAG die letzte Lieferung von KT4D-Triebwagen. Es handelte sich um 20 Wagen mit verbesserter Inneneinrichtung (Polstersitze) und Sitzplatzanordnung 2 + 1 (34 Sitz-, 141 Stehplätze). Die Wagen besaßen erstmals eine neue Farbgebung: vom Dach bis unterhalb der Fenster dunkelrot, Seiten- und Stirnwände weiß. Alle sollten unter den Nummern 536-555 in Dienst gestellt werden. Bis auf Tw. 555 erhielten sie Einholmstromabnehmer. Von der Lieferserie 1990 blieben jedoch nur 13 Wagen übrig, denn Tw. 544, 546, 547, 550, 551, 554 und 555 wurden, obgleich bereits einsatzfähig hergerichtet, im Januar 1991 nach Cottbus verkauft. Tw. 536, mit verzogenem Wagenkasten geliefert, wurde nach Prag zur Garantiereparatur zurückgegeben und kehrte erst im Februar 1992 nach Erfurt zurück. Den Wagen des Baujahrs 1990 wurden moderne, verkleidete Funkantennen auf das Dach montiert (inzwischen erhielten auch Wagen älterer Baulose derartige Antennen, u.a. Wagen 412). Eingesetzt wurden die Wagen des letzten Lieferloses von Anfang an auf den Linien 1, 2 und 6. Falls nicht als Solotriebwagen fahrend, wurden sie stets wie folgt gekuppelt: 537/545, 538/539, 540/541, 542/543, 548/549, 552/553. Nach Rückkehr von der Reparatur wurde Tw. 536 schließlich mit Tw. 537 in Doppeltraktion eingesetzt. Ursprünglich sollten 1991 weitere 30 KT4D-Triebwagen beschafft werden; dieser Auftrag wurde jedoch storniert, denn die EVAG will den Typ KT4D allmählich durch moderne Niederflur-Gelenkwagen ablösen.

Niederflurtriebwagen MGT6D 601-604, Baujahr 1994

Am 15.4.1994 traf der erste Niederflurwagen in Erfurt ein, inzwischen sind alle vier Wagen im Einsatz (Beschreibung siehe Seite 65 ff). Fünf weitere Wagen sind für 1995 bestellt, die z.T. in Erfurt bei der DB gefertigt werden sollen (Ausrüstung).

Die Triebwagen 401-555 und 601-604 im Überblick

Nr.	Herst.	Baujahr	Sitz-/ Stehplätze	Bemerkungen
401-418	CKD	1975	26/168	Lieferung 1976; Tw 404 1977 a; 1985: Tw 405 U in unechten ZR; 1991/92: Tw 401, 407, 412, 406, 414, 417 U 33 Sitzplätze, Tw 414, 417 elektronische Linien- und Zugzielanzeige; 1992/93: Tw 408, 409, 416 U auf 33 Sitzplätze
404[II]	CKD	1978	26/68	Ersatzbau für Tw 404, ohne Fabrik-Nr, 1992 U auf 33 Sitzplätze
419-420	CKD	1976	44/112	bei EVB auf 33 Sitzplätze reduziert, Tw 420 U 1991 auf Polstersitze, desgl. Tw 419 1992
421-427	CKD	1977	26/168	Lieferung 1978, Tw 427 U 1991 auf 33 Sitzplätze
428-444	CKD	1979	26/168	Tw 432 U 1991 33 Sitzplätze, Tw 429 U 1992 33 Sitzplätze, Tw 434 U 1987 unechter ZR
445-473	CKD	1981	26/168	Tw 473 1986-1990 Fahrschul-Tw
474-479	CKD	1982	26/168	

Nr.	Herst.	Baujahr	Sitz-/ Stehplätze	Bemerkungen
480-491	CKD	1983	26/168	Tw 481 U 1992 33 Sitzplätze
492-493	CKD	1983	38/133	bei EVB auf 33 Sitzplätze reduziert
494-516	CKD	1986	26/168	ab 1992: modernisiert und U auf 34 Sitzplätze
517-530	CKD	1987	26/168	ab 1993: modernisiert und U auf 34 Sitzplätze
531-535	CKD	1988	26/168	alle Tw 1992 nach Görlitz als Tw 12, 13, 16, 14, 15
536-555	CKD	1990	34/141	Polstersitze ab Werk, Sitzanordnung 2+1, Tw 544, 546, 547, 550, 551, 554, 555 Jan. 1991 nach Cottbus Tw 66-72
601-604	1)	1994	72/100	Typ MGT6D (Niederflur)

1) Hersteller DUEWAG/Siemens

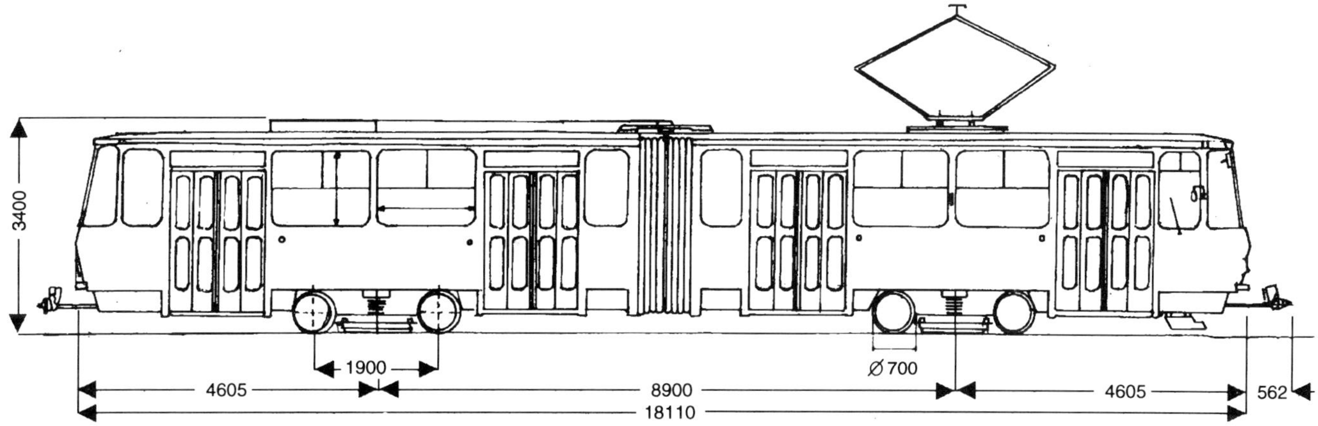

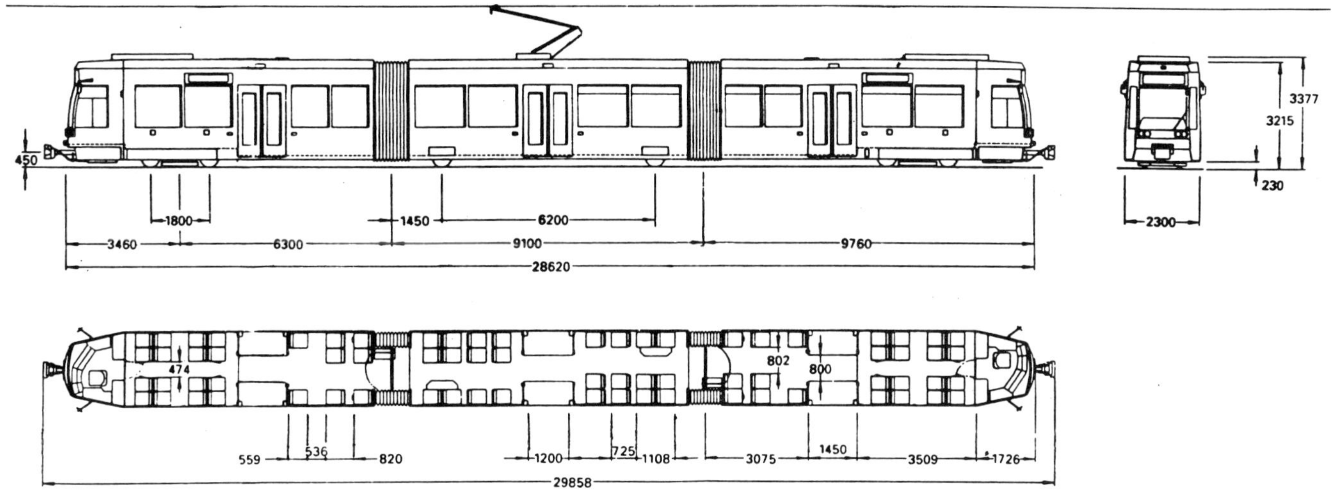

Tw 548 (EVAG Erfurt) und Tw 1106 (EVAG Essen) nebeneinander an der Endschleife iga, Anfang 1991. *Foto: EVAG*

Tw 601, der erste Niederflurwagen der EVAG, ausfahrbereit zur Probefahrt; aufgenommen am 16.4.1994 im Betriebshof Magdeburger Allee. *Foto: EVAG*

Bw 108, ex Tw des Baujahres 1894, um 1930 aufgenommen.
Foto: Unruh

Beiwagen

Im Gegensatz zur recht großzügigen Beschaffung von Triebwagen war man beim Erfurter Nahverkehrsbetrieb bezüglich der Anschaffung von Beiwagen oder Anhängern, wie man sie unter Umgehung des standardisierten Fachjargons auch nennt, von Anfang an eher zurückhaltend. Nach Eröffnung des elektrischen Betriebes 1894 wurde nur die Rote Linie mit Zügen aus Trieb- und Beiwagen befahren; erst 1912 folgte als zweite die Braune Linie. Zu Sonderveranstaltungen, wie zum Schützenfest, setzte man Beiwagen auch auf der Grünen Linie (später Linie 3) ein. Die Beiwagen der Anfangsjahre waren ehemalige Pferdebahnwagen; erst 1912 wurden drei neugelieferte Anhänger auf der Braunen Linie in Dienst gestellt. Weitere 18 Jahre vergingen, ehe auf der Linie 1 zehn von Lindner, Ammendorf, gebaute Beiwagen eingesetzt wurden, und wiederum 12 Jahre später wurde die nächste Beiwagenserie, diesmal von der Waggonfabrik Gotha, gekauft. Zwischenzeitlich wurden ältere Triebwagen in eigener Werkstatt zu Beiwagen hergerichtet. Auch nach dem Zweiten Weltkrieg änderte sich an dieser "Beschaffungspolitik" zunächst wenig; die 1949 auf der Linie 3 in Dienst gestellten 8 Beiwagen waren wiederum ehemalige Triebwagen. Erst ab 1952 wurden fast ausschließlich Neubau-Anhänger in Betrieb genommen, und mit der Inbetriebnahme der Beiwagen Bauart Gotha Einheitstyp (ab 1960) und Schöneweide-Reko (ab 1973) gelang es schließlich, den spürbaren Mangel an Anhängewagen abzubauen, auf allen Linien Züge aus Trieb- und Beiwagen einzusetzen und sogar planmäßig Drei-Wagen-Züge verkehren zu lassen. Mit dem Einsatz der KT4D-Triebwagen ab 1976 nahte jedoch allmählich das Ende des Beiwagenbetriebs, und seit 1989 sind keine Beiwagen mehr im Einsatzbestand der Erfurter Straßenbahn (zumindest im Personenwagenpark) zu finden.
Abweichend von den Triebwagen des Personenwagenparks, bei denen es nur wenig Umnummerungen und Zweitbesetzungen gab, ist die Situation bei den Beiwagen des Erfurter Nahverkehrsbetriebs wesentlich unübersichtlicher. Abgesehen von der Tatsache, daß ab 1941/42 die vorhandenen Anhänger statt der 100er die 200er Seriennummern erhielten (Ursache war das Überschreiten der Betriebsnummer 100 bei den Triebwagen im Jahre 1939) und die danach folgenden Lieferungen sogleich 200er Betriebsnummern bekamen, sind bei den Beiwagen zahlreiche Nummernänderungen zu registrieren. Zum Teil wurden Fahrzeuge bis zu viermal umnumeriert. Hinzu kommt eine Anzahl von Zweit- und Drittbesetzungen gleicher Fahrzeugnummern durch unterschiedliche Fahrzeuge. Derartige Einreihungen geschahen sowohl, um vorhandene Lücken zu schließen, als auch aus buchungsmäßigen Gründen.

Beiwagen 51-67 der Beschaffungsjahre 1894 bis 1904

Die ersten Beiwagen der Erfurter Elektrischen Straßenbahn waren ehemalige Pferdebahnwagen. 1894 wurden insgesamt 15 Pferdebahnwagen für den elektrischen Betrieb als Beiwagen hergerichtet und erhielten die Nummern 51-60 sowie 61-65. Erstere besaßen 12 Sitz- und 12 Stehplätze, letztere 18 Sitz- und 12 Stehplätze. Sie erhielten lediglich neue Radsätze; einige auch neue Fahrgestelle, sowie teilweise verlängerte Plattformen. Als Bremse diente nur die einfache Spindelhandbremse, die jedoch nur als Feststellbremse fungierte. 1900 und 1904 kamen zwei weitere derartige Wagen als Nr. 66 und 67 hinzu. In der Literatur werden diese beiden Wagen teilweise fälschlich den Herstellern Lindner und Weyer zugeschrieben, tatsächlich entstanden sie aber auf folgende Weise: Ab 1899 wurde ein Teil der ersten Triebwagen mit neuen Wagenkästen zur Vergrößerung des Platzangebotes versehen. Die alten Wagenkästen der Triebwagenserie 16-29 waren teilweise noch recht gut erhalten, so daß zwei davon für den Aufbau von Beiwagen verwendet wurden. Alle diese Beiwagen besaßen offene Plattformen. 1905 erhielten sie die Nummern 71-87. 1916 wurden vier Wagen (77-80) zu Lazarettwagen umgebaut; 1918 verkaufte man sie nach Marburg/Lahn. 1925 wurde Bw. 86 ausgemustert. Die verbliebenen Wagen wurden 1935 in Nr. 101-106 umgenummert, 1941 erhielten sie schließlich die Nummern 235-240. Seit Anfang der 30er Jahre waren sie nur noch als "Sommerwagen" im Einsatz. 1946/47 wurden sie in Schuttloren umgebaut (unter Abbruch des Wagenkastens), bekamen 1948 noch die Nummern 335-340 und wurden schließlich 1949 verschrottet.

Aus Triebwagen entstandene Beiwagen 110-120, 107^{II}-110^{II} der Umbaujahre 1925 bis 1935

Die jetzt aufgeführten Beiwagen schlossen sich zwar bezüglich ihrer Indienststellung nicht unmittelbar an die im vorigen Abschnitt beschriebenen an; aus Gründen der Systematik erscheint jedoch ihre Beschreibung an dieser Stelle angebracht. Sie besaßen nämlich im wesentlichen die gleichen Baumerkmale wie die Bw. 51-67, waren jedoch durchweg fünffenstrig. Die Beiwagen hatten ebenfalls offene Plattformen und nur Handbremsen. Im Unterschied zu den offenen Beiwagen 51-65 entstanden die Beiwagen der Umbaujahre 1925 und 1935 jedoch aus Triebwagen. 1925 baute man zunächst die Triebwagen 4-9 und 11-15 um. Als Beiwagen trugen sie nun die Nummern 110-120. Bis 1935 wurden alle ausgemustert. In jenem Jahr wurden weitere abgestellte Triebwagen der ersten Beschaffungsjahre zu Beiwagen umgebaut: Tw. 27-30 erhielten in dieser Reihenfolge die Beiwagennummern 107-110 in Zweitbesetzung. 1941 nummerte man sie in 241-244 um. Auch diese Wagen fuhren nur noch als *Sommerwagen* im Gelegenheitsverkehr. 1946/47 wurden die Bw. 241, 243 und 244 zu Schuttloren hergerichtet, 1948 in Bw. 341, 343 und 344 umgenummert. Bw. 341 diente noch bis 1962 als Kabeltransportwagen. Bw. 343 und 344 wurden 1949 ausgemustert. Bw. 242 hatte ein besonderes Schicksal: Aus ihm entstand 1946 ein Leichentransportwagen mit der ABw.-Nr. 5. Ab 1949 diente das Fahrzeug als Reklamewagen, 1963 erhielt er schließlich die ABw.-Nr. 7 und wurde zum Schweißgerätewagen, bis er 1965 verschrottet wurde.

Beiwagen 88-90 des Baujahres 1912

Im Jahre 1912 wurden zusammen mit den Tw. 57-65 (siehe S. 73) die Beiwagen 88-90 geliefert. Es waren die ersten und bis 1930 auch die einzigen Neubau-Beiwagen der Erfurter Elektrischen Straßenbahn. Hersteller war die Waggonfabrik Weimar. Ursprünglich hatten alle drei Wagen offene Plattformen; diese wurden jedoch bis 1930 verschlossen. Die Bremsausrüstung bestand ursprünglich nur aus der Handbremse; zeitgleich mit dem Plattformverschluß wurde die Solenoidbremse nachgerüstet. Die recht kurzen dreifenstrigen Anhänger hatten eine Gesamtlänge von 7.180 mm bei 2.000 mm Achsstand. Sie besaßen ein Oberlichtdach wie die Triebwagen des Baujahrs 1912. Ihre Beförderungskapazität lag bei 18 Sitz- und 12 Stehplätzen. Die Wagennummern wurden 1925 in 107-109 verändert, 1930 in 116-118 (Zweitbesetzung) und 1935 schließlich in 132-134. Nach Lieferung waren sie zunächst auf der Braunen Linie eingesetzt, ab 1930 auf der Linie 1, ab 1938 auf der Linie 3. 1936 erhielten sie die Albertkupplung. 1943 wurden alle drei Beiwagen nach Essen ausgeliehen. Da sie zur Aussonderung vorgesehen waren, erhielten sie nicht mehr die 1942 für sie geplanten Nummern 232-234. 1948 kehrten die Beiwagen nach Erfurt zurück und wurden bald verschrottet. Die Nummern 232 und 233 sowie 234 erhielten stattdessen drei 1952 gelieferte Neubaubeiwagen.

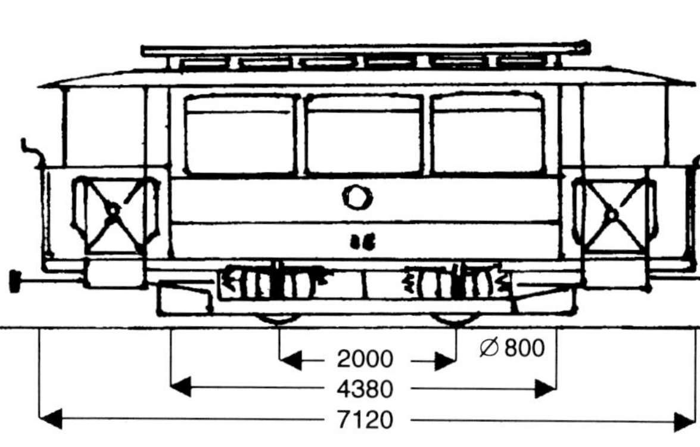

Beiwagen 122-131 (=222-231) der Baujahre 1930 und 1933

Im Jahre 1930 beschaffte die Erfurter Elektrische Straßenbahn passend zu den Triebwagen 76-81 (siehe Seite 77) zunächst sechs neue Beiwagen. 1933 folgten vier gleichartige Wagen. Lieferer war die Waggonfabrik Lindner in Ammendorf bei Halle. Die Wagen besaßen 24 Sitz- und 34 Stehplätze, eine Gesamtlänge von 9.400 mm, ein Gesicht von 8.400 kg (später mit 9.500 kg angegeben) und ein Fahrgestell mit einem Achsstand von 2.600 mm. Die Sitzplätze bestanden, wie bei den Triebwagen, aus Holzlattenbänken in Längs- und Queranordnung. Die Beiwagen hatten Solenoidbremse und Handbremse, zunächst Schlitzpufferkupplung, ab 1936 Albertkupplung. Aschenbecher für rauchende Fahrgäste waren in ausreichender Zahl im Fahrgastraum angebracht; sie wurden 1951/52 entfernt. Die zehn Beiwagen erhielten die Nummern 122-127 (Baujahr 1930) und 128-131 (Baujahr 1933). Einige Wagen erfuhren nach der Auslieferung Veränderungen: Bei Bw. 122 wurde der Achsstand auf 2.800 mm vergrößert, Bw. 128 wurde mit Schwebeachsen und größeren Achslagern versehen, Bw. 129 bekam größere Achslager und veränderte Abfederung. 1941/42 wurden alle 10 Wagen in Bw. 222-231 umgezeichnet. Bw. 228 erhielt 1941 versuchsweise Schienenbremse und Kleinspannungsanlage. Eingesetzt wurden die Beiwagen zunächst auf der Linie 1 zusammen mit Lindner-Triebwagen des Baujahres 1930. Nach dem Zweiten Weltkrieg fuhren sei teilweise auch auf der Linie 3. Bereits 1954 wurden Bw. 223 und 224 verkauft, 1961 bis 1963 auch die übrigen.

Standardbeiwagen 245-256

Passend zu den Standardtriebwagen der Baujahre ab 1938 (siehe Seite 79ff) beschaffte die EVAG 1942 eine Serie von zwölf Beiwagen (Kommissions-Nr. 2667) von der Gothaer Waggonfabrik. Die Wagen entsprachen in den Abmessungen völlig den Standardtriebwagen. Bei einem Gewicht von nur 7.650 kg und einer Wagenkastenlänge von 10.540 mm boten sie 24 Sitz- und 46 Stehplätze. Sie besaßen Scheibenräder mit 720 mm Durchmesser, ihre Bremsausrüstung bestand aus Solenoidbremse, Handbremse und Schienenbremse Bauart Jores-Müller. Die ursprünglich vorgesehenen Kupplungsstecker für die Betätigung der Schienenbremse vom Triebwagen aus wurden erst nach dem Zweiten Weltkrieg angebracht. Ab Werk wurden die zwölf Standardbeiwagen mit den Betriebsnummern 245-256 ausgeliefert. Diese Beiwagen fuhren von Anfang an auf der Linie 1, nach Kriegsende zum Teil auch auf der Linie 4, sehr selten auf Linie 3. Drei Standardbeiwagen wurden später Einrichtungswagen umgebaut - 1963 der Wagen 248, 1970 und 1971 die Bw. 245 und 246. Bw. 248 erhielt 1971 die Nummer 233 (Zweitbesetzung). Beiwagen 245 und 246 wurden zeitgleich mit dem Umbau in Einrichtungswagen in 261^{II} und 260^{II} umgenummert. Im letzten Betriebszustand besaßen diese drei Anhänger Scharfenbergkupplung. Zwei weitere gleichartige Beiwagen entstanden 1969 und 1977 durch Umbau aus den Triebwagen 102 und 117. Sie wurden als Bw. 244^{II} und 254^{II} eingereicht. Bw. 244^{II} hatte nach dem Umbau zunächst noch das Triebwagenfahrgestell, das aber bald gegen das Fahrgestell eines ausgemusterten dreitürigen Einrichtungs-Beiwagens getauscht wurde. Bw. 254^{II} erhielt ein derartiges Fahrgestell gleich beim Umbau. Dieser Wagen erhielt außerdem noch Einzelsitze nach Art der Neubauwagen Bauart Gotha (14 Sitzplätze; 72 Stehplätze) sowie Scharfenbergkupplung und elektrische Türschließeinrichtung. 1979 wurde er in Nr. 271 (Zweitbesetzung) umgenummert. Zwischen 1974 und 1982 wurden alle Standardbeiwagen außer Dienst gestellt, als erster Bw. 255, als letzter Bw. 271^{II}. Nach der Ausmusterung diente Bw. 256 noch eine Zeitlang als Personalaufenthaltswagen, Bw. 271^{II} als Lagerwagen. Bw. 233^{II} (ex 248) wurde Oberleitungs-Revisionswagen mit der ABw.-Nr. 12. 1990 wurde er verschrottet.

Beiwagen 122-131

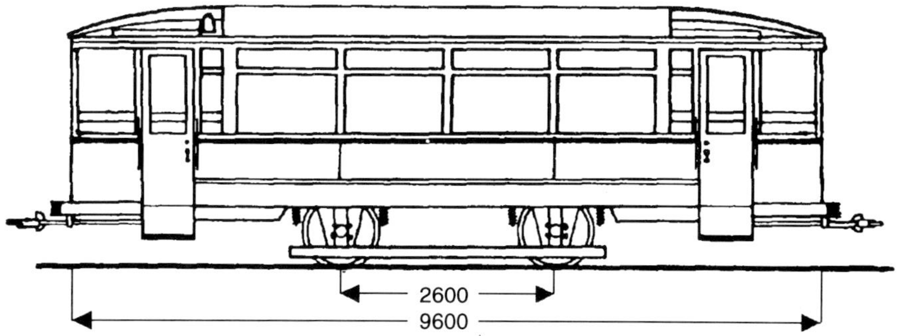

Bw 225, Baujahr 1930, ca. 1960 aufgenommen.
Foto: Unruh

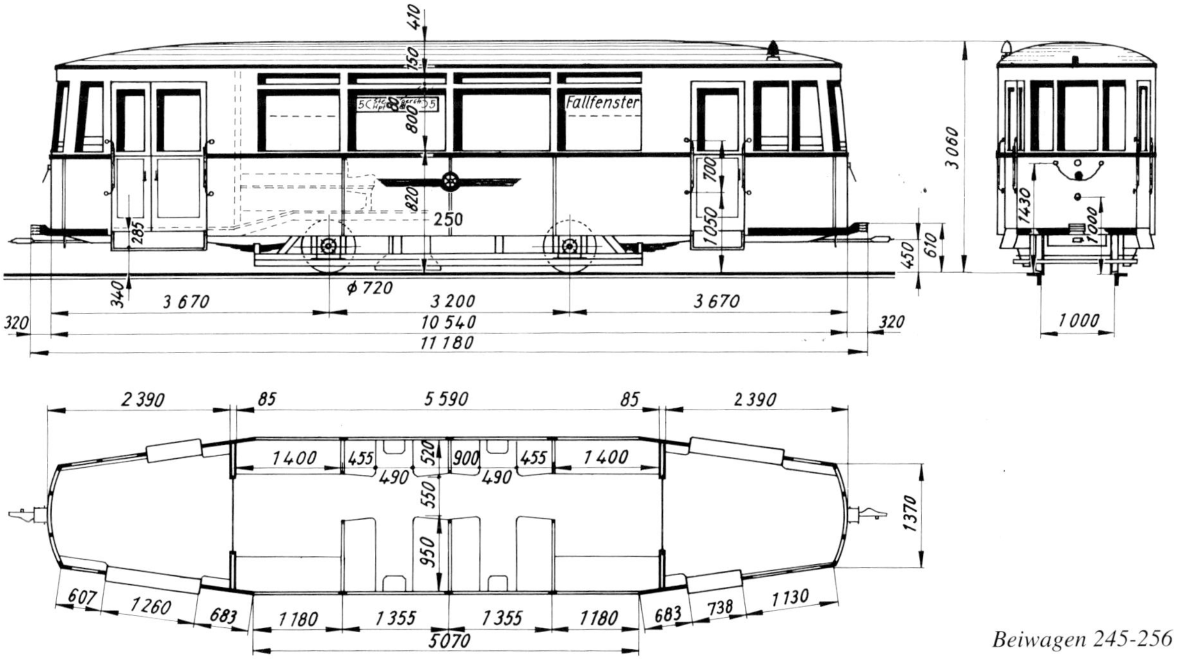

Beiwagen 245-256

Bw 256 vor Auslieferung in der Gothaer Waggonfabrik
Werkfoto

Innenaufnahme des Bw 256
Werkfoto

Umbau-Beiwagen 235-242, Lieferjahr 1949

Im Jahre 1949 ließ der Erfurter Nahverkehrsbetrieb bei LOWA Gotha acht Triebwagen zu Einrichtungsbeiwagen umbauen. Aus den Tw. 54, 47, 46, 45, 48, 49, 56 und 43 entstanden die Beiwagen 235-242 (Zweitbesetzungen). Die Fahrgestelle wurden neu gefertigt und erhielten einen Achsstand von 2.750 mm, die Länge des Wagenkastens betrug 8.390 mm, die Länge über Kletterpuffer 9.200 mm. Die ursprünglichen Wagenkästen erhielten neue Stirn- und Seitenwände; die alte Beblechung blieb darunter erhalten. Die Oberlichtdächer wurden bis zu den Stirnwänden herabgezogen. Die Beiwagen 235^{II}-242^{II} boten 20 Sitzplätze auf Längsbänken und 40 Stehplätze. Bw. 235 und 236 erhielten 1957/58 Durofol-Einzelsitze (danach 17 Sitz- und 54 Stehplätze). Alle acht Beiwagen wurden nach der Lieferung auf der Linie 3 eingesetzt. Ab 1957/58 fuhren sie auf den Linien 4 und 1 E. Bw. 235, 236, 241 wurden 1965 verkauft, alle anderen abgestellt und bis 1967 verschrottet.

Dreitürige Einrichtungs-Beiwagen 232-234, 257-262

Insgesamt neun moderne Beiwagen erhielten die EVB vom VEB Waggonbau Gotha in den Jahren 1952, 1954 und 1957. Die ersten drei davon wurden bereits im November 1949 in Auftrag gegeben. Es handelte sich um Einrichtungswagen mit zusätzlichem Mitteleinstieg. Das Fahrgestell hatte einen Achsstand von 3.200 mm; bei einer Gesamtlänge von 11 m betrug das Gewicht 7.800 kg. Die Wagen besaßen gepolsterte Einzelsitze in Platzanordnung 1 + 1; insgesamt waren 16 Sitz- und 48 Stehplätze vorhanden. Außerdem hatten die Wagen einen Schaffnersitzplatz mit Zahltisch. Die Anhänger erhielten die Nummern 232-234 (Baujahr 1952), 257 bis 259 (Baujahr 1954) und 260-262 (Baujahr 1957). Innerhalb der drei Lieferungen gab es geringfügige Unterschiede: Bw. 252-234 hatten eine etwas andere Fensterteilung, und die Beleuchtungskörper (Leuchtröhren) waren unverkleidet. Ab Wagen 257 waren die Leuchtröhren unter einer Verkleidung verborgen. Wagen 260 bis 262 hatten Sitzbezüge in grüner, alle anderen in brauner Farbe. Bw.

Umbau-Bw 242 im Jahre 1960 an der Thüringenhalle

Bw 234 hinter Tw 105 im November 1952

232-234 wurden mit halbmechanischer Türbetätigung geliefert (Betätigung mit Handhebel über Seilzug und Umlenkrollen), Bw. 257-259 hatten nur manuelle Türbetätigung, und Bw. 260-262 ab Werk elektromechanische Türschließeinrichtung. Doch weder die halbmechanische Türschließeinrichtung der Wagen 232-234 noch die vom Schaffnerplatz aus zu betätigende elektrische der Wagen 260-262 waren voll betriebstüchtig. Die drei Beiwagen 232 bis 234 wurden nach Anlieferung auf der Linie 1E eingesetzt, ab 1953 auf der Linie 3. Bw. 257-262 gelangten sofort auf die Linie 3. In den späteren Betriebsjahren waren alle Wagen auch auf den Linien 2, 5E oder 4 eingesetzt. Außer Wagen 232, 233 und 262 erhielten die Anhänger ab 1968 noch die Scharfenbergkupplung. Im Zeitraum von 1968 bis 1973 wurden sie ausgemustert.

Einrichtungsbeiwagen 263-269, Typ B2-60

Sieben Beiwagen vom Typ B2-60 erhielten die EVB im Herbst 1960. Sie wurden zusammen mit den Triebwagen 131 und 132 (siehe Seite 86ff) geliefert und glichen ihnen in der Ausstattung. Im Gegensatz zu den späteren Beiwagen Bauart Gotha hatten sie noch achshalterlose Fahrwerke. Die Beiwagen erhielten die Nummern 263-269. Bei 8.300 kg Gewicht boten sie 18 Sitz- und 72. Stehplätze. Ein Schaffnerplatz war ebenfalls vorhanden; dieser wurde 1966 entfernt. Die Scharfenbergkupplung befand sich nur vorn; hinten war lediglich eine Stoßstange mit Kletterpuffer und Abschleppöse vorhanden. Zuerst fuhren die Wagen auf der Linie 3; Bw. 263 war mit Tw 132, Bw. 264 mit Tw 131 gekuppelt. Die restlichen Beiwagen wurden den Gotha-Triebwagen der Baujahre 1957/58 beigestellt. Später waren die Wagen auch auf den Linien 2, 5 und 1 zu sehen. 1973/74 erhielten die Beiwagen 263, 265, 267 und 268 eine Generalreparatur im Raw Schöneweide; von dort kehrten sie mit Sitzplatzanordnung 2 + 1 (24 Sitz- und 66 Stehplätze) zurück. Diese vier Beiwagen wurden 1980 verkauft, die übrigen 1979 bzw. 1981 ausgesondert.

Einrichtungsbeiwagen 270-274, Typ B2-61

Fünf Beiwagen vom Typ B2-61 lieferte der VEB Waggon Gotha im Sommer 1961. Die Wagen bekamen bei den EVB die Nummern 270-274. Im wesentlichen glichen sie der Lieferserie 1960, hatten aber verbesserte Laufwerke und eine andere Aufteilung der Fensterflächen mit klappbaren Oberteilen bei allen Seitenfenstern. Das Gewicht betrug 8.300 kg; die Wagen boten 17 Sitz- und 78 Stehplätze. Die fünf Anhänger wurden als Bw. 270-274 eingeordnet. Auch diese Wagen hatten ursprünglich einen Schaffnerplatz, der 1966 ausgebaut wurde. Bei diesen fünf Beiwagen befand sich auf dem Tisch des Schaffnerplatzes neben den Knöpfen für die Türbetätigung ein Umschalter "N-Verkehr/Z-Verkehr". Bei Stellung "N" konnten

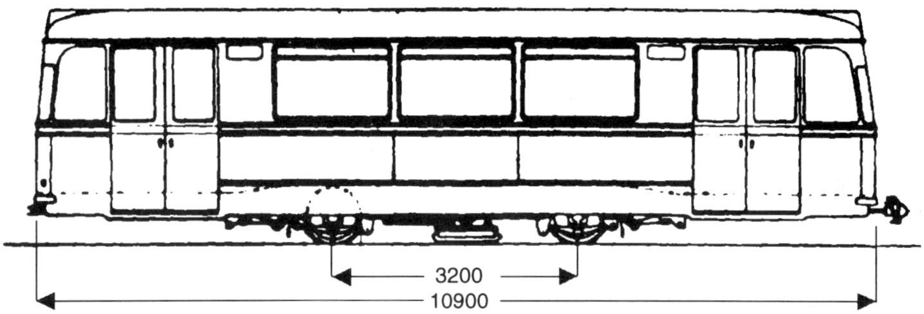

Typenskizze Bw 263-269

die Türen vom Schaffnerplatz des Beiwagens aus, bei Stellung "Z" vom Führerstand des ziehenden Triebwagens aus betätigt werden. Die Beiwagen fuhren zuerst auf Linie 2, dann auf Linie 3, später auch auf Linie 1 E und 5. Bereits 1964 wurde Bw. 274 verkauft. 1974 erhielten die Bw. 270 und 273 im Raw Schönweide eine Generalreparatur mit Umbau auf Sitzplatzanordnung 2 +1 (24 Sitz- und 66 Stehplätze). Beide Wagen wurden 1983 verkauft. Die Wagen 271 und 272 wurden 1979 bzw. 1992 ausgemustert.

Einrichtungsbeiwagen Typ B2-62/65; Lieferungen 1967 und 1969

1967 erhielten die EVB vom VEB Waggonbau Gotha sechs Beiwagen vom Typ B2-62, Bauform 1965. Die Wagen erhielten die Nummern 274 (Zweitbesetzung) und 275-279. 1969 folgten drei weitere Beiwagen gleichen Typs als Bw. 232, 234 und 259 (Zweitbesetzungen). Bei einem Gewicht von 8.300 kg boten sie 24 Sitz- und 66 Stehplätze; sie hatten keinen Schaffnersitzplatz mehr, da sie von vornherein für den OS-Betrieb bestimmt waren. Die Einstiegstüren waren bei diesen Wagen Leichtbautüren ohne Innenverkleidung. Die Lieferserie 1967 besaß ab Werk vorn Scharfenberg- und hinten Albertkupplung; von den Wagen des Baujahres 1969 besaßen Bw. 234^{II} und 259^{II} an beiden Enden die Schaku, dagegen Bw. 232^{II} vorn Schaku und hinten Albertkupplung. 1969 erhielt Bw. 232^{II} auch hinten eine Scharfenbergkupplung. Die Beiwagen 274^{II}-279 wurden nach Lieferung zunächst mit den Gelenktriebwagen 185-190 gekuppelt und auf Linie 1 eingesetzt; ab 1968 fuhren sie auch hinter Triebwagen vom Typ T2D (134^{II}-139), dann aber zunächst auf Linie 4. Ab 1974 waren die Beiwagen auch auf der Linie 3 im Einsatz. Die drei 1969 gelieferten Wagen 232^{II}, 234^{II} und 259^{II} werden ebenfalls anfangs auf der Linie 1 eingesetzt. Als erster erhielt Bw. 232^{II} 1969 die neue Farbgebung mit rotem Absatzstreifen. Von der Lieferserie des Jahres 1967 wurden die Bw. 275, 276, 277 und 279 bereits 1981 ausgemustert; die übrigen folgten bis 1989. Die Wagen 232^{II} und 259^{II} wurden 1982 zu Güterbeiwagen umgebaut. Bw. 234^{II} wurde im Juni 1989 verschrottet.

Einrichtungsbeiwagen vom Typ B2D

Im Sommer und Herbst 1968 erhielten die EVB je einen Beiwagen des vom CKD nachgebauten Typs Gotha. Beide Wagen wurden als Bw. 280 und 281 eingenummert. 1972 wurde ein gebrauchter B2D als Bw. 282 von der Straßenbahn Halle übernommen, 1974 zwei B2D, ebenfalls von Halle, als Bw. 257 und 258 (Drittbesetzung) und 1975 noch ein gleicher Wagen als Bw. 296. Die sechs B2D-Beiwagen entsprachen in den Abmessungen den Gotha-Wagen vom Typ B2-62 ab Baujahr 1965, wiesen jedoch einige Vereinfachungen auf. Das Gewicht der Wagen betrug 8.000 kg; bei Sitzplatzanordnung 2 + 1 waren 20 Sitz- und 73 Stehplätze vorhanden. Eingesetzt wurden die Beiwagen zuerst auf Linie 1, in den 70er Jahren auch auf der Linie 3. 1979 bzw. 1981 wurden Bw. 280 und 281 ausgemustert. Bw. 296, ursprünglich inmitten von Reko-Beiwagen eingeordnet, erhielt 1979 die neue Nummer 280 in Zweitbesetzung. Zwei Jahre später schied auch er aus dem Dienst, zusammen mit den Bw. 282 und 257^{III}. Bw. 258^{III} wurde noch zum Arbeitswagen (Saug- und Spülfahrzeug) umgebaut.

12. Rekonstruktions-Beiwagen (Reko-Bw) Typ BE 70/1

In den Jahren 1973 bis 1975 beschafften die EVB insgesamt 18 sogenannte Reko-Beiwagen. Gefertigt wurden die Fahrzeuge im Raw Berlin-Schönweide. Sie glichen äußerlich weitgehend den Beiwagen vom Typ Gotha, waren aber mit einer Wagenkastenlänge von 10.720 mm genau 180 mm kürzer als jene. Statt drei seitlichen Fahrgastraumfenstern besaßen die Rekowagen derer vier; der Fußboden war nicht durchgehend ausgeführt, sondern je eine Trittstufe trennte vorn und hinten Plattform und eigentlichen Fahrgastraum. Zum Ein- und Aussteigen dienten einflügelige Türen (Gotha-Wagen: zweiflügelige Türen). Die Reko-Beiwagen besaßen kein Fahrgestell; die Achshalter waren unmittelbar am Bodenrahmen angebracht. Bei einem Gewicht von 7.800 kg (später auf 8.200 kg korrigiert) boten sie 19 Sitz- und 75. Stehplätze. Geliefert wurden sie wie folgt: Bw. 257 und 258 (Zweitbesetzungen) Februar 1973, Bw. 284-290 im Juli/August 1973, Bw. 292 einzeln im Sommer 1974, Bw. 293-299 Ende 1974 und Anfang 1975. Im Frühjahr 1976 folgten nochmals zwei Fahrzeuge als Bw. 246 und 248 (Drittbesetzungen). Bereits 1974 wurden Bw. 257^{II} und 258^{II} umgezeichnet und trugen danach die Nummern 283 und 291; 1979 erhielt Bw. 299 die Nummer 296 in Zweitbesetzung, so daß eine geschlossene Nummernreihe von 283-298 entstand. Die Reko-Beiwagen 246^{III} und 248^{III} wurden 1979 auf Lücken ausgemusterter Beiwagen des Typs Gotha gesetzt und trugen seitdem die Nummern 266^{II} und 269^{II}. Rekobeiwagen wurden ab Lieferung auf der Linie 3 eingesetzt, die beiden letztgelieferten auf der Linie 1. Gekuppelt wurden sie mit Triebwagen Bauart Gotha, auf der Linie 1 auch mit Gelenkwagen des Typs G4. Mit der Lieferung der Reko-Beiwagen konnten zwar auf der Linie 3 planmäßig Drei-Wagen-Züge gefahren werden, zu einer Beliebtheit brachten sie es jedoch bei den Fahrgästen nicht. Ursache für den schlechten Ruf der Wagen waren die viel zu schmalen Einstiegstüren und der unruhige Wagenlauf. Bw. 298 schied bereits 1986 durch Unfall aus; bis 1989 wurden auch die anderen Wagen außer Dienst gestellt. Die letzten vorhandenen Rekowagen waren Bw. 290, 284 und 285, letztere sogar bis 1992. Inzwischen sind alle verschrottet.

Ehemalige Hallenser Beiwagen, Baujahr 1921

Der Vollständigkeit halber, aus Gründen der Übersichtlichkeit aber erst an dieser Stelle, sollen noch kurz einige Beiwagen erwähnt werden, die die EVB 1971 von den VB Halle übernahmen. Es waren 4 Fahrzeuge, die in Halle die Nummern 205, 206,210 und 212 getragen hatten. Ursprünglich waren sie von der Eisenbahn-Verkehrsmittel-AG, Waggonfabrik Wismar, als Triebwagen geliefert und 1961/63 zu Beiwagen umgebaut worden. Bei einer Wagenkastenlänge von 9.800 mm hatten sie im Umbauzustand 24 Sitzplätze auf Längsbänken sowie 52 Stehplätze. Der Achsstand betrug 2.800 mm, das Gewicht 10.200 kg. Die Bw. 206 und 210 wurden in Erfurt verschrottet, ohne jemals eingesetzt worden zu sein. Bw. 212 und 205 erhielten die EVB-Betriebsnummern 246 und 248 (als Zweitbesetzungen). Bw. 248^{II} erhielt Einzelsitze von Fahrzeugen Bauart Gotha eingebaut und hatte seitdem 13 Sitz- und 55. Stehplätze. Die beiden Wagen wurden mit Lindner-Triebwagen des Baujahrs 1930 gekuppelt und waren hauptsächlich auf Linie 1 E, seltener auf Linie 4, im Einsatz. Bis 1976 waren sie wieder ausgemustert; Bw. 248^{II} diente noch eine Zeit lang als Lagerwagen und wurde dann den Verkehrsbetrieben Halle, die daraus ein historisches Fahrzeug aufbauen wollten, zurückgegeben.

Typenskizze Reko-Bw

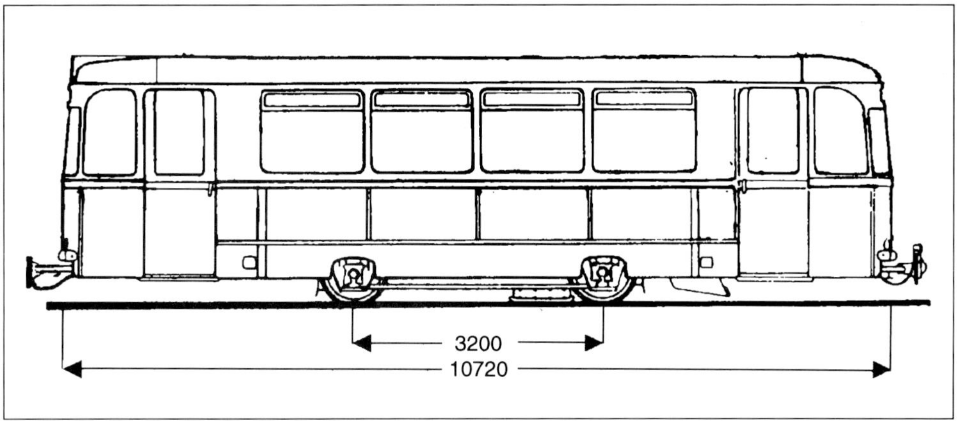

Reko-Bw 290 1977 an der Endstelle in Rieth

Bw 248^{II} ex Halle 1971 bei den EVB
Foto: Unruh

Beiwagen der Erfurter Straßenbahn

Nr.	Herst.	Baujahr	Sitz-/ Stehplätze	Bemerkungen
51-60	Egb	(1894)	12/12	ex Pferdebahnwagen; 1905 in Bw. Nr. 71-80
61-65	Egb	(1894)	18/12	ex Pferdebahnwagen; 1905 in Bw Nr. 81-85
66	Egb	1900	12/12	U aus Pferdebahnwagenkasten, der zwischenzeitlich als Tw-Kasten gedient hatte, neues Fahrgestell, 1905 in Bw 86 umgezeichnet
67	Egb	1904	18/12	U unter Verwendung eines Pferdebahnwagenkastens (wie 66), 1905 in 87 umgenummert
71-80	Egb	(1894)	12/12	1905 ex Bw 51-60; 77-80 1916 Lazarett-Bw, 1918 nach Marburg; 1925: 71-76 a
81-85	Egb	(1894)	18/12	1905 ex Bw 61-65;1925 Nr. 101-105
86	Egb	1900	12/12	1905 ex Bw 66, 1925 a
87	Egb	1904	18/12	1905 ex Bw 67, 1925 in Nr. 106
88-90	Wei	1912	18/16	1925 in Nr. 107-109
101 -105	Egb	(1894)	18/12	1925 ex Bw 81-85; 1941 in Nr. 235-239 umgenummert
106	Egb	1904	18/12	1925 ex Bw 87, 1941 in Nr. 240
107 -109	Wei	1912	18/12	1925 ex Bw 88-90, 1926 U geschlossene Plattformen; 1930 in Nr. 116^{II}-118^{II}
107^{II} -109^{II}	Egb	1935	18/12	ex Tw 27-29, 1941 Nr. 241-243
110 -120	Egb	1925	16/12	ex Tw 4-9,11-15; Bw 116-120 1930 a, Rest 1935 a
110^{II}	Egb	1935	18/12	ex Tw 30; 1941 in Nr. 244
121	Egb	1925	16/12	ex Tw 26, 1935 a
116^{II} -118^{II}	Wei	1912	18/16	1930 ex Bw 107-109, 1935 in Nr. 132-134
122 -127	Adf	1930	24/34	Bw 122 später U mit größerem Achsabstand; Bw 125, 129 später U mit veränder-
128 -131	Adf	1933	24/34	ter Federung; Bw 128 U auf Schwebeachsen; 1942 in Nr. 222-231 umgen.
132 -134	Wei	1912	18/16	1935 ex Bw 116^{II}-118^{II}, 1943-1948 leihweise nach Essen, 1948 a
222 -231	Adf	1930/33	24/34	1942 ex Bw 122-131; n. Eisenach Bw 223, 224 1954 (= 25, 26), Bw 225, 228 1961-63(=31, 35); n. Halle 1962/63: Bw 226,227,229-231 (=292^{II}-296^{II}); 1963: Bw 222 nach Halle, a
232 -234	WG	1952	16/48	ER, dreitürig; 1968 232 a; 1969: Bw 234 a; 1971: 233 a
232^{II}, 234^{II}	WG	1969	24/66	1982: Bw 232^{II} U in ABw; 1989: 234^{II} a
233^{II}	Got	1942	24/46	1971 ex Bw 248, 1979 ABw
235 -240	Egb	(1894)	18/12	1941 ex 101-106 (240 Egb 1904); 1946 U in Schuttloren; 1948 umgenumert
241 -244	Egb	1935	18/12	1941 ex Bw 107^{II}-110^{II}; 1946: 242 Leichenwagen; 241, 243, 244 Schuttloren, 1948 umgenummert
244^{II}	Egb	1969	24/46	1969 ex Tw 102, 1979 a
235^{II} -242^{II}	LOWA	1949	20/40	ex Tw 54, 47, 46, 45, 48, 49, 56, 43, neue Fahrgestelle, ER; 1957/58 U 235, 236, 241 auf Einzelsitze; 1965: 235, 236, 241 nach Görlitz als Bw 75-77; Rest 1966 a; Bw 237 1967 +
245 -256	Got	1942	24/46	Bw 248 1963 leihw. Gotha, U 1967 in ER-Bw; 245, 246 1970/71 U in ER, neue Nr. 261^{II},260^{II}; 1968: 249 U ER; 1971: 248 in Nr. 233^{II}; 1977: 247, 252, 254 a; 1978: 256 Aufenthaltswagen; 1979: 249-251, 253 a

Nr.	Herst.	Baujahr	Sitz-/ Stehplätze	Bemerkungen
246^{II}, 248^{II}	Wis	1921	24/52	1971 ex Halle Bw 212^{II},205^{II}; 248 U auf Einzelsitze (13 Sitzpl., 55 Stehpl.); 1976 a, bis 1983 als Lager verwendet, 1983 n. Halle (U in historischen Bw)
246^{III}, 248^{III}	Sw	1975	19/75	Typ Reko BE 70/1; 1979 in Nr. 266^{II}, 269^{II}
254^{II}	Egb	1977	14/72	ex Tw 117, Einzelsitze, elektrischer Türverschluß, Fahrgestell von dreitürigem ER-Bw; 1979 in Nr. 271^{II}
257 -259	WG	1954	16/48	ER, dreitürig; 1969: Bw 259 a; 1973: 257, 258 a
257^{II}, 258^{II}	Sw	1973	19/75	1974 in Nr 283, 291
257^{III}, 258^{III}	CKD	1968	20/73	1974 ex Halle Bw 450, 451; 1981: 257^{III} a; 258^{III} abgestellt, 1985/86 258^{III} U zu ABw
259^{II}	WG	1969	24/66	1982 ABw
260 -262	WG	1957	16/48	ER, dreitürig; 1971: Bw 261 a; 1972: 260, 262 a
260^{II}, 261^{II}	Got	1942	24/46	Bw 261^{II} 1971 ex Bw 245, U zu ER; Bw 260^{II} 1972 ex Bw 246, U zu ER; 1979 beide Bw a
263 -269	WG	1960	18/72	263, 265, 267, 268 1973/74 Generalreparatur und U auf 24/66 Plätze; 1979 nach Frankfurt/Oder (=128^{II}-131^{II}); 1979: Bw 266, 269 a; Bw 264 1980 a, 1981 +
270 -274	WG	1961	17/78	Bw 274 1964 n. Brandenburg Bw 56; Bw 270, 273 1974 Generalrep. und U 24/66 Plätze, 1983 n. Frankfurt/Oder als Bw 137, 138; Bw 271 1979 a; Bw 272 1984 abgestellt, 1992 +
271^{II}	Egb	1977	14/72	1979 ex Bw 254^{II}, seit 1983 Lager, 1992 a
274^{II}, 275-279	WG	1967	24/66	1981: Bw 275-277, 279 a; Bw 278 1987 a; Bw 274^{II} 1990 a
280 -281	CKD	1968	20/73	Bw 280 1979 a, Bw 281 1980 a
280^{II}	CKD	1968	20/73	1979 ex Bw 296, 1981 a
282	CKD	1968	20/73	1972 ex Halle Bw 487, 1981 a
283, 291	Sw	1973	19/75	1974 ex Bw 257^{II}, 258^{II}; 1989 a
284 -290	Sw	1974	19/75	1986 abgest., 1989: Bw 286, 287, 289+; 1990: 288 +; 284, 285, 290 1991/92 +
292 -295	Sw	1974	19/75	1986 abgest.; 294, 295 1989 a; 292, 293 1990 +
296	CKD	1968	20/73	1975 ex Halle Bw 465, 1979 in 280^{II}, 1981 a
297 -299	Sw	1975	19/75	Bw 299 1979 in Nr 296^{II}; Bw 298 1986 abgest., 1987 +; Bw 297 1986 abgest., 1990 +
296^{II}	Sw	1975	19/75	1979 ex 299, 1986 abg.,1990 +
266^{II}, 269^{II}	Sw	1975	19/75	1979 ex 246^{III}, 248^{III}; 1986 abgestellt, 266^{II} 1989 +; 269^{II} 1990 +
(206, 210)	Wis	1921	24/52	1971 ex Halle 206^{II},210^{II}, bei EVB a

Arbeitsfahrzeuge

Wie andere Verkehrsbetriebe auch, hielt die Erfurter Straßenbahn für verschiedene innerbetriebliche Aufgaben Arbeitswagen vor. Die meisten von ihnen entstanden aus ehemaligen Personenfahrzeugen. Von einem ATw im Jahre 1934 wuchs ihre Anzahl ständig an, bis sie 1946 mit 17 Fahrzeugen (4 ATw, 1 Salzlore, 9 Schuttloren, 1 Leichenwagen, 2 Muldenkipp-Drehgestellwagen) ihre Höchstzahl erreichte. Im Jahre 1991 waren in Erfurt 10 Sonderfahrzeuge vorhanden, davon 5 ATw (Nr. 1^{II}, 2^{III}, 3^{IV}, 10, 21), 3 ABw. (16, 17 und 18) sowie 2 Transportloren (Nr. 13 und 15).Über die Bestandsentwicklung gibt die Wagenliste Auskunft. Die Einreihung der Arbeitsfahrzeuge in den Nummernplan der EVB erscheint auf den ersten Blick etwas verwirrend, ist aber erklärlich.

- Ab 1934 erhielten die Fahrzeuge zunächst ohne Rücksicht auf ihre Bauart (Trieb- oder Beiwagen) mit 1 beginnende fortlaufende Nummern.
- Bei den Schuttloren der Umbaujahre 1946/47 wurden die ursprünglichen Personenwagennummern 1948 um 100 erhöht.
- Beim ATw 18 wurde die Personenwagennummer beibehalten.
- Doppel- und Mehrfachbesetzungen gleicher Nummern, auch durch Fahrzeuge unterschiedlicher Bauart, sind die Regel.
- Einige wenige schienenfahrbare Arbeitsmittel erhielten keine Betriebsnummer. Zwei besonders markante Fahrzeuge sollen hier beschrieben werden.

Arbeitstriebwagen 2

Der erste Arbeitswagen der Erfurter Elektrischen Straßenbahn überhaupt war der Atw. 2. Gleichzeitig war er das einzige derartige Fahrzeug, das niemals dem Personenverkehr gedient hatte oder bei welchem wenigstens Teile von ehemaligen Personenfahrzeugen stammten. Der ATw. 2 wurde 1934 von der Firma Schörling Waggonbau Hannover geliefert. Es war ein Schienenreinigungswagen mit einem Sonderfahrgestell von 2.200 mm Achsstand und einer Gesamtlänge von etwa 7 Metern. Er besaß 2 Fahrmotoren von je 26 kW Leistung. Die Seitenwände des Wagens waren holzverkleidet; die Führerstände besaßen Blechverkleidung. Im Inneren des Wagenkastens war ein Wasserbehälter angeordnet, dessen Fallrohre bis knapp über SO reichten. Mit dem ausfließenden Wasser wurden die Rillen der Schienen benetzt. Hinter den Fallrohren befindliche absenkbare Stahlstachel lösten den Schmutz. Mittels Unterdrucks, der von einem Entlüfter erzeugt wurde, wurde der gelöste Schmutz einem Schlammsammler zugeführt. Nachfüllen des Wasserbehälters erfolgte über einen Füllstutzen an der Seitenwand des Wagens. Der ATw. 2 wurde auch als Weichenspülwagen verwendet; in diesem Fall wurde ein Spritzschlauch an den Ablaßstutzen angeschlossen und bei stehendem Fahrzeug durch das ausströmende Wasser der Schmutz weggespült. Der Schienenreinigungswagen Atw. 2 war 34 Jahre lang in Erfurt im Einsatz; 1968 wurde er nach Frankfurt/Oder verkauft.

Fahrschulwagen ATw. 10

Dieser Wagen entstand 1969 bei den Verkehrsbetrieben Halle aus dem Triebwagen 841 vom Typ T2D, Baujahr 1968. Es wurde speziell für die EVB als Fahrschultriebwagen umgerüstet und in Erfurt als ATw. 10 eingereiht. Für Lehrzwecke erhielt er ein zweites Fahrerpult, einen zweiten Fahrersitz sowie ein zweites Schaltrad für den Unterflurfahrschalter. Zusätzlich wurde ein Störungssimulator eingebaut. Da die für den Fahrlehrer vorgesehenen Bedienungselemente erhöht hinter dem Sitz des Fahrschülers angeordnet waren, mußte die Frontscheibe vergrößert und ein weiterer Rückblickspiegel angebracht werden. 1970 wurde der bis dahin originale Fahrgastraum umgestaltet und ein Teil der Sitze gegen Wandschränke und Schulungstische getauscht. So konnte der Triebwagen auch als fahrendes Ausbildungskabinett genutzt werden. Die am Heck befindliche Scharfenbergkupplung wurde später gegen die Albertkupplung getauscht, da der Wagen stets als Solofahrzeug verkehrte. Im Frühjahr 1992 wurde der ATw. 10 ausgemustert.

Arbeits- und Gütertriebwagen

Nr.	Verwendung	Bemerkungen
1	Schleifwagen	1935 ex Tw 53, 1969 a
1^{II}	Schleifwagen	1979 ex Tw 138, lief vor Einbau der Schleifeinrichtung als allgemeiner ATw
2	Schienenreinigungswagen	einziger Neubau-ATw, Baujahr 1934; Hersteller: Schörling; 1968 nach Frankfurt/Oder
2^{II}	Werkstatt-Tw 1982 Güter-Tw	1979 ex Tw 139, trug wenige Tage bis zur Umlackierung in ATw-Farbe die Nr. 3, 1989 a, 1990 +
2^{III}	Werkstatt-Tw	1989 ex Tw 140
3	Gerätewagen	1939 ex Tw 39, 1967 a
3^{II}	Gerätewagen	1967 ex Tw 97, 1969 in Nr. 9^{II}
3^{III}	Winterdienst-Tw	1969 ex ATw 9, 1970 a
3^{IV}	Werkstatt-Tw/ Gerätewagen	1979 ex Tw 141, 1992 a
3^{V}	Werkstatt-Tw/ Gerätewagen	1992 ex Tw 37 Gotha
4	Schweißwagen	1938 ex Tw 44, ab 1960 im E-Werk Erfurt Zugmittel für Kipploren, 1962 a
4^{II}	Zug-Tw für E-Werk Erfurt	1961 ex Tw 22^{II}, im E-Werk Zugmittel für Kipploren, 1963 in Nr. 5
4^{III}	Winterdienst- u. Schneepflug-Tw	1963 ex Tw 68, 1966 a
5	Zug-Tw	1963 ex ATw 4^{II} (für E-Werk), 1965 a
6	Salz-, Schneepfl.-Tw	1963 ex Tw 69, 1977 a
8	Strecken- u. Winterdienst-Tw	1961 ex Tw 17^{II}, 1967 als 98 a
8^{II}	Strecken- u. Winterdienst-Tw	1967 ex Tw 98, 1974 a
8^{III}	Werkstatt-Tw	1973 ex Tw 104, 1978 a
8^{IV}	Werkstatt-Tw	1978 ex Tw 80, 1979 a
9	Salz- und Winterdienst-Tw	1962 ex Tw 19^{II}, 1969 in Nr. 3^{III}, 1970 a
9^{II}	Geräte- und Werkstatt-Tw	1969 ex ATw 3^{II}, 1979 a
10	Fahrschul-Tw	1969 ex Tw 841 der Strab. Halle, 1992 a
(11)	Werkstatt-Tw	Nr. 11 war vorgesehen; der Tw, 1979 ex Tw 79, fuhr bis zur Ausmusterung 1979 ohne Nr.
13	Werkstatt-Tw	1977 ex Tw 24 der Strab. Eisenach, 1979 a
14	Winterdienst-Tw Schiebefahrzeug f. Schneefegegerät	1970 ex Tw 103, 1979 a
18	Streckenunterhaltungswagen	1952 ex Tw 18^{II}, 1962 a
21	Güter-Tw Fahrleitungs-Tw	1982 ex Tw 185, 1988 U zum Turm-Tw mit drehbarer Arbeitsbühne, 1994 Neuaufbau mit Teilen des Tw 201 der Strab. Gotha
o. Nr.	?	1993 ex Gotha Tw 46, Verwendungszweck ist noch nicht festgelegt

Außer den umseitig aufgeführten Sondertriebwagen dienten folgende Personen-Tw. zeitweilig als ATw:

48	1916-1918 Zug-Tw für Lazarettwagen und Notgüterverkehr
62, 65	1941-1943 Zug-Tw für Kfz-Anhänger im Notgüterverkehr
62	1946-1948 Zug-Tw für den Leichen-Bw
57, 64	1946-1948 Zug-Tw für die Schuttloren
66	1958-1963 Zug-Tw für Reklame-Bw
71	1962 Zug-Tw für den Kabeltransport-Bw
24^{II}	1961-1963 Rangier-Tw im Alten Depot
101	1969-1971 Rangier-Tw
473	1986-1990 Fahrschulwagen

Außerdem stellte die EVB dem Kraftwerk Erfurt folgende Personen-Tw für die Aschabfuhr zur Verfügung: 16^{II}, 19^{II}, 22^{II}, 25^{II}, 60, 61, 63.

Sonderbeiwagen

Nr.	Verwendung	Bemerkungen
5	Leichenwagen, Schuttlore, Reklamewagen	1946 ex Bw 242, 1948 U zur Schuttlore, 1949 U zum Reklame-Bw, 1963 in ABw 7, 1965 a
7	Schweiß-Bw	1963 ex ABw 5, 1965 a
11	Saugfahrzeug für Schienenreinigung	1985 ex Bw 258^{III}, bei ABw 11 hinterer Teil des Wagenkastens durch Behälter mit Absaugvorrichtung ersetzt; 1992 a
12	Oberleitungs-Revisionswagen	1979 ex Bw 233^{II}, 1990 a
13	Transport- und Schotterlore	Kastenkipper, 1988 Egb auf Gotha-Fahrgestell mit LKW-Kippmulde
15	Transportlore für Radsätze u. Stromabnehmer	1969 Egb auf Fahrgestell des Bw 87 der Strab. Gotha; hölzerne Bordwände, 1980 U mit stählernen Borden und Schaku
16	Güter-Bw	1982 ex Bw 232^{II}; seit 1985 Lager, 1992 a
17	Güter-Bw	1982 ex Bw 259^{II}; große Ladeöffnung, 1985 abgestellt
18	Schwerlastw.	Egb 1983 unter Verwendung des B-Teils von Tw 153 sowie des Mittel- und B-Teils von Tw 168; Gelenk-Plattform-Bw mit Einsteckrungen; 1992 nach Frankfurt/Oder
335 -341,343, 344	Schuttloren	ex Bw 235-241, 243 und 244, ABw 341 später Transport-Bw u.a. für Kabeltrommeln, 1962 a; Rest 1949 a
-	Schüttgut-Muldenkipper	zwei gleiche Vierachs-Kippfahrzeuge; Egb1946/47; für Schuttransporte; ab 1948 für Aschetransporte des Kraftwerks Erfurt, 1965 a
-	Salzlore	kleine Hochbordlore, Baujahr unbek., Fahrgestell wahrscheinlich ex Pferdebahnwagen, 1961 a

Anmerkung: Folgende Personenbeiwagen dienten noch nach iherer Außerdienststellung untergeordneten Zwecken:

248^{II}	1976-1983 Lagerwagen im Alten Depot
256	1978-1983 Personalaufenthaltswagen, dann verschrottet
271^{II}	seit 1983 Lagerwagen für Streusand und Streusalz, 1992 a

Diese drei Wagen zählten bzw. zählen jedoch nicht offiziell zum Bestand der Arbeitsfahrzeuge.

Sonstige schienengebundene Arbeitsmittel

Nr.	Verwendungs	Bemerkungen
o. Nr.	Schneeräumgerät	Kombination rotierender und pendelnder Bürsten, angebracht am Fahrgestell eines ausgemusterten Tw, 1970 Egb, 1978 a

Traditionswagen der EVB bzw. EVAG (nur Triebwagen)

Nr.	Herst.	Bj.	Sitzpl./ Stehpl.	Bemerkungen
92	Got	1938	24/42	Vertreter der "Standard-Tw"; von 1965-1976 als Tw 44 in Eisenach, zuletzt 42^{II}, 1976-80 in Gotha als ATw 006, 1980 zurück nach Erfurt, ab 1983 historischer Tw
178^{II}	WG	1965	35/143	Vertreter des Gelenk-Tw G4; 1992 von Strab. Gotha erworben ex Tw 206

Leihwagen

	Nr.	Eigentümer	Jahr	Anlaß
Bw	235 -239	Strab.Halle	1934	Reichsnährstands-Ausstellung
ABw	126	Strab.Gotha	1985	Neubeschotterung von Gleisen
Gleisstopfmaschine		DR	1985	Gleisarbeiten
Tw	1106, 1111	EVAG, Essen	1991/ 1992	Demonstration moderner Fahrzeugtechnik
Tw	500^{II}	HAVAG	1993	Erprobung Niederflurwagen

Alle Leihwagen wurden ihren Eigentümern zurückgegeben.

Anhang

Ausgewählte technische Daten der Erfurter Straßenbahnfahrzeuge für den elektrischen Betrieb.

Abkürzungen für die Bremsausrüstung:
- E Elektrodynamische Bremse
- F Federspeicherbremse
- H Handbremse
- M Magnetschienenbremse
- S Solenoidbremse (nur bei Beiwagen)

Triebwagen

Nummer	Länge [mm]	Achsstand [mm]	Raddurchmesser [mm]	Motoren [kW]	Bremsausrüstung
1-15	6100	1850	800	1 x 13,2	H
16-25	6300	1850	800	1 x 13,2	H
26-29	6300	1850	800	1 x 13,2	H
30	6100	1850	800	1 x 13,2	H
16^{II}-25^{II}	7900	2000	800	2 x 13,2	H, (E)
31-42	7900	1800	800	2 x 13,2	H, (E)
43-49	7900	1800	800	2 x 13,2	H, (E)
			später:	2 x 32	
50-52	6800	1650	800	2 x 13,2	H
50^{II}	9600	2000	720	2 x 34	E, H, M
53-56	7900	1800	800	2 x 32	H, (E)
57-65	8080	2200	800	2 x 32 [1]	H, (E)
66-75	9200	2600	800	2 x 32	E, H
76-81	9900	2800	800	2 x 34 [2]	E, H, M
82-87	10540	3200	720	2 x 46 [3]	E, H, M
88-93	10540	3200	720	2 x 46 [4]	E, H, M
94-117	10540	3200	830	2 x 56 [5]	E, H, M
118-120	8860	2000	800	2 x 34	E, H
121-141	10900	3200	760	2 x 60	E, H, M
151-190	20938	2 x 3200	760 [6]	2 x 60	E, H, M
401-555	18110	1900/8900 [7]	700	4 x 60	E, F, M
601-604	28620	1800/ [8]	590	4 x 88	E, F, M

Beiwagen

Nummer	Länge [mm]	Achsstand [mm]	Rad-Ø [mm]	Bremsausrüstung
51-67, 107^{II}-110^{II}, 110-121	6100/ 5700/ 6300 [9]	1600/ 1850 [10]	800	H
88-90	7180	2000	800	H, (S) [11]
122-131	9400	2600 [12]	800	S, H
232-234	11000	3200	830	S, H, M
235^{II}-242^{II}	8390	2750	830	S, H
245-256	10540	3200	720	S, H, M
244,254^{II}	10540	3200	830	S, H, M
257-262	11000	3200	830	S, H, M
232^{II},234^{II}, 259^{II},296, 263-282, 257^{III},258^{III}	10900	3200	760	S, H, M
283-295, 297-299, 246^{III},248^{III},	10720	3200	760	S, H, M
246^{II},248^{II}	9800	2800	800	S, H

Erklärung der Fußnoten:
1) Tw 58, 60, 61 und 63 ab 1948: 2 x 34 kW
2) Tw 76-81 ab 1954: 2 x 60 kW
3) Motortyp USL 263
4) Motortyp USL 263 a
5) Tw 105 ab 1952: 2 x 60 kW
6) Bei Tw 178-190, Typ G4-65: 785 mm
7) Achsstand im Drehgestell/Drehzapfenabstand
8) Achsstand im Drehgestell 1800 mm, Drehzapfenabstand A- und B-Teil 6300 mm, Drehzapfenabstand C-Teil 9100 mm, Achsabstand der Einzelrad-Einzelfahrwerke im C-Teil 6200 mm
9) 10) je nach Ausgangstyp für den Umbau
11) Nachrüstung mit Solenoidbremse etwa 1930, zeitlich mit dem Plattformverschluß
12) Bei Bw 122 später Achsstand auf 2800 mm vergrößert.

Tabelle der bei der Erfurter Straßenbahn verwendeten Fahrmotoren

Typ	Hersteller	Stundenleistung [kW]	eingeführt (Jahr)	eingebaut in Tw
GE 800 [1]	UEG	13,2 [2]	1894	1-30
GE 800 [1]	UEG	13,2 [2]	1899	31-52
GE 58 [1]	AEG	31,5	1904 [3]	31-52
US 253	AEG	32	1908	53-75, 16^{II}-25^{II}
USL 253	AEG	34	1930	76-81, 50^{II}, 58, 60, 61, 63, [4] 118-120
USL 263	AEG	46	1936	82-87
USL 263 a	AEG	46	1938	88-93 [5]
USL 513 a	AEG	56	1938	94-99
USL 513	AEG	56	1939	100-117
EM 60/600	AEG	60	1952	105, 76-81 [6]
EM 60/600 [7]	LEW	60	1957	121-141, 151-190
TE 022 H [8]	CKD	40	1976	401-555

1) Fahrmotoren amerikanischer Lizenzbauart, GE = General Electric
2) durch Umwickeln später auf 16, auch auf 18 kW verstärkt
3) Austauschmotoren
4) nach Umbau aller 4 Triebwagen 1948
5) Tw 93 zeitweise umgewickelte Motoren für Schnellfahrversuche
6) nach Umbau der Tw ab 1952 bzw. 1954/57
7) Nachbauten des Einheitsmotos durch LEW, Rotguß-Tatzlager dabei teilweise durch Grauguß-Tatzlager abgelöst
8) fremdbelüftet

Alle AEG-Fahrmotoren mit dem Kennbuchstaben “L” in der Typenbezeichnung sind Leichtgwichtsmotoren. Die Typen USL 263/263a bzw. 513/513a weisen jeweils nur unbedeutende Abweichungen auf.

Tabelle der verwendeten Fahrschalter

Typ	Hersteller [1]	Bauart	Fahrstufen	Bremsstufen	eingeführt	eingebaut in Tw
K4	UEG	S,G,P	9	-	1894	1-30
2)	AEG	S,G,P	9	(6)	1899	2)
NIIFB3	AEG	N,G,P	11	7	1930	76-81
VNFB 2.98 [3]	AEG	N,V,P	25	16	1936	82-87
VNFB 2.98 Form 8	AEG	N,V,P	25	16	1938	88-117, 50^{II}
VNFB 3.85	AEG	N,V,P	18	13	1952 [4]	76-81, 105
? [5]	AEG	G,P	?	?	?	118-120 [5]
StNFB1 [6]	LEW	N,V,P	18	13	1957	121-134
StNFB4 [7]	LEW	N,V,P	20	20	1959	151
StNFB4	LEW	N,V,P	22	18	1961	152-190, 134^{II}-141
OA22	CKD	B	99	99	1976	401-555

1) Bedeutung der Abkürzungen in der Spalte Bauart:
B = Beschleuniger
G = Grobstufer
N = Nockenfahrschalter
P = Plattformfahrschalter
S = Schleifringfahrschalter
U = Unterflurfahrschalter
V = Vielstufer
2) Die von 1899 bis 1926 gelieferten Triebwagen besaßen AEG-Fahrschalter verschiedener Typenreihen (K- und FB-Reihe), jedoch mit fast gleichen Baumerkmalen und sämtlich 9 Fahrstufen. Bei den Triebwagen von 1925 und 1926 waren ab Werk 6 Bremsstufen vorhanden, bei den älteren wurden sie in der Mitte 30er Jahre nachgerüstet.
3) Bauform mit Vorgelege
4) bereits 1943 bei EVAG vorhanden; Fahrschalter waren ursprünglichBestandteil der E-Ausrüstung von 6 im Jahr 1941 bestellten, aber nicht ausgelieferten Fahrzeugen.
5) Über den in die ex-Leipziger Triebwagen 118-120 eingebauten Fahrschaltertyp liegen keine verläßlichen Angaben vor. Bekannt ist lediglich, daß es sich um Plattform-Grobstufer handelte.
6) Nachbau des 1943 entwickelten Einheitsfahrschalters durch LEW
7) Erstausführung

Führerstand des Tw 92 mit AEG-Fahrschalter

Abkürzungen und Erklärungen

a ausgemustert oder verschrottet
ABw Arbeitsbeiwagen
Adf Gottfried Lindner Waggonbau AG, Ammendorf bei Halle; später VEB Waggonbau Ammendorf; heute als GmbH Teil der Deutschen Waggonbau AG
AG Aktiengesellschaft
AEG Allgemeine Elektrizitäts-Gesellschaft AG, Berlin, gegründet 1883 als Deutsche Edison-Gesellschaft, 1887 in AEG umbenannt
ATw Arbeitstriebwagen
B Bundesstraße
BBC Brown, Boveri & Cie. AG, Mannheim. Stammhaus in Baden, Schweiz. Heutige Firmenbezeichnung: ABB (ASEA-Brown-Boveri) infolge Fusion mit dem schwedischen Konzern ASEA.
B2 Beiwagen, zweiachsig
Bf Bahnhof
BOStrab Bau- und Betriebsordnung für Straßenbahnen, erstmals 1938 reichseinheitlich eingeführt; in der ehem. DDR galt ab 1976 eine neue BO-Strab, seit 3.10.1990 ist sie für die Straßenbahnbetriebe in den neuen Bundesländern durch die BO-Strab der Bundesrepublik ersetzt.
Btf Betriebshof
Bw Beiwagen
B2 zweiachsiger Beiwagen
ca. zirka
CKD Ceskomoravska Kolben-Danek, Prag/CR, Werk Tatra Praha (Mechanik und Endmontage) und Werk Trakce Praha (Elektrik)
DR Deutsche Reichsbahn (-Gesellschaft), die 1937 offiziell eingeführte Abkürzung wurde nach 1945 in der DDR beibehalten
DSF Deutsch-Sowjetische Freundschaft (Abkürzung aus der Zeit der ehemaligen DDR)
Düss Düsseldorfer Eisenbahnbedarf AG vormals C. Weyer, Düsseldorf-Oberbilk, gegründet 1861 als Eisenbahnwagen- und Maschinenfabrik von Carl Weyer & Cie., 1882 Umwandlung in AG, 1927 Fusion mit Killing & Sohn, Hagen, sowie van der Zypen & Charlier, Köln, zu Vereinigte Westdeutsche Waggonfabriken AG (Westwaggon)
DüWag Düsseldorfer Waggonfabrik AG (DüWag), hervorgegangen aus der Waggonfabrik Schöndorf, Düsseldorf. 1981 mit der Waggonfabrik Uerdingen zur DUEWAG, Krefeld-Uerdingen, zusammengeschlossen (Werk Düsseldorf und Werk Krefeld-Uerdingen); Aktienmehrheit bis 1989 bei Talbot, Aachen. Seit 1989 mehrheitlich im Besitz von Siemens AG.
Egb Eigenbau
ER Einrichtungsfahrzeug
Erf Wagenfabrik Krüger, Erfurt
ESW Einheitsstraßenbahnwagen. Ein Projekt zur Vereinheitlichung der Straßenbahnbahnwagen aus den 30er Jahren. Infolge des Zweiten Weltkrieges und der verstärkten Rüstungsproduktion nicht mehr ausgeführt.
EVA Eisenbahn-Verkehrsmittel-AG, Berlin (Sitz heute in Düsseldorf), Schreibweise auch Eva, siehe auch unter Wis
ex ehemaliger Betrieb oder frühere Wagennummer
Falk Waggonbauanstalt Falkenried der Hamburger Straßen-Eisenbahn-Gesellschaft, Hamburg; später Waggonfabrik Falkenried GmbH, Hamburg
FDJ Freie Deutsche Jugend (Abkürzung aus der Zeit der ehemaligen DDR)
Got Gothaer Waggonfabrik AG, vormals Fritz Bothmann & Glück AG; Aktienmehrheit zeitweise in Besitz von Orenstein und Koppel (O & K), Berlin, später VEB Waggonbau Gotha (siehe auch unter "WG"). Heute als GmbH Teil der Deutschen Waggonbau AG
G4 Gelenktriebwagen, vierachsig; Bezeichnung nach dem Gothaer Werksstandard von 1960
Hbf Hauptbahnhof
KED Königliche Eisenbahn-Direktion
Kfz Kraftfahrzeug
KSW Kriegsstraßenbahnwagen. Als Ersatz für kriegszerstörte Wagen ab 1943 in materialsparender Ausführung in Leichtbauweise hergestellter zweiachsiger Fahrzeugtyp, gebaut von den Waggonfabriken in Heidelberg und Uerdin-gen. KSW wurden noch nach dem Kriege in den westlichen Bundesländern fast unverändert weitergebaut. Letzte Nachbauten erfolgten noch Anfang der 50er Jahre in Polen nach den deutschen Zeichnungssätzen.
KT4 Ab 1973 von CKD gefertigter vierachsiger, zweiteiliger Gelenktriebwagen. Die Abkürzung entstammt der tschechischen Sprache (kloubova tramvaj = Gelenkstraßenbahn) und wurde von den importierenden Ländern unverändert übernommen.
KWU Kommunales Wirtschafts-Unternehmen; in der Sowjetischen Besatzungszone Deutschlands nach 1945 entstandene Organisationsform für den Städten und Gemeinden direkt unterstellte Betriebe; nach Staatsgründung der DDR wieder beseitigt.
LEW Lokomotivbau-Elektrotechnische Werke "Hans Beimler" VEB, Hennigsdorf b. Berlin; bis 1945 Hauptbetrieb der AEG und der zur AEG gehörenden Borsig-Lokomotivwerke, Hennigsdorf. Das Werk gehört heute wieder zur AEG.
LOWA Abkürzung für "Lokomotiv- und Waggonbau"; In der Vereinigung Volkseigener Betriebe (VVB) LOWA waren von 1949 bis 1954 alle Schienenfahrzeughersteller der ehemaligen DDR erfaßt. Die Insignien LOWA fungierten in dieser Zeit auch als geschlossener Firmenname. In der Literatur zu Straßenbahnen werden meist nur die von 1950 bis 1954 in Werdau gefertigten und bis 1956 in Gotha weitergebauten DDR-Einheitswagen als LOWA-Typ bezeichnet, was jedoch in dieser Einengung unzutreffend ist.
M Mark
MGT6D Von DUEWAG (mechnischer Teil) und Siemens (elektrische Ausrüstung) kontruierter und gefertigter sechsachsiger Niederflur-Gelenktriebwagen für Meterspur in Drehstromtechnik
M8C Dreiteiliger, achtachsiger Gelenktriebwagen für Meterspur modernster Konzeption mit Chopper-Steuerung; als Glied einer Typenreihe (Stadtbahnwagen M) von Straßen- und Stadtbahnwagen von DÜWAG gefertigt
n. nach (bei Fahrzeugbezeichnungen bzw. Verkäufen von einem Betrieb zum anderen)
OS "Ohne Schaffner"; in den 60er Jahren in der ehemaligen DDR eingeführte Form der Fahrgastabfertigung. Der Fahrgast warf Bargeld oder einen Sammelkartenabschnitt in eine Zahlbox ein und entnahm dieser einen als Kontrollabschnitt dienenden Rollenfahrschein.
Pf Pfennig
Pl Platz; Plätze
Raw Sw Reichsbahnausbesserungswerk Berlin-Schöneweide, die hier von 1959 bis 1975 hergestellten Wagen trugen die Bezeichnung "Reko-Wagen". Schöneweide ist ein Stadtteil von Berlin.

Reko — Rekonstruktion; eigentlich "Wiederherstellung", in der DDR jedoch für die erweiterte Generalreparatur (GR) von Schienenfahrzeugen gebrauchter Terminus. Ebenso wurden als Reko-Fahrzeuge diejenigen Neubauten bezeichnet, die unter Umgehung der "Spezialisierungsvereinbarungen" des RGW (Comecon) im eigenen Land gefertigt wurden.

RM — Reichsmark

Rpf — Reichspfennig

Scd — Vognfabrikken Scandia, Randers/Jütland (Dänemark)

Schaku — Scharfenbergkupplung (eine vom Ingenieur Scharfenberg entwickelte Bauform der automatischen Mittelpufferkupplung); die Firma Scharfenberg gehört zu Linke-Hofmann

SO — Schienenoberkannte; Bezugsgröße für Höhenangaben

Str — Straße

Tw — Triebwagen

T2 — Triebwagen, zweiachsig

UB — Umbau

UEG — Union Elektrizitäts-Gesellschaft AG, 1892 in Berlin gegründet, 1904 mit AEG fusioniert

VB — Vereinheitlichungsbüro

VDE — Verband deutscher Elektrotechniker; ebenso Bezeichnung für das von diesem herausgegebene Vorschriftenwerk

VDK — Verband deutscher Kraftverkehrsgesellschaften

VEB — Volkseigener Betrieb (Abkürzung aus der Zeit der ehemaligen DDR)

WBD — Weltbund der Demokratischen Jugend; internationaler Dachverband vorwiegend kommunistisch ausgerichteter Jugendorganisationen

Wei — Aktiengesellschaft für Eisenbahn- und Militärbedarf, Weimar. Fertigte bis Ende der 20er Jahre Straßenbahnwagen, vorwiegend für Auftraggeber aus Thüringen und Sachsen. In der ehemaligen DDR als VEB Mähdrescherwerk Weimar bzw. später VEB Weimarwerk im Kombinat Fortschritt Produzent von Landmaschinen

Wer — VEB Waggonbau Werdau vorm. Waggonfabrik Schumann, Werdau, bzw. Sächsische Waggonfabrik Werdau GmbH. Bis 1954 Betrieb der VVB LOWA (siehe LOWA). Firmierte nach 1954 als VEB Kraftfahrzeugwerk Ernst Grube, Werdau und produzierte bis in die 60er Jahre Lastkraftwagen sowie Omnibusse. Heute als GmbH Teil der Deutschen Waggonbau AG

WG — VEB Waggonbau Gotha, siehe auch unter "Got"; fertigte bereits seit 1949 unter der Regie der VVB LOWA Neubaustraßenbahnwagen (sogenannte Aufbauwagen) und übernahm 1954 von Werdau die Herstellung der zeiachsigen DDR-Einheitswagen. Ab 1955 Entwicklung und Produktion der als Gotha-Wagen bekannt gewordenen Typenreihe. Straßenbahnherstellung 1967 auf Grund von RGW-Festlegungen zwangsweise eingestellt, 1969 nochmals kurzfristige Produktion von Beiwagen. Danach als VEB Lufttechnik firmierend, Herstellung von Containern, Lüftungsanlagen sowie Rüstungsbedarf. In den letzten Jahren der DDR als VEB Fahrzeugwerk Gotha Zulieferbetrieb für das Automobilwerk Eisenach. Heute als GmbH Teil der Deutschen Waggonbau AG. Die zweiachsigen Gotha-Wagen wurden 1967/68 bei CKD nachgebaut.

Wis — Waggonfabrik Wismar, gegründet 1893 als Waggonfabrik F.C. Krull & Co, 1917 Fusion mit Deutscher Waggon-Leih-Anstalt, Berlin, zur EVA; am 1.2.1936 Umwandlung zu einer Tochterfirma der EVA unter der Bezeichnung "Triebwagen- und Waggonfabrik Wismar AG", nach 1945 von der Sowjetischen Militär-Administration Deutschland als Rüstungsbetrieb eingestuft und unter Sequester gestellt, 1947 enteignet, weitgehend demontiert und schließlich der (späteren) Matthias-Thesen-Werft angegliedert.

Z — Symbol für Zeitkartenwagen. Anfang der 60er Jahre in der DDR eingeführtes Fahrgastabfertigungssystem (auch als Z-Betrieb bekannt), wobei der Triebwagen eines Straßenbahnzuges den Inhabern von Zeitkarten (Wochen- oder Monatskarten) vorbehalten war und nur der noch mit einem Schaffner besetzte Beiwagen von barzahlenden Fahrgästen benutzt werden konnte. Bei einigen Verkehrsbetrieben (so auch in Erfurt) konnten auch die Inhaber von Abrißkarten dden Triebwagen benutzen, der in diesen Fällen am Fahrerstand eine Sammelbüchse für die Fahrscheinabschnitte besaß. Zum OS-System (siehe unter OS) weiterentwickelt, so daß danach Schaffner überflüssig waren.

ZR — Zweirichtungsfahrzeug (Türen in der Regel beidseitig, bei Triebwagen auch zwei Führerstände)

ATw 4 ex Tw 44 im Jahre 1958 auf der Aschetransportbahn